Hyperscanning and Social Cognition

超扫描技术与社会认知

李先春 著

华东师范大学出版社

图书在版编目(CIP)数据

超扫描技术与社会认知/李先春著. —上海:华东师范大学出版社,2018
ISBN 978-7-5675-8262-0

Ⅰ.①超… Ⅱ.①李… Ⅲ.①认知心理学 Ⅳ.①B842.1

中国版本图书馆 CIP 数据核字(2018)第 206894 号

超扫描技术与社会认知

著　　者　李先春
策划编辑　彭呈军
审读编辑　王丹丹
责任校对　邱红穗
装帧设计　刘怡霖

出版发行　华东师范大学出版社
社　　址　上海市中山北路 3663 号　邮编 200062
网　　址　www.ecnupress.com.cn
电　　话　021-60821666　行政传真 021-62572105
客服电话　021-62865537　门市(邮购)电话 021-62869887
地　　址　上海市中山北路 3663 号华东师范大学校内先锋路口
网　　店　http://hdsdcbs.tmall.com

印 刷 者　上海书刊印刷有限公司
开　　本　787×1092　16 开
印　　张　19
插　　页　8
字　　数　414 千字
版　　次　2018 年 10 月第 1 版
印　　次　2018 年 10 月第 1 次
书　　号　ISBN 978-7-5675-8262-0/B·1154
定　　价　58.00 元

出版人　王焰

(如发现本版图书有印订质量问题,请寄回本社客服中心调换或电话 021-62865537 联系)

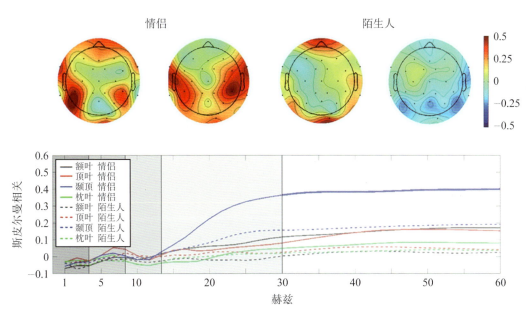

图 3-3 斯皮尔曼相关分析方法在社会交互情景中的应用

（参见本书第 49 页）

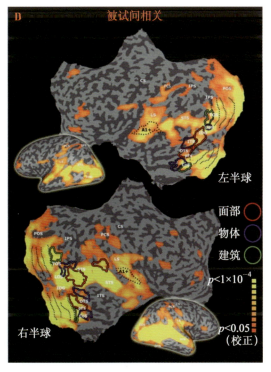

图 3-11 被试间相关分析方法的应用

（参见本书第 59 页）

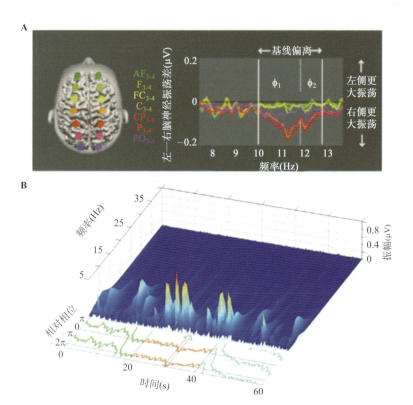

图4-3 手指敲击节奏任务中两被试脑间活动的同步情况

（参见本书第67页）

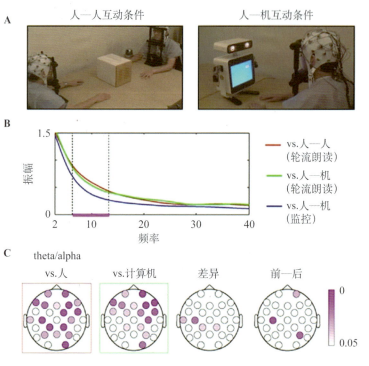

图4-6 字母轮流朗读任务中脑间功能的连接情况

（参见本书第71页）

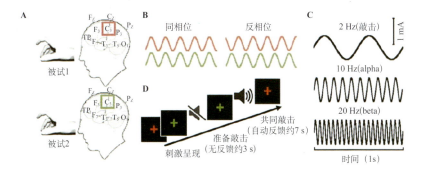

图4-8 改变被试间的脑—脑功能连接强度对联合手指敲击任务的影响

（参见本书第73页）

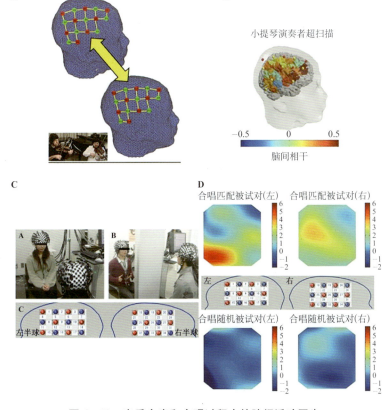

图4-10 音乐合奏和合唱过程中的脑间活动同步

（参见本书第75页）

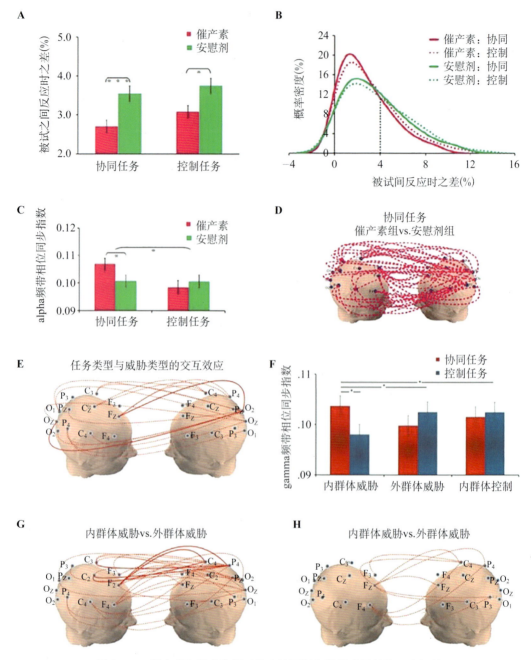

图4-17 催产素和社会背景对社会协同任务的影响及其脑—脑机制

(参见本书第83页)

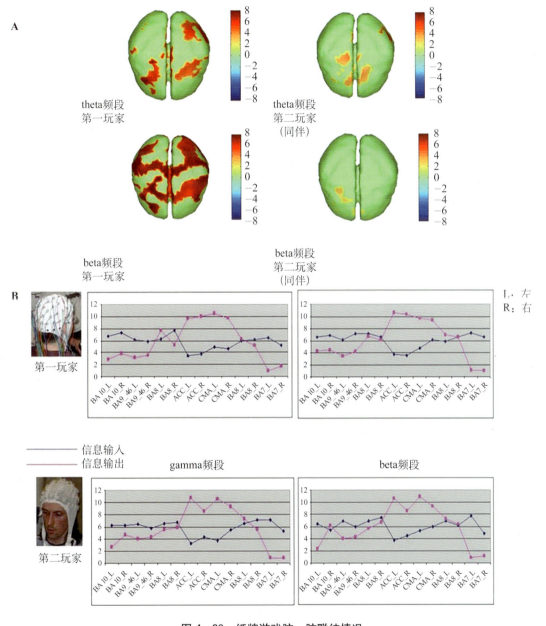

图 4-20 纸牌游戏脑—脑联结情况

(参见本书第 88 页)

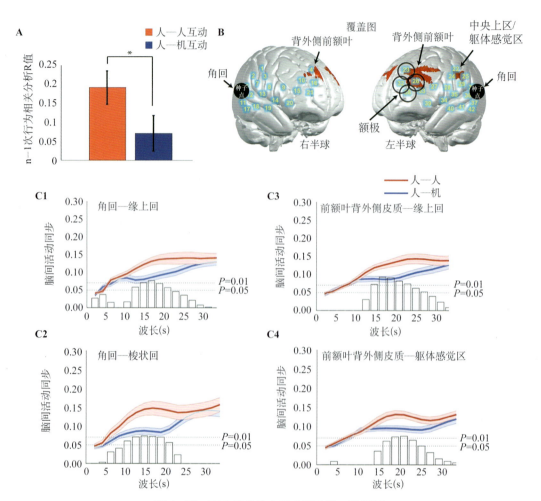

图 4-24 双人竞争扑克游戏下的脑—脑机制

(参见本书第 93 页)

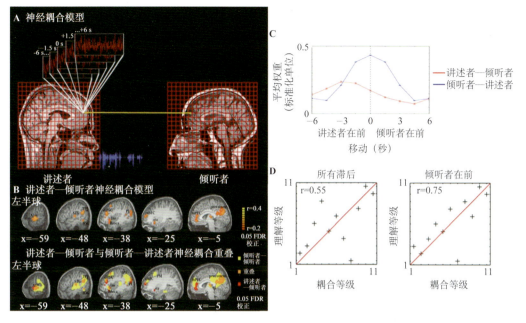

图 5-2 讲述者—倾听者间的脑—脑耦合

（参见本书第 103 页）

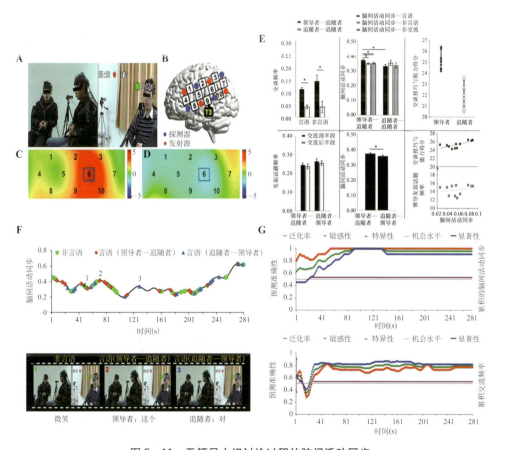

图 5-11 无领导小组讨论过程的脑间活动同步

（参见本书第 113 页）

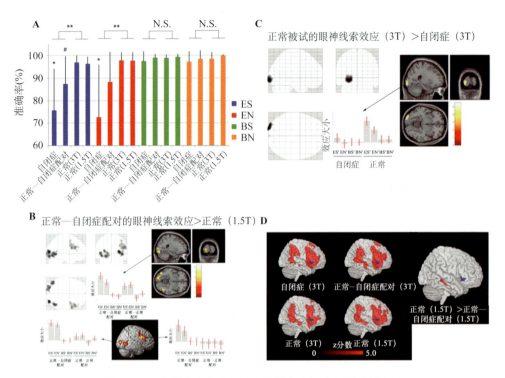

图5-15 自闭症患者在眼神交流任务中的脑间活动同步性

（参见本书第117页）

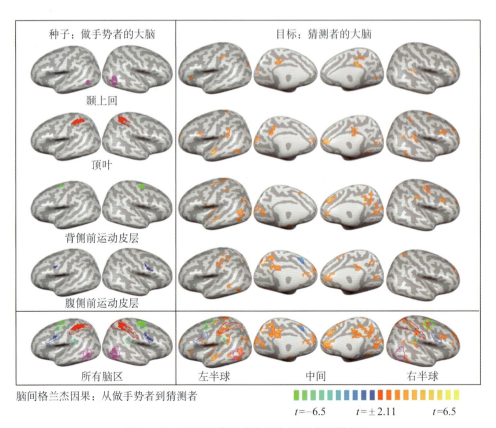

图5-18 看手势猜字谜游戏的fMRI超扫描研究

（参见本书第121页）

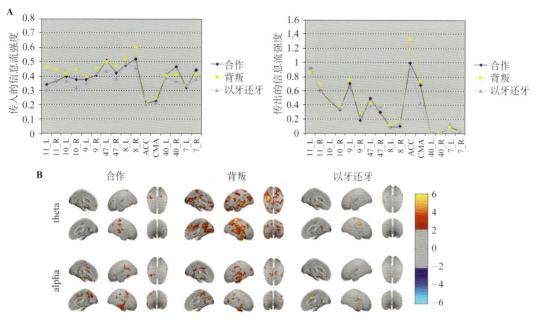

图 6-10 有关囚徒困境的 EEG 超扫描研究

（参见本书第 139 页）

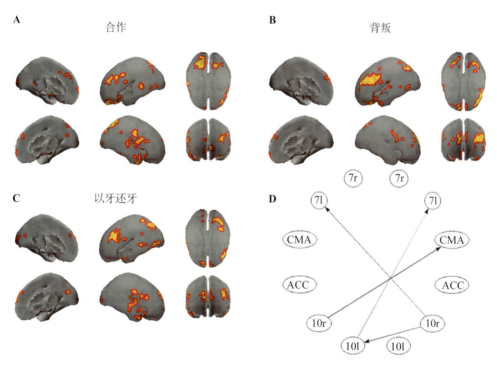

图 6-14 斗鸡博弈的 EEG 超扫描研究

（参见本书第 143 页）

A 准确性	相对奖赏水平 (A：B)	绝对奖赏水平	报酬 (被试A—被试B)	条件	出现的比例
两名被试都猜测错误			0—0	C1	6.5
被试A猜测正确		高	60—0	C2	14.3
		低	30—0	C3	
被试B猜测正确		高	0—60	C4	13.3
		低	0—30	C5	
两名被试都猜测正确(感兴趣的条件)	1：2	高	60—120	C6	65.9
		低	30—60	C7	
	1：1	高	60—60	C8	
		低	30—30	C9	
	2：1	高	120—60	C10	
		低	60—30	C11	

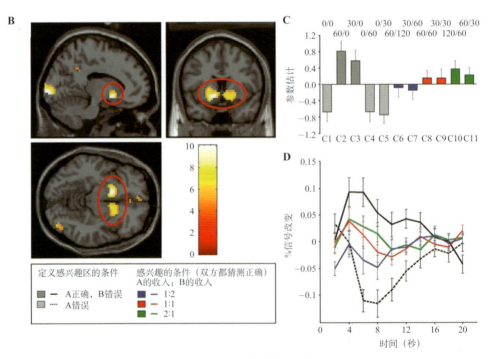

图6-22 社会比较对奖赏加工的影响研究

(参见本书第152页)

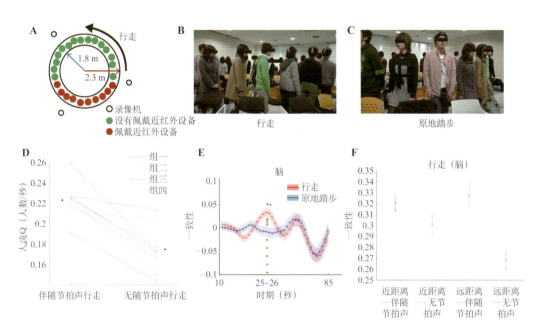

图 7-11 群体散步期间的脑间活动同步研究

（参见本书第 171 页）

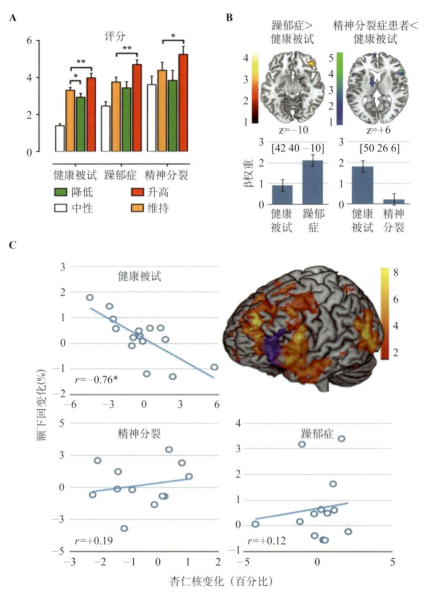

图 9-13 精神分裂症患者情绪调控的脑功能研究

(参见本书第 223 页)

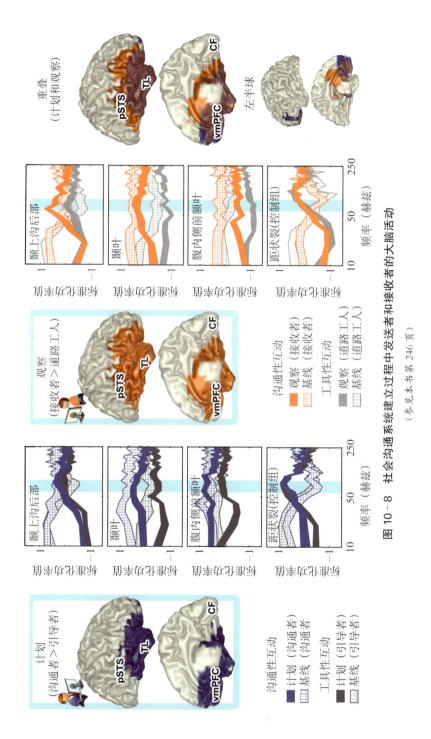

图10-8 社会沟通系统建立过程中发送者和接收者的大脑活动

（参见本书第246页）

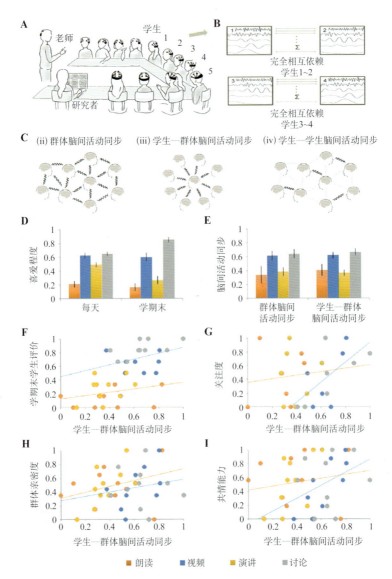

图 11-2 脑间活动同步与课堂教学中的互动行为

（参见本书第 270 页）

目 录

前言 ········· 1

第一章 脑—脑耦合：创造和同享社会世界的一种机制 ········· 1
 摘要 ········· 1
 第一节　社会互动的普遍性需要群体脑考察 ········· 1
 第二节　言语交流与脑—脑耦合 ········· 5
 第三节　实现脑—脑耦合的方式 ········· 8
 第四节　人际互动新型研究手段的诞生 ········· 10
 小结 ········· 15

第二章 超扫描技术及其发展现状 ········· 20
 摘要 ········· 20
 第一节　超扫描技术及研究总结 ········· 20
 第二节　基于功能性磁共振成像的超扫描技术 ········· 23
 第三节　基于脑电的超扫描技术 ········· 26
 第四节　基于近红外成像的超扫描技术 ········· 29
 第五节　基于脑磁图的超扫描技术 ········· 34
 第六节　超扫描技术目前面临的挑战和急需解决的问题 ········· 36
 小结 ········· 40

第三章 超扫描研究的数据分析方法 ········· 46
 摘要 ········· 46
 引言 ········· 46
 第一节　皮尔逊相关分析方法 ········· 47
 第二节　协方差分析方法 ········· 50
 第三节　小波变换相干分析方法 ········· 50

第四节　相位锁定值分析方法 …………………………… 52
　　第五节　偏定向相干分析方法 …………………………… 54
　　第六节　格兰杰因果分析方法 …………………………… 56
　　第七节　被试间相关分析方法 …………………………… 58
　　第八节　神经相似性分析方法 …………………………… 58
　　小结 …………………………………………………………… 61

第四章　超扫描视角下的合作与竞争行为 …………………… 64
　　摘要 …………………………………………………………… 64
　　引言 …………………………………………………………… 64
　　第一节　身体动作同步行为的脑—脑机制 ………………… 66
　　第二节　音乐协奏的脑—脑机制 …………………………… 73
　　第三节　合作行为的脑—脑机制 …………………………… 74
　　第四节　非对称任务下的超扫描研究 ……………………… 86
　　小结 …………………………………………………………… 95

第五章　超扫描视角下的人际交流 …………………………… 100
　　摘要 …………………………………………………………… 100
　　引言 …………………………………………………………… 100
　　第一节　言语交流 …………………………………………… 101
　　第二节　表情交流 …………………………………………… 113
　　第三节　动作交流 …………………………………………… 120
　　小结 …………………………………………………………… 125

第六章　超扫描视角下的社会决策 …………………………… 128
　　摘要 …………………………………………………………… 128
　　引言 …………………………………………………………… 128
　　第一节　决策行为与决策者自身的脑活动 ………………… 129
　　第二节　纸牌博弈 …………………………………………… 132
　　第三节　囚徒困境博弈 ……………………………………… 138
　　第四节　斗鸡博弈 …………………………………………… 141
　　第五节　最后通牒博弈 ……………………………………… 143
　　第六节　信任游戏 …………………………………………… 147

     第七节 公共物品博弈 ················· 150
     第八节 其他类型的博弈 ················ 151
     小结 ···························· 153

第七章 超扫描视角下的人际互动与亲社会行为 ········ 158
     摘要 ···························· 158
     引言 ···························· 158
     第一节 人际互动促进亲社会行为 ············ 159
     第二节 人际互动增强脑间活动同步 ··········· 164
     第三节 脑间活动同步在人际互动的亲社会效应中的作用 ·· 171
     第四节 人际互动的亲社会效应可能的理论解释 ····· 174
     小结 ···························· 176

第八章 超扫描视角下的自闭症人群社会交往缺陷 ······ 180
     摘要 ···························· 180
     引言 ···························· 180
     第一节 社会注意缺陷 ·················· 181
     第二节 模仿行为缺陷 ·················· 189
     第三节 合作行为缺陷 ·················· 195
     第四节 超扫描技术在自闭症社会交往缺陷评估中的应用 · 199
     小结 ···························· 204

第九章 精神分裂症患者的社会功能障碍及超扫描技术的潜在
     应用 ··························· 208
     摘要 ···························· 208
     引言 ···························· 208
     第一节 社会认知障碍 ·················· 209
     第二节 社会情绪障碍 ·················· 216
     第三节 人际交往障碍 ·················· 224
     第四节 超扫描技术在精神分裂症成因及干预评估中的作用 · 227
     小结 ···························· 230

第十章　超扫描视角下的社会沟通系统产生机制 …… 238

摘要 …… 238

引言 …… 238

第一节　社会沟通系统产生的研究范式 …… 239

第二节　社会沟通系统产生的相关理论 …… 241

第三节　社会沟通系统产生的单脑机制 …… 243

第四节　互动行为特征影响社会沟通系统产生 …… 245

第五节　角色不对称性影响社会沟通系统产生 …… 250

第六节　超扫描研究框架下考察社会沟通系统产生 …… 251

第七节　提升社会沟通行为的有效途径探讨 …… 252

小结 …… 258

第十一章　超扫描研究的困境与未来 …… 263

摘要 …… 263

第一节　社会互动的复杂性与超扫描研究的困境 …… 263

第二节　超扫描与教学质量评估 …… 267

第三节　超扫描与异常人群社会功能缺陷的评估 …… 271

第四节　超扫描与群体决策行为——以快速约会为例 …… 273

第五节　人际互动情境下的说谎行为和谎言识别 …… 278

第六节　超扫描与其他研究领域 …… 284

第七节　高生态效度的双脑神经反馈 …… 285

第八节　脑—脑接口技术的结合 …… 289

小结 …… 290

前言

人类以及某些高级动物具有高度社会性的特点,其典型特征是个体的行为受到其与周围人或环境的交互作用的影响。当个体为了满足某种需要而相互采取社会行动时就形成了社会互动(social interaction),它是一种个体对他人采取社会行动,同时对方作出反应性社会行动的过程。在社会互动期间,一方面我们不断地关注自己的行动对他人的影响;另一方面,他人的响应或期望也将改变我们的行动。社会互动不仅可以发生在个体与个体之间,也可以发生在个体与群体之间、群体与群体之间、民族与民族之间以及国家与国家之间。因此,社会互动具有显著的动态性、复杂性等特点。一方面,对于单个个体来说,社会互动的发生对于生存或发展具有极其重要的意义,个体的行为明显地被周围人所塑造,同时个体也期望与周围人发生社会互动,以至于遭到周围人的隔离被视作一种惩罚或折磨,社会隔离是引发高死亡率的重要风险因素。另外,对于个体所组成的群体、社会以及国家等,社会互动还能增进人类社会中个体间的相互了解,并逐渐形成良好的人际关系,促进社会和国家的稳定与发展。另一方面,社会互动功能的减弱或缺陷被证实是多种心理或精神疾病的典型特征,比如自闭症、精神分裂症等。因此,揭示社会互动的心理与脑机制有着重要的理论和实践意义。

近年来,神经影像学技术不断的发展与完善,数学、工程学、计算机科学等融入到影像学数据分析中,极大地促进了人们对认知活动的心理以及脑活动规律的认识,比如对感知觉、记忆、注意以及运动控制等认知活动的内在本质的认识有了飞跃式进展。其中,有些发现已经转化为现实的生产力,人工智能产品便是其中一个典型的例子。社会互动作为高级的认知活动,吸引了众多工作者的研究兴趣与目光,他们结合了经典的心理学和神经影像学研究技术,在社会互动的内在本质方面取得了较大的进展,提出了多种社会互动理论,丰富了我们对社会互动的理解。然而,已有相关研究集中表现出以下缺点:(1)自然环境下社会互动的主体涉及两个个体(或群体),主体间的相互影响是社会互动的本质特点。已有的相关研究工作忽略了这种主体间的互动性,其常用的研究范式是将单个被试置于实验室中,给予一个特定的、事先设计好的社会互动情景,和一个虚拟个体(即计算机或程序)或者不能实时发生互动的个体共同完成特定的社会互动任务。该种研究范式实质上是将研究对象从社会互动情景中隔离开来,导致其所揭示的心理与脑活动规律不能客观地反映社会互动的特有规律。(2)在认知神经科学的研究框架下,仅通过分析单个被试执行特定认知活动过程中的脑活动情况,阐述该种认知活动的神经基础。但是,对于社会互动相关的脑基础来说,仅分析单个被试的脑活动无法量化主体双方的互动关系。例如,记录乐团中的单个个体在演奏的不同阶段的脑活动,可以揭示与不同动作相关的脑基础,却无法找到恰当的指标来描述乐团中多个演奏者间的互动关系与动态变化情况。因此,我们需要一种能反映主体双方互动关系的全新的数据呈现方式,包括数据采集系统和数据分析方法等。

超扫描技术(hyperscanning)是近年来迅速发展的一种神经影像学技术,是指通过同时记录参与同一认知活动的两人或多人的脑活动,以分析脑间活动同步(interpersonal neural synchronization, INS)为主要手段,提供主体间的互动程度与动态变化相关的证据,从全新的考察视角阐述多人互动相关的脑—脑互动规律。目前,该技术在探究诸如合作与竞争、模仿行为、人际交流以及师生互动等多种社会互动的脑—脑机制方面取得了巨大的进展。已有研究一致发现上述互动过程中伴随着明显的脑间活动同步,而且脑间活动同步程度可以预测社会互动的质量。与此同时,为数较少的超扫描研究表明,脑间活动同步也能反映精神疾病患者的社会功能缺陷以及评估治疗方案。因此,脑间活动同步可以作为衡量社会互动的一种客观的神经标记,有助于揭示社会互动的内在本质,也有利于评估特殊人群的社会功能缺陷以及优化干预方案等。

本书介绍近年来超扫描视角下的社会互动研究,以超扫描研究框架下所发现的脑间活动同步为主线,重点阐述合作与竞争、人际交流、经济决策、社会沟通系统产生以及精神疾病患者社会互动缺陷的脑—脑互动的特有规律。同时,由于超扫描技术刚刚起步,本书梳理了其在影像学数据采集、分析以及结果解释方面所面临的较大挑战与困境,并展望了超扫描技术在未来研究中的潜在应用。整书的具体内容包括脑—脑耦合:创造和同享社会世界的一种机制(第一章)、超扫描技术及其发展现状(第二章)、超扫描研究的数据分析方法(第三章)、超扫描视角下的合作与竞争行为(第四章)、超扫描视角下的人际交流(第五章)、超扫描视角下的社会决策(第六章)、超扫描视角下的人际互动与亲社会行为(第七章)、超扫描视角下的自闭症人群社会交往缺陷(第八章)、精神分裂症患者的社会功能障碍及超扫描技术的潜在应用(第九章)、超扫描视角下的社会沟通系统产生机制(第十章)以及超扫描研究的困境与未来(第十一章)。鉴于本人从事超扫描视角下社会互动研究的时间较短,对社会互动行为以及超扫描研究技术本身的认识水平还有限,出现不妥和错误之处在所难免,敬请广大读者和专家们批评指正。

　　本书在撰写过程中得到了研究小组的刘洁琼、李杨卓、陈美、张如倩、袁涤、张听雨的大力支持和帮助,在这里向可爱的小伙伴们说一声:"谢谢你们!"没有你们的帮助,这本书难以及时完成。希望你们在将来的生活、学习和工作上一切顺利!几年前,刚刚接触超扫描技术时,我得到了美国斯坦福大学的崔旭博士,首都体育学院的蒋长好博士,北京师范大学的朱朝喆博士、卢春明博士和刘超博士,以及浙江大学的刘涛博士等多位专家的帮助、支持与鼓励。没有你们的领航与护航,我也不可能在这个崭新的研究领域里坚持数年,并仍将继续坚持下去。当然,更需要感谢一起奋斗的同事胡谊博士、"学生"朋友成晓君博士(现已在深圳大学工作)、潘亚峰和胡银莹。也借此书向一直支持我的华东师范大学心理与认知科学学院及领导表示感谢!最后,感谢家人的理解与支持,是我占用了本应属于你们的时间,才让我顺利完成该书的撰写。希望你们一生幸福,健康成长!

李先春
于上海华东师范大学
2018 年 4 月

第一章 脑—脑耦合：创造和同享社会世界的一种机制

摘要

认知活动在人际空间中得以丰富化，不同个体基于特定的规则在行动上进行协同，继而产生复杂行为。已有的大多研究只考察了个体层面上的认知活动，但他人的思维活动已被证实对所考察个体的行为及脑活动具有明显的塑造作用，这就意味着研究技术和观察视角需要转变，即实现从单一脑到群体脑的转变。通过环境中特定的信息传递发生的不同个体脑活动的连接称为脑—脑耦合。脑—脑耦合制约和塑造着同一社会世界中每个个体的行为，导致复杂认知行为的产生，而这种复杂的认知行为不可能在独立的个体上产生。

第一节 社会互动的普遍性需要群体脑考察

一、社会互动的普遍性

日常生活中的社会互动很普遍，如传授知识与技能、指挥与演奏以及与他人聊天等。个体的行为可以明显地被周围人所改变或塑造，同时个体也期望与周围人发生社会互动，以至于遭到周围人的隔离被视作一种惩罚或折磨，如最近的一项元分析显示，社会隔离和孤独是引发高死亡率的重要风险因素（Holt-Lunstad 等，2015；Tanskanen 和 Anttila，2016）。

我们经常与他人一起开心或悲伤，会因直接的相互感染而产生共同的情感体验。然而，对这种体验程度进行客观衡量是非常困难的。研究发现，一个人的情绪可能让他人产生完全不同的情绪，比如一个充满攻击性的人会让周围的行人产生恐惧的情绪体验；而在母婴之间经常发生的行为同步，可能反映了两者的情绪调节，而不是共享相同的情绪状态。

人们可以有意识或下意识地将感知到的他人的表情、手势、身体姿势、行为以及语调信息作为社会互动线索。继而，从多个方面自动地协调各自的行动，包括从身体动作的同步到拥有相似的兴趣或注意的倾向。这些在人际间发生的认知对准有助于判断和理解他人的意图和即将发生的行为。一个很恰当的例子是谈话过程中的话语轮换。不同语言和文化背景下，话语轮换的时间间隔一般在几百毫秒内，甚至可以发生交叉重叠(Stivers等，2009)。轮换间隔不只反映前一个讲话者何时发音结束，实际上，谈话双方都会相互调准各自的行为，以至于能够预测前一个讲话者何时结束该轮次的讲话。除此以外，相当部分的人际互动是以非言语形式发生的，比如眼神交流等。与这些明显的具身性互动相对应，现代社会中还存在大量借助于科技工具实现的非具身性互动方式。如果配以具身性互动的情绪符号，可增强言语交流介导的社会互动。

他人的行为对于个体的认知活动发展有着重要作用，一个很好的例子就是言语沟通(verbal communication)。特定词语的含义是由实际用法决定的，但是词语的正确使用却会随时代、文化以及背景的变化而变化。词语的正确使用依赖于群体内部(即言语沟通成员群体)所共有的一系列规则。为了掌握一门语言，个体必须与群体中其他成员在不断的互动中，逐渐学会词语的正确使用方法。因此，群体内部发生的人际互动将会从根本上塑造个体的思维与行为方式(Boroditsky和Gaby，2010)。这种塑造作用还存在于诸如求爱行为、工具使用等非言语性的社会互动中，表现在个体以及群体内其他成员基于共同规则或习惯协调各自行为。

鉴于人类或高等动物的高度社会性特点，与他人进行互动对于个体的认知发展和幸福感，甚至整个社会发展的重要性显而易见。目前来看，随着各种影像学技术和分析方法的飞速发展，认知神经科学的研究领域不断扩展，极大地促进了人们对多种认知活动脑机制的理解，甚至已经将部分转化为现实的生产力，大大地改变或改善了我们的生活水平。然而，绝大多数已有的神经科学实验研究都忽视了社会互动的重要性，所涉及的研究范式仅关注了单个被试在完成认知活动时所对应的神经机制。该类实验的典型特征是，将人类个体或实验动物从所处的自然环境中分离出来，置于一个密闭的实验空间内，令其对研究者事先设计好的计算机程序进行反应或者单向互动。这种以自我为中心的研究框架就好比太阳系中托勒密体系的地心说一样，认为各种星系都不可以影响地球物理过程(geophysical processes)。而现代对地球重力、运动轨道以及潮汐等的理解却是建立于哥白尼的学说之上，该学说认为地球只是复杂的、相互作用的行星系中的一员。相同道理，若认知神经科学领域仅关注单个个体的认知活动，势必会掩盖脑—脑互动(brain-to-brain interaction)对认知活动的塑造作用。我们认为导致研究者忽视社会互动的重要性的可能根源在于：(1)社会互动所具有的极度复杂性、时间上的不可预料性；(2)在不断变化的社会背景下采集影像学数据的挑战性等。与此同时，人际互动过程中的刺激信息（比如瞬息万变的面部表情等）不仅具有感觉信息特征，而且人们对这类刺激的解释可远远超出对该材料的即刻反应（Hari 等，2015）。总之，仅考察社会互动中的单个大脑活动，而不去考察群体脑活动及其互动情况是不可能全面的理解社会互动，乃至单个个体认知过程的内在机制（Hari 和 Kujala，2009）。

二、脑—脑耦合

有机体从周围环境中获取信息是基于外部刺激与脑活动间的耦合，即刺激—脑耦合 (stimulus-to-brain coupling)。不同刺激拥有不同形式的能量，如机械能、化学能以及电磁能等。有机体的感受器具有将不同形式的刺激信号转换为神经冲动，继而对环境中的信息进行编码的能力。与此同时，有机体不仅仅是被动感知环境中的感觉信息，还可以通过移动感受器所在的相对位置去主动感知环境中的有效信息，如挥动手臂、转动眼睛等（Schroeder 等，2010）。有机体在获得特定信息后，经过脑内复杂的整合过程，然后指导接下来的行为活动。

脑—脑耦合(brain-to-brain coupling)是指个体的大脑活动通过环境中特定信息的传递与另一个体的大脑活动发生的关联。它也依赖于刺激—脑耦合所提供的信息。但是，脑—脑耦合的信息产生于另一个大脑或有机体，而非物理环境中无生命的物体。脑—脑耦合发生的另一个前提是发生耦合的个体必须具有在结构和功能上相同或相似的大脑。脑—脑耦合就好比是无线通讯装置，两个（或多个）大脑间可通过共享的自然环境以特定的信号进行沟通，如光、压力以及化学物质等（Hasson 等，2012）。信息传递过程中，发送者和接收者在行为上的协调伴随着脑—脑耦合的产生，但其产生方式并不适用于人与周围环境中的无生命物体间的单向互动方式。对发送者动作、感知觉或情绪变化的觉察可以诱发接收者产生相应的脑网络激活水平的变化，该现象被称为替代激活(vicarious activations)（Keysers 和 Gazzola，2009）。如果发送者具有和接收者相同或相似的大脑或机体，接收者的替代激活模式会和发送者的激活模式相似，进而表现出明显的脑—脑耦合现象。相反，如果接收者拥有与发送者完全不同的大脑或机体，则接收者的替代激活模式将会明显有别于发送者的激活模式，也就无法呈现显著的脑—脑耦合现象。因此，替代激活理所当然就成为不同个体间脑—脑耦合的特有机制。当然，接收者的脑活动可能会以更为复杂的规律与发送者的脑活动发生耦合（Riley 等，2011）。

三、脑—脑耦合在社会互动过程中产生

我们以社会沟通系统产生为例，试图阐述脑—脑耦合现象产生的过程。任何沟通系统的出现或产生需要群体成员在特定情境下对特定信号所表达的含义持有共同的理解，而这种共同的理解必须通过互动式学习才能逐步建立起来。这种观点得到越来越多科学发现的支持。联合行为(joint behaviors)依赖于群体成员间对社会信息的精确感知。与群体内其他成员的互动情况会强烈影响着成员的行为发展，直至这些行为趋于保持高度的一致性。与此同时，通过替代激活以及更为复杂的模式产生脑—脑耦合。接下来，我们将尝试以来自鸟类、人类婴幼儿以及成年人的沟通系统产生的研究证据来描述社会互动介导的脑—脑耦合产生过程。

首先，以往关于鸟类鸣声学习(song learning)的研究通过播放成年鸟鸣声的录音让幼鸟逐步习得鸣声技能。这种研究范式只能验证幼鸟的歌唱学习是基于印记(imprinting)机制的假设。然而，这些研究非常明显地排除了社会因素的影响，掩盖了鸣禽在特定的社会环境中会通过与其他伙伴的互动来促进与提高学习效率的事实。鸣禽只有通过真实互动而非录音才能学会鸣叫声(Baptista 和 Petrinovich，1984)。可以证实社会互动介导禽类鸣声学习的最好例子来自对八哥的研究(White，2010)。雄性八哥通过观察雌性八哥的反应逐渐学会发出具有潜在吸引力的鸣叫声(West 和 King，1988)。另一方面，在听到雄性八哥具有吸引力的鸣叫声或部分元素时，雌性八哥会立刻挥动翅膀以示响应。对上述响应的感知进一步强化雄性八哥的行为，使其尽可能重复那些可以引起雌性八哥挥动翅膀的鸣叫声元素，最终使得较为复杂的、更具吸引力的歌声能够成功吸引更多的雌性八哥。而雌性八哥则通过观察和聆听群体内其他雌性八哥的反应，而获得自身对特定雄性八哥歌声的喜好与偏好(Freed-Brown 和 White，2009；West 等，2006)。因此，鸣禽的叫声与偏好都是在社会互动过程中逐步衍生出来。

其次，人类婴幼儿沟通系统的产生是另外一个能说明在社会互动中习得语言的例子。一个7~12个月大的婴儿所发出的咿呀声就表现出和环境语言(ambient language)的音高、节律乃至音节组成相匹配的特点。从咿呀声到环境语言的声学转变是在幼儿及其照料者之间的互动中发生的。照料者对咿呀声所做出的一致反应可以明显强化特定的声学构成，使得幼儿从中习得环境语言。对于这种类型的社会学习，包括了两个互惠互动的过程，即(1)照料者必须对幼儿咿呀声的声学特征比较敏感，并给予一致的响应；(2)幼儿必须能感知到照料者的响应，并相应地调整他们的发声行为。事实上，照料者早在幼儿1岁时就已经对幼儿的咿呀声给予响应，比如面对面模仿幼儿的发声以及确立发声—响应间的话语轮换等。接下来，照料者会给予幼儿特征更为丰富的发声作为响应，比如由元音—

辅音构成的音节(Gros-Louis 等,2006)。通过综合了解幼儿所关注的照料者的反应,我们得知照料者的反应对婴幼儿的语言发声具有非常显著的影响(Goldstein 等,2008)。

再次,研究表明成年人可通过互动产生一套全新的符号系统,并以此在群体内进行沟通,这也是社会互动介导社会沟通系统的强有力的证据。此类研究要求成对被试合作完成社会沟通系统产生任务,进而考察沟通系统产生的过程。由于被试彼此隔离,不能相互看见,也不能听见对方的声音以及触摸到对方,唯一的沟通途径就是通过计算机呈现特定的(反馈)信息,但这些信息不能是已有的信息呈现方式(比如字母、词语以及数字等)(Hasson 等,2012)。因此,为了达到沟通的目的,他们只有创造出一种全新的视觉沟通符号系统。研究发现两个(或多个)被试在积极互动时,很快就形成了用于沟通的全新视觉符号(Fay 等,2008;Galantucci,2005;Garrod 等,2007;Healey 等,2007)。随着双方不断的互动,所创造出来的用于沟通的视觉符号的抽象性逐渐增强(Fay 等,2008)。但是,被试间如果缺乏积极互动(即被试单独而非在互动中创造出视觉符号)时,这些符号将不具备沟通的功能(Garrod 等,2007)。另外,旁观者虽然目睹了用于沟通的视觉符号产生的整个过程,却因为没有积极参与互动过程,不能有效地使用该视觉符号进行人际沟通(Fay 等,2008;Galantucci,2009)。这些研究证据充分表明行为上的互动对于新沟通系统的产生具有至关重要的作用。

第二节 言语交流与脑—脑耦合

一、言语产生于耦合振荡

语言介导了众多典型的人际交流活动。但是,在两个个体的交流过程中,语言信号是如何传递和接收的?值得注意的是,个体间大脑信息的传递方式与个体内大脑不同部位间的信息传递方式很相似。单脑不同部位间的信号传递需要解剖学上的结构连接,表现为某部位的神经活动通过该结构连接去影响另外一个脑部位的活动。比如,一个自言自语的人可以根据特定背景下对自己声音的监控进而调整自身的言语方式,即使自身意识不到这种调节方式的存在。在此过程中,运动皮层发出言语的一系列神经冲动,控制有机体产生相应的声音信息,与空气中的噪音混杂在一起。这种混杂在一起的声音信息将返回到说话者的耳朵里,进而激活听觉感知系统,在需要时可作为一种反馈信息进一步指导运动系统调整语音的输出。这就是人类(或灵长类动物)在嘈杂环境中会反射式提高自身声音强度的原因。在这种情景下,大脑的运动系统和听觉系统间的相互交流是通过空气中传播的声音信息进行协调。而这种观点自然而然地可以扩展到对话情景中的双方,即说话者和倾听者。

在言语交流过程中,两个大脑通过特定的振荡信号建立明显的耦合现象(如图 1-1)。就世界上的各种语言来说,言语信号在幅度上都有其各自的调整方式,如在强度上的增强与减弱等,这种幅度调整就构成了 3~8 赫兹频率的节奏(Chandrasekaran 等,2009;Drullman,1995)。这种节奏正好与讲话者的音节发音所需要的时间相匹配,即每秒说 3 到 8 个音节。研究显示大脑中尤其是新皮层也可以产生相应的振荡或节律(Buzsaki 和 Draguhn,2004)。众多言语知觉理论认为言语的幅度调整节律很好地与 3~8 赫兹的 theta 频段振荡匹配(Schroeder 等,2008)。这就提示我们讲话者的言语信号可以与倾听者听觉皮层的振荡活动发生耦合或共振(Giraud 等,2007;Lakatos 等,2005),该耦合可以显著增强神经信号的信噪比,进而有助于改善听觉。另外,多项研究显示 8 赫兹以上的振荡破坏了言语信号,从而显著降低了个体对言语的辨别能力(Saberi 和 Perrott,1999;Shannon 等,1995;Smith 等,2002),并且减弱了听觉皮层的参与度(Ahissar 等,2001;Luo 和 Poeppel,2007)。

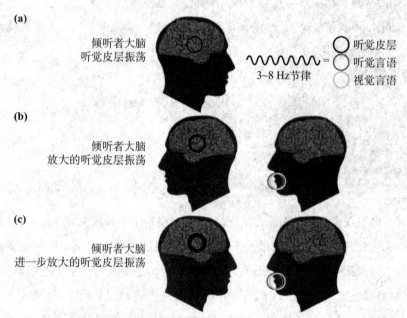

图 1-1　言语交流中交谈双方存在的 3~8 Hz 听觉皮层间的振荡活动

注:图片引自 Hasson 等,2012。

上述耦合假说也可以扩展到视觉模态。人类经常以面对面的形式进行谈话,在这个过程中同时使用了听觉和视觉两种模态。Sanders 和 Goodrich(1971)的研究结果证实了观看讲话者的面部可以明显增强言语的理解性。在很嘈杂的环境下,如鸡尾酒舞会上,观看讲话者的面部相当于将声音的强度升高 15 分贝。这种视觉增强语音的原因是讲话者嘴部的运动与言语信号的幅度调整紧密耦合在一起。因此，讲话者嘴部3~8赫兹的运动振荡信息被倾听者的视觉系统所捕获，进而通过多感觉通道整合系统增强倾听者大脑中由声音诱发的脑活动水平(Luo等，2010；Schroeder等，2008)。

在上述情景中，讲话者就像是播放言语信号的广播站，所播出的信号以及背景音被倾听者所感知。倾听者事先进行了预调制以便于匹配讲话者所具有的特异言语频率，进而通过产生振荡起到放大言语信号的效果。言语信号遵从3~8赫兹的调制规律，正好大脑听觉系统的振荡频率也在3~8赫兹。为了进一步在噪音环境中放大言语信号，大脑发挥了将嘴部运动和具有共振特征的言语声音波相耦合的长处。因此，嘴部运动有助于将言语信号划分成不同的音节，以便于倾听者的大脑能有效地从信号中提取有意义的信息。基于脑—脑耦合框架，言语交流是信息发送者和接收者在互动过程中以产生脑活动振荡的方式出现。

二、言语过程中的协调而等级化的对准

一旦大脑间通过言语信号实现了相互耦合，信息就可以被分享，人类可以有效地进行交流。人类交流方式可以分成两种：独白(仅一个讲话者发送信号，同时有一个或多个倾听者接收信号)和对话(两个或多个谈话者必须在时间上进行各自行动的精确协同)。总体来讲，人类交流(尤其是对话)很容易发生，原因是谈话者间在时间上的互相对准(interactive alignment)过程中含有非常丰富的无意识成分(Garrod和Pickering，2004；Pickering和Garrod，2004)。在这种框架下，两个谈话者自然而然地将不同言语信号互相对准，其途径是通过相互模仿来选择言语声音(Pardo，2006)、语法结构(Branigan等，2000)以及词语和意义(Garrod和Anderson，1987)。例如，当Peter对Mary说："我递给儿子(John)午餐盒"时，Mary更可能说："我递给儿子外套"，而不是"我把外套给儿子"。然而，上述两种说法体现出的意思是相同的。

互相对准的发生有以下两个原因。首先，讲话者的言语发生和倾听者的言语理解之间相互耦合，这取决于两者间共有的语言表征。其次，讲话者产生特定的言语表征会启动或激活倾听者的言语理解并产生相应的言语表征，致使倾听者更可能在其言语过程中使用该言语表征(Pickering和Garrod，2004)。重要的是，互相对准可以发生在各种语言水平，从语音和语法到语义和语境等。此外，一种水平上的对准可以导致其他水平上更大的互相对准(Branigan等，2000)。例如，相对低水平的字或语法水平的对准可以导致情景模型中的关键水平上的对准(即谈话者双方对相同表征的理解水平)。这种互相对准是通过将讲话者在言语产生时的大脑活动与倾听者言语理解时的大脑活动相耦合实现的。

第三节 实现脑—脑耦合的方式

一、言语交流介导的脑—脑耦合

采用功能性磁共振成像(以下简称 fMRI)技术,Stephens 等人(2010)分别采集了讲话者叙述一个自身真实的故事以及倾听者在听到这个故事的音频材料时的脑活动,并通过时间锁相的方法分析交流双方脑—脑耦合的变化情况。结果显示在交流成功条件下,讲话者和倾听者的脑活动在时序上呈现显著的相关关系,即表现出明显的脑—脑耦合现象。然而,在交流不成功条件下(即讲话者使用倾听者完全不懂的语言讲相同的故事),上述发现的脑—脑耦合消失。更为有趣的是,倾听者脑活动和讲话者脑活动具有明显的时间延迟,该时间延迟正好与谈话者之间的信息流动所需的时间相同(Stephens 等,2010)。这些结果表明讲话者在言语时产生的脑活动诱发和塑造了倾听者的脑活动。换句换说,两者的脑活动存在一个明显的因果关系。令人惊异的是,倾听者的某些脑区活动早于讲话者的大脑活动,这种期待相关的脑活动提示倾听者能主动地预测讲话者即将产生的发音。这种预测可以对较为嘈杂或模糊的信息输入起到补偿作用(Garrod 和 Pickering, 2004)。的确,倾听者的这种期待相关的脑活动与讲话者的脑活动间的耦合程度越高,行为上倾听者的理解水平越好(Stephens 等,2010)。讲话者—倾听者的脑—脑耦合揭示了谈话者间具有时序对准的神经基础。已有研究显示在自由观看电影或倾听故事时,共享的外部信息输入可以导致不同被试表现出相同的脑活动(Golland 等,2007;Hanson 等,2009;Hasson 等,2004;Hasson 等,2008;Jaaskelainen 等,2008;Wilson 等,2008)。总起来说,刺激—脑耦合是与特定环境事件中某一时刻的锁相进行比较的,而言语交流介导的脑—脑耦合则解释了时间和空间上相隔甚远的信息是如何传递的。这种信息传递机制起作用的方式使得言语而非其他的外部刺激直接诱发交流双方相似的脑活动。这是一种与物理环境相比更为自由,且极大地有利于人类交流系统的发展。

二、非言语交流介导的脑—脑耦合

脑—脑耦合也可以通过手势或面部表情等非言语信息实现。最早的相关实验性研究来自于一项 fMRI 研究(Schippers 等,2010)。研究者要求被试在扫描仪中完成看手势猜字谜游戏,信息发送者需要向接收者传递能体现词语特征的非言语性线索(如手势),与此同时记录其大脑活动,并视频录制信息发送者的手势过程。接下来,信息接收者观看相关录像,同时记录其大脑活动。运用格兰杰因果分析(granger causality analysis,GCA)方法分析两个大脑活动间时序上的关系,研究者发现接收者大脑活动在时序上的变化与发送者脑活动的时序变化呈现共变关系。进一步发现,接收者—发送者的脑—脑耦合存在于两个神经网络,即镜像神经元系统相关脑区和心理理论相关脑区。该发现同时支持了在社会知觉过程中上述两个神经网络间相互协作的观点(Keysers和Gazzola,2007)。更有意思的是,对发送者和接收者在单脑上的分析没有发现上述两个神经网络的活动,这展现了脑—脑互动分析在理解高级脑功能方面的长处(Schippers等,2009)。在另外一项研究中,Anders等人(2011)让女性被试在磁共振扫描仪中表达特定的情绪,实时将录像展示给其男朋友观看。结果同样发现了明显的脑—脑耦合现象(Anders等,2011)。该研究提供了探讨真实情景下的情绪识别以及情绪感染的神经基础的有效研究手段和方法。

在手势和情绪表达介导的人际交流研究中,每对被试都是自由选择信息传递的内容,这就确保了人际互动的唯一性。研究显示真实互动个体间的脑—脑耦合要远高于没有互动的个体间(即不同组被试的随机分组)的脑—脑耦合(Anders等,2011;Schippers等,2010)。因此,脑—脑互动分析可以为考察交流背景下的特异性互动提供一种非常强有力的研究手段。

三、联合行动介导的协同作用

相互耦合的群体脑系统可以产生彼此分离的大脑所无法控制的复杂行为,很多种行为都需要成员间严苛的时空协作,如打篮球或驾驶帆船等。即使有些行为可以单独执行,比如演奏一种乐器或独舞等,但若置于一个群体执行的环境中,将会又快又好地完成。越来越多的证据表明在联合行为过程中,人们会内隐地在动作、知觉以及认知水平等多个方面发生耦合。比如在群体运动水平方面,在摇椅上的两个人随着摇椅节奏的耦合,其摇摆行为变得越来越一致(Richardson等,2007);两个钢琴演奏家在二重奏过程中手部的运动将趋近同步;当成对的吉他手一起演奏同一曲子时,人际间的行动协同伴随着脑—脑耦合(Lindenberger等,2009)。在知觉水平上,当两个人从不同的视角观察同一个物体,并要求他们进行心理旋转时,他们会逐渐相互适应对方的视角(Bockler等,2011)。

四、联合决策

已有研究充分表明个体的选择行为经常会受到他人决策行为的影响而改变。Hampton等人(2008)发现在完成策略性游戏过程中,决策者不仅要时刻观察对方的行为,而且也要留意对手如何应对自己的选择,进而实时地调整自己的决策行为以达到最优化的决策后果(Hampton 等,2008)。例如,在玩"石头—剪刀—布"游戏时,玩家会自动地模仿对手的策略性决策行为,即使这种模仿实际上会降低赢的概率(Aczel 等,2015;Cook 等,2012)。采用基于 fMRI 或脑电(以下简称 EEG)的超扫描技术,记录共同完成策略性游戏任务时两个人的大脑活动,可以探讨游戏双方大脑受到彼此的影响(Babiloni 等,2006;Montague 等,2002;Tomlin 等,2006)。信任游戏中,受委托人的决策行为及其脑活动将会受到投资人所表达的社会性信息的影响。经过几轮游戏后,受委托人的尾状核活动水平就可以预测投资人的期待行为,这种特性甚至可以出现在投资人揭示他的决策结果之前(King-Casas 等,2005)。

然而,两个大脑并不总是好于单个大脑(Bahrami 等,2010;Kerr 和 Tindale,2004;Yousefi 和 Ferreira,2017)。Bahrami 等人(2010)要求两个被试共同完成一个低水平的知觉决策任务,考察两个被试的视觉敏感度差异对决策任务成绩的影响。研究发现当两个视觉敏感度相同的被试在完成知觉决策任务时,成绩显著高于单个人的成绩。而且,即使在没有任何反馈信息存在的情况下,任务成绩的提高也是存在的。但是,当两个视觉敏感度有着较大差异的被试共同完成知觉决策任务时,其合作的任务成绩反而显著低于单个被试的任务成绩(Bahrami 等,2010)。该研究揭示了具有相同视敏度的两人间的共享信息可以提高任务成绩,而具有不同程度视觉敏感度的两人间的共享信息则降低任务成绩。

第四节 人际互动新型研究手段的诞生

一、旁观者科学

神经影像学技术结合心理学研究技术,已经积累了越来越多的研究发现。但绝大多数的研究手段只是考察了社会认知活动中单个大脑的活动水平。另外,已有社会互动相关的研究是建立在如下假设基础之上的,即大脑可以对外界刺激产生反应,并且该脑活动的基线活动不会随着外界刺激的改变而发生变化。然而,如前所述的那样,群体内个体的行为以及脑活动具有明显的相互作用,导致在共同完成特定认知任务时,被考察对象大脑的基线活动水平会随着所关注的刺激发生明显的变化。因此,已有研究极大地忽略了这种因实时互动的同伴行为所诱发的脑活动,即采用了旁观者科学的研究视角,该视角下的被试被认为是独立被动的观察者。

二、互动研究手段

正如 Stanley 和 Adolphs(2013)所说的:"社会互动研究是一个极具丰富性和趣味性的话题,这正是社会心理学家们希望研究的问题。然而,多数神经生理学家们认为社会互动这一认知活动过于模糊以至于很难研究。"因此,神经生理学家们将社会互动研究列为社会认知神经科学将来需要探讨的话题,实时的社会互动也应该在得到精确控制的动物模型上得以研究。然而,全面了解无法控制的自然状态下的社会互动实验面临着巨大的技术以及解释程度等方面的挑战,社会互动对脑功能的影响也是非常复杂的,并对人类自身认知功能的发展起着至关重要的作用。因此,研究工作者们再也不能在人类的实验神经科学领域忽视对社会互动的研究了。

因此,双人神经科学(two-person neuroscience,2PN)被视为是在概念上和方法学上都比较合适的探究人类社会互动的生理学机制的研究框架(Hari 和 Kujala,2009)。2PN 是指同时考察交互认知过程中两被试的脑活动,重点关注的是双人行为伴随着的神经活动间的关系,而不是关注单个被试的神经活动。因此,2PN 的研究手段从概念上强调积极参与的重要性,这使得研究中的被试不仅仅是一个被动的社会情境中的观察者,也将有助于促进双方中一方的反应作为另一方的社会刺激的真实社会互动的研究。

对现有的大多数神经影像学实验室来说,社会互动的脑基础研究需要更加自然的刺激和研究设备。从精确控制的人工刺激到真实交互的社会认知实验会经历 5 个步骤(如图 1-2)。

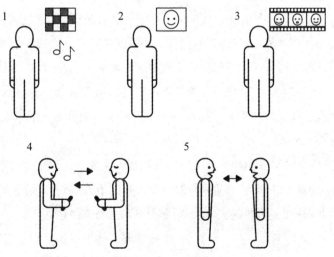

图 1-2 神经影像学研究中使用的不同刺激模式

注:图片引自 Hari 等,2015。

(1) 人工刺激(artificial stimuli)：我们对人类大脑功能的大多数认识来自于采用简单的、能精确控制的刺激，如①具有不同数量的格子、对比度以及亮度的棋盘；②简单的具有不同频率、不同强度以及不同呈现顺序的声音刺激；③通过电刺激周围神经纤维或触摸皮肤而产生的触觉刺激等。这些能够被准确控制的刺激和产生刺激的实验装置，对考察感觉信息加工系统中从外周感受器到相应皮层的转换功能起到关键作用，相关研究提供了人类认识客观世界的有力科学证据。同时，由于任务要求被试对特定刺激采取一定的行动，因此也可以提供从大脑到外周神经纤维的信息。通过考察基本刺激诱发的反应来推测和分析复杂刺激的加工规律，在感觉神经生物学研究中仍然是一种有效的研究手段。但是，在考察大脑是如何加工具有动态特征的社会环境刺激时，即使在上述方法的基础上再采用有效的计算方法，也会错失一些复杂的交互刺激加工中的重要成分。

(2) 复杂的自然刺激的图片(snapshots of complex, naturalistic stimuli)：向被试呈现复杂的刺激(如人的面孔、自然风光等)，让我们有机会考察人类是如何应对这些复杂的刺激。虽然人类对面孔非常敏感，例如，呈现一张静态的面孔图片，或可以改变空间频率、朝向、对比度以及亮度的低水平视觉刺激，就可以考察其所诱发的单个神经元的活动。但是依据这样的神经元活动去解释复杂刺激对应的大脑活动时仍然会有明显的不足。已有研究通过比较不同的复杂刺激引起的反应揭示了大脑的多个具有特异功能的脑区(Kanwisher等，1997)，比如对面孔有强烈反应的面孔梭状回(fusiform face area，FFA)区域，以及对自然风光表现出强敏感性的海马旁回(parahippocampus gyrus，PHG)等。然而，仅有少数几个脑区具有对复杂刺激产生特异性激活的功能，大多数的复杂刺激则是引起分布广泛的脑网络的活动。目前为止，还没有证据显示该网络中的节点具备对某一任务或刺激拥有高特异性的特征。

(3) 动态变化的刺激(dynamic stimuli)：该刺激模式是将运动和刺激整合在一起，从而使得整合的刺激更接近自然状态下的刺激。采用以真实的人或视频形式表现出运动性和生动性的行为刺激，可以帮助我们揭示人类如何应对别人的行为以及识别别人的意图。在知觉层面和神经活动层面上，动态刺激具有诱发更高脑激活水平的功能。比如，相对于静止的面孔图片，更加自然的动态面孔视频可以引起多个面孔加工相关的脑区更强的激活(Schultz和Pilz，2009)。另外，颞上沟(superior temporal sulcus，STS)被证实对生物运动刺激非常敏感(Blake和Shiffrar，2007)。以实时或录像形式呈现的动态行为仍然是动作观察研究中一种重要的刺激，被用来考察人类大脑的镜像系统。一般来说，在考察低水平的感知觉和高级的社会认知的实验中，电影是一种有效的刺激形式。电影中富含视觉信息(常以多模态形式存在)，它可以向同一个被试或一批被试重复提供相同的刺激形式，所以电影中的刺激在一定程度上可以很好地得到控制。因此，它被认为是迈向真实的自然刺激过程中的一种重要的刺激模式。一部电影可以激活人类诸多的思维活动，它也可以通过合成极其相似的面孔让人们产生明显的错觉。尽管人们只是观看电影，没有明显的交互活动，他们也可以很容易地辨认影片中的主角以及捕获情节中的情感(Nummenmaa等，2012)。

(4) 两人间低频率的互动(slowly paced social interaction on two persons)：在自然环境中，当刺激呈现给不止一个人时，就可以探索社会互动的脑基础。从方法学以及概念上讲，这种方式最早始于在时间上有一定间隔的两个有着慢频率互动的大脑活动研究，比如互动双方通过发短信、邮件等方式交流。这种交流方式的特点更接近于应答而不是互动，意味着接收者对发送者最近发出的信息做出反应，而不是直接体现出动态互动这一特点。尽管我们想要去探讨真实世界中存在的具身化或非具身化的社会互动，但并非一定要同时记录交互中多个被试的大脑活动，即可以分别记录发送者和接收者的大脑活动，前提是不进行大脑扫描的一方需要保持与进行扫描的一方的实时互动。采集好脑活动后两人交换，即刚才没有被扫描的一方进行脑活动扫描，而另一方则同样需要与他进行互动。采集好两次脑数据后，根据锁定时间点(如互动行为的开始时间等)分析两个大脑活动的时间序列的相关性或相干性，进而提供社会互动的脑—脑机制。另外一个比较好的实验范式是一些经济决策任务，比如信任游戏(Tomlin等，2006)等。

(5) 两人间动态、具身化的社会互动(dynamic, embodied interaction in dyads)：真正的社会互动的发生情境是快节奏的，互动双方的反应在时间上可以相互重叠。例如，谈话过程中说话者快速的话语轮换，在一起行走过程中无意识发生的步频相互调整，联合行动(如共同搬一个很重的箱子)中的相互适应等。同时记录互动中两个人的大脑活动是考察实时的具身化的社会互动所需要的，这种快速的、动态的互动不可能从真正的"两人神经科学"降低为轮流测量的"单人神经科学"。互动行为的时间构架决定了双人互动是一种最为有效和最富含信息的方式。比如，探讨自然情境下面对面互动的神经基础被称为2PN研究手段，上面所讲的考察互发信息的两个人的大脑活动则是有次序地考察手段。

三、同时记录两人或多人的脑活动

自然情境下的社会互动是由一些具有特定时间—空间规律的事件组成，而发生这些事件的确切时间和内容通常来说是不可预测的。同样的互动效果是不能通过有次序地分别考察互动被试的脑活动来重复。因此，如果我们仅有互动被试中一个人的数据，有必要很好地衡量其中的互动方式，以便寻找用于支持互动的脑活动的证据。这种衡量具有一定的难度和挑战性，原因是它需要对行为进行高水平的诠释，比如，对互动同伴的心理活动进行连续的评价。相比之下，当我们可以同时收集互动双方的行为与脑活动时，就可以寻找两套数据间的关系和依赖性来揭示互动相关的脑活动(如图1-3A&B)，而不用去对外部事件进行外显的推测与判断。因此，我们应致力于建立能捕获和预测互动双方的行为和脑活动耦合的研究设备和研究手段，并且这种耦合可以发生在互动过程中的被试内，也可以发生在被试间。数据分析方面，不像已有的神经影像学研究关注单个大脑由特定刺激所诱发的脑活动，2PN研究框架下重点关注两个或多个被试脑信号间的关系，因此，2PN的研究结果可以被认为是群体角度上的脑活动指标。在获取多个被试的脑活动数据后，2PN的数据分析开始于单个脑信号的预处理，即第一水平分析（如图1-3C），如滤波等。其次，进行多个脑信号间的关系分析，即第二水平分析，如相关性分析、相干性分析以及格兰杰因果分析（如图1-3C）。

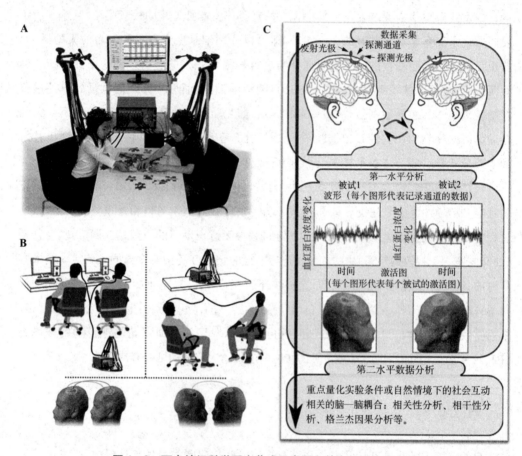

图1-3 两人神经科学研究范式示意图和基本数据分析方法

然而，在实际的实验设计、数据分析和结果解释中需要注意的是，共享简单的、低水平的感知觉也可以引发一定程度的两脑活动的相关。因此，研究工作者需要同时设计一个合适的对照任务或条件（如被动观察等），同时使用合理的分析方法来帮助剔除诸如共享的感知觉诱发的成分。举例来讲，我们之前的一项研究中主要考察人际合作的脑—脑机制，要求每对被试执行基于视觉信号的按键合作任务，我们发现该合作任务诱发了前额叶皮层部位显著的脑间活动同步(interpersonal neural synchronization，INS)，而且只有在异性组合条件下 INS 与合作任务成绩间呈现显著的正相关。这些结果表明前额叶部位的 INS 增强是合作行为的脑—脑机制。但是，这种 INS 的增强也可能是由两个被试在完成任务过程中动作的同步诱发的，为了排除这个可能性，我们设置了合作任务的对照任务，即竞争任务，在实验流程上两种任务基本相似，只是在任务要求上有些差别，合作任务要求两被试通过按键后得到的反馈信息调整各自的按键速度，以求达到最大可能地同时按键的目的。而在竞争任务中，要求被试不需要关注对方的行为，而是尽可能早地按键。我们在合作任务中的前额叶皮层发现的 INS 增强以及与行为间的正相关关系在竞争任务时都没有出现(Cheng 等，2015)。因此，通过对两种任务的结果对比，我们认为前额叶皮层的 INS 增强的确与合作行为相关。除此以外，为了排除 2PN 发现 INS 增强是由脑信号时间序列的随机性产生的，也可以采取将所记录到的脑信号进行随机化分布，然后再进行相同的第二水平分析(Jiang 等，2015)。为了确定发现的 INS 增强的确是由实时的互动行为所导致的，也可以进行另外一种数据分析，即将不在实时互动的两名被试进行随机配对，再进行相同的第二水平分析(Jiang 等，2015)。

小　　结

共享的外部环境信息塑造了有机体的外在行为和脑活动。虽然环境的部分特征是由物理环境所决定的，但是环境的其他特征是由共同建立一系列规则(该规则将对成员的知觉和行为进行约束)的群体所决定的。比如，人类婴儿存在明显的知觉窄化(perceptual narrowing)的阶段，很小的婴儿就可以区分不同物种和文化中的社会信息，但是稍大点的婴儿将随着越来越多的社会信息的经验积累，逐渐将这种知觉精确化(Lewkowicz 和 Ghazanfar，2009)。耦合的大脑可以产生新的行为，诸如言语和非言语交流系统以及人际间的社会制度等。然而，在那些缺乏脑—脑耦合的物种中则不可能出现上述行为。因此，脑—脑耦合塑造个体的社会世界，并为此提供了新的研究视角，推动真实的社会互动的机制研究。

参考文献

Aczel, B., Kekecs, Z., Bago, B., Szollosi, A., & Foldes, A. (2015). An empirical analysis of the methodology of automatic imitation research in a strategic context. *J Exp Psychol Hum Percept Perform*, 41(4), 1049–1062.

Ahissar, E., Nagarajan, S., Ahissar, M., Protopapas, A., Mahncke, H., & Merzenich, M. M. (2001). Speech comprehension is correlated with temporal response patterns recorded from auditory cortex. *Proc Natl Acad Sci U S A*, 98(23),13367–13372.

Anders, S., Heinzle, J., Weiskopf, N., Ethofer, T., & Haynes, J. D. (2011). Flow of affective information between communicating brains. *Neuroimage*, 54(1),439–446.

Babiloni, F., Cincotti, F., Mattia, D., Mattiocco, M., De Vico Fallani, F., Tocci, A.,... Astolfi, L. (2006). Hypermethods for EEG hyperscanning. *Conf Proc IEEE Eng Med Biol Soc*, 1,3666–3669.

Bahrami, B., Olsen, K., Latham, P. E., Roepstorff, A., Rees, G., & Frith, C. D. (2010). Optimally interacting minds. *Science*, 329(5995),1081–1085.

Baptista, L. F., & Petrinovich, L. (1984). Social interaction, sensitive phases and the song template hypothesis in the white-crowned sparrow. *Animal Behaviour*, 32(1),172–181.

Blake, R., & Shiffrar, M. (2007). Perception of human motion. *Annu Rev Psychol*, 58,47–73.

Bockler, A., Knoblich, G., & Sebanz, N. (2011). Giving a helping hand: effects of joint attention on mental rotation of body parts. *Experimental Brain Research*, 211(3–4),531–545.

Boroditsky, L., & Gaby, A. (2010). Remembrances of times East: absolute spatial representations of time in an Australian aboriginal community. *Psychological Science*, 21(11),1635–1639.

Branigan, H. P., Pickering, M. J., & Cleland, A. A. (2000). Syntactic co-ordination in dialogue. *Cognition*, 75(2), B13–25.

Buzsaki, G., & Draguhn, A. (2004). Neuronal oscillations in cortical networks. *Science*, 304(5679),1926–1929.

Chandrasekaran, C., Trubanova, A., Stillittano, S., Caplier, A., & Ghazanfar, A. A. (2009). The natural statistics of audiovisual speech. *Plos Comput Biol*, 5(7), e1000436.

Cheng, X., Li, X., & Hu, Y. (2015). Synchronous brain activity during cooperative exchange depends on gender of partner: A fNIRS-based hyperscanning study. *Hum Brain Mapp*, 36(6), 2039–2048.

Cook, R., Bird, G., Lunser, G., Huck, S., & Heyes, C. (2012). Automatic imitation in a strategic context: players of rock-paper-scissors imitate opponents' gestures. *Proc Biol Sci*, 279(1729),780–786.

Drullman, R. (1995). Temporal envelope and fine structure cues for speech intelligibility. *J Acoust Soc Am*, 97(1),585–592.

Fay, N., Garrod, S., & Roberts, L. (2008). The fitness and functionality of culturally evolved communication systems. *Philos Trans R Soc Lond B Biol Sci*, 363(1509),3553–3561.

Freed-Brown, G., & White, D. J. (2009). Acoustic mate copying: female cowbirds attend to other females' vocalizations to modify their song preferences. *Proc Biol Sci*, 276(1671),3319–3325.

Galantucci, B. (2005). An experimental study of the emergence of human communication systems. *Cogn Sci*, 29(5),737–767.

Galantucci, B. (2009). Experimental semiotics: a new approach for studying communication as a form of joint action. *Top Cogn Sci*, 1(2),393–410.

Garrod, S., & Anderson, A. (1987). Saying what you mean in dialogue: a study in conceptual and semantic co-ordination. *Cognition*, 27(2),181–218.

Garrod, S., Fay, N., Lee, J., Oberlander, J., & Macleod, T. (2007). Foundations of representation: where might graphical symbol systems come from? *Cogn Sci*, 31(6),961–987.

Garrod, S., & Pickering, M. J. (2004). Why is conversation so easy? *Trends Cogn Sci*, 8(1), 8–11.

Giraud, A. L., Kleinschmidt, A., Poeppel, D., Lund, T. E., Frackowiak, R. S., & Laufs, H. (2007). Endogenous cortical rhythms determine cerebral specialization for speech perception and production. *Neuron*, *56*(6),1127-1134.

Goldstein, M. H., King, A. P., & West, M. J. (2003). Social interaction shapes babbling: testing parallels between birdsong and speech. *Proc Natl Acad Sci U S A*, *100*(13),8030-8035.

Goldstein, M. H., & Schwade, J. A. (2008). Social feedback to infants' babbling facilitates rapid phonological learning. *Psychological Science*, *19*(5),515-523.

Golland, Y., Bentin, S., Gelbard, H., Benjamini, Y., Heller, R., Nir, Y.,... Malach, R. (2007). Extrinsic and intrinsic systems in the posterior cortex of the human brain revealed during natural sensory stimulation. *Cereb Cortex*, *17*(4),766-777.

Gros-Louis, J., West, M. J., Goldstein, M. H., & King, A. P. (2006). Mothers provide differential feedback to infants' prelinguistic sounds. *International Journal of Behavioral Development*, *30*(6),509-516.

Hampton, A. N., Bossaerts, P., & O'Doherty, J. P. (2008). Neural correlates of mentalizing-related computations during strategic interactions in humans. *Proc Natl Acad Sci U S A*, *105*(18), 6741-6746.

Hanson, S. J., Gagliardi, A. D., & Hanson, C. (2009). Solving the brain synchrony eigenvalue problem: conservation of temporal dynamics (fMRI) over subjects doing the same task. *J Comput Neurosci*, *27*(1),103-114.

Hari, R., Henriksson, L., Malinen, S., & Parkkonen, L. (2015). Centrality of Social Interaction in Human Brain Function. *Neuron*, *88*(1),181-193.

Hari, R., & Kujala, M. V. (2009). Brain basis of human social interaction: from concepts to brain imaging. *Physiol Rev*, *89*(2),453-479.

Hasson, U., Ghazanfar, A. A., Galantucci, B., Garrod, S., & Keysers, C. (2012). Brain-to-brain coupling: a mechanism for creating and sharing a social world. *Trends Cogn Sci*, *16*(2), 114-121.

Hasson, U., Nir, Y., Levy, I., Fuhrmann, G., & Malach, R. (2004). Intersubject synchronization of cortical activity during natural vision. *Science*, *303*(5664),1634-1640.

Hasson, U., Yang, E., Vallines, I., Heeger, D. J., & Rubin, N. (2008). A hierarchy of temporal receptive windows in human cortex. *J Neurosci*, *28*(10),2539-2550.

Healey, P. G., Swoboda, N., Umata, I., & King, J. (2007). Graphical language games: interactional constraints on representational form. *Cogn Sci*, *31*(2),285-309.

Holt-Lunstad, J., Smith, T. B., Baker, M., Harris, T., & Stephenson, D. (2015). Loneliness and social isolation as risk factors for mortality: a meta-analytic review. *Perspect Psychol Sci*, *10*(2),227-237.

Jaaskelainen, I. P., Koskentalo, K., Balk, M. H., Autti, T., Kauramaki, J., Pomren, C., & Sams, M. (2008). Inter-subject synchronization of prefrontal cortex hemodynamic activity during natural viewing. *Open Neuroimag J*, *2*,14-19.

Jiang, J., Chen, C., Dai, B., Shi, G., Ding, G., Liu, L., & Lu, C. (2015). Leader emergence through interpersonal neural synchronization. *Proc Natl Acad Sci U S A*, *112*(14),4274-4279.

Kanwisher, N., McDermott, J., & Chun, M. M. (1997). The fusiform face area: a module in human extrastriate cortex specialized for face perception. *J Neurosci*, *17*(11),4302-4311.

Kerr, N. L., & Tindale, R. S. (2004). Group performance and decision making. *Annu Rev Psychol*, *55*,623-655.

Keysers, C., & Gazzola, V. (2007). Integrating simulation and theory of mind: from self to social cognition. *Trends Cogn Sci*, *11*(5),194-196.

Keysers, C., & Gazzola, V. (2009). Expanding the mirror: vicarious activity for actions, emotions, and sensations. *Curr Opin Neurobiol*, *19*(6),666–671.

King-Casas, B., Tomlin, D., Anen, C., Camerer, C. F., Quartz, S. R., & Montague, P. R. (2005). Getting to know you: reputation and trust in a two-person economic exchange. *Science*, *308*(5718),78–83.

Lakatos, P., Shah, A. S., Knuth, K. H., Ulbert, I., Karmos, G., & Schroeder, C. E. (2005). An oscillatory hierarchy controlling neuronal excitability and stimulus processing in the auditory cortex. *J Neurophysiol*, *94*(3),1904–1911.

Lewkowicz, D. J., & Ghazanfar, A. A. (2009). The emergence of multisensory systems through perceptual narrowing. *Trends Cogn Sci*, *13*(11),470–478.

Lindenberger, U., Li, S. C., Gruber, W., & Muller, V. (2009). Brains swinging in concert: cortical phase synchronization while playing guitar. *BMC Neurosci*, *10*,22.

Luo, H., Liu, Z., & Poeppel, D. (2010). Auditory cortex tracks both auditory and visual stimulus dynamics using low-frequency neuronal phase modulation. *Plos Biol*, *8*(8), e1000445.

Luo, H., & Poeppel, D. (2007). Phase patterns of neuronal responses reliably discriminate speech in human auditory cortex. *Neuron*, *54*(6),1001–1010.

Montague, P. R., Berns, G. S., Cohen, J. D., McClure, S. M., Pagnoni, G., Dhamala, M., ... Fisher, R. E. (2002). Hyperscanning: simultaneous fMRI during linked social interactions. *Neuroimage*, *16*(4),1159–1164.

Nummenmaa, L., Glerean, E., Viinikainen, M., Jaaskelainen, I. P., Hari, R., & Sams, M. (2012). Emotions promote social interaction by synchronizing brain activity across individuals. *Proc Natl Acad Sci U S A*, *109*(24),9599–9604.

Pardo, J. S. (2006). On phonetic convergence during conversational interaction. *J Acoust Soc Am*, *119*(4),2382–2393.

Pickering, M. J., & Garrod, S. (2004). Toward a mechanistic psychology of dialogue. *Behavioral and Brain Sciences*, *27*(2),169–190; discussion 190–226.

Richardson, M. J., Marsh, K. L., Isenhower, R. W., Goodman, J. R., & Schmidt, R. C. (2007). Rocking together: dynamics of intentional and unintentional interpersonal coordination. *Hum Mov Sci*, *26*(6),867–891.

Riley, M. A., Richardson, M. J., Shockley, K., & Ramenzoni, V. C. (2011). Interpersonal synergies. *Front Psychol*, *2*,38.

Saberi, K., & Perrott, D. R. (1999). Cognitive restoration of reversed speech. *Nature*, 398 (6730),760.

Sanders, D. A., & Goodrich, S. J. (1971). The relative contribution of visual and auditory components of speech to speech intelligibility as a function of three conditions of frequency distortion. *J Speech Hear Res*, *14*(1),154–159.

Schippers, M. B., Gazzola, V., Goebel, R., & Keysers, C. (2009). Playing charades in the fMRI: are mirror and/or mentalizing areas involved in gestural communication? *Plos One*, *4*(8), e6801.

Schippers, M. B., Roebroeck, A., Renken, R., Nanetti, L., & Keysers, C. (2010). Mapping the information flow from one brain to another during gestural communication. *Proc Natl Acad Sci U S A*, *107*(20),9388–9393.

Schroeder, C. E., Lakatos, P., Kajikawa, Y., Partan, S., & Puce, A. (2008). Neuronal oscillations and visual amplification of speech. *Trends Cogn Sci*, *12*(3),106–113.

Schroeder, C. E., Wilson, D. A., Radman, T., Scharfman, H., & Lakatos, P. (2010). Dynamics of Active Sensing and perceptual selection. *Curr Opin Neurobiol*, *20*(2),172–176.

Schultz, J., & Pilz, K. S. (2009). Natural facial motion enhances cortical responses to faces. *Experimental Brain Research*, 194(3), 465–475.

Shannon, R. V., Zeng, F. G., Kamath, V., Wygonski, J., & Ekelid, M. (1995). Speech recognition with primarily temporal cues. *Science*, 270(5234), 303–304.

Smith, Z. M., Delgutte, B., & Oxenham, A. J. (2002). Chimaeric sounds reveal dichotomies in auditory perception. *Nature*, 416(6876), 87–90.

Stephens, G. J., Silbert, L. J., & Hasson, U. (2010). Speaker-listener neural coupling underlies successful communication. *Proc Natl Acad Sci U S A*, 107(32), 14425–14430.

Stivers, T., Enfield, N. J., Brown, P., Englert, C., Hayashi, M., Heinemann, T., ... Levinson, S. C. (2009). Universals and cultural variation in turn-taking in conversation. *Proc Natl Acad Sci U S A*, 106(26), 10587–10592.

Tanskanen, J., & Anttila, T. (2016). A Prospective Study of Social Isolation, Loneliness, and Mortality in Finland. *Am J Public Health*, 106(11), 2042–2048.

Tomlin, D., Kayali, M. A., King-Casas, B., Anen, C., Camerer, C. F., Quartz, S. R., & Montague, P. R. (2006). Agent-specific responses in the cingulate cortex during economic exchanges. *Science*, 312(5776), 1047–1050.

West, M. J., & King, A. P. (1988). Female visual displays affect the development of male song in the cowbird. *Nature*, 334(6179), 244–246.

West, M. J., King, A. P., White, D. J., Gros-Louis, J., & Freed-Brown, G. (2006). The development of local song preferences in female cowbirds (Molothrus ater): Flock living stimulates learning. *Ethology*, 112(11), 1095–1107.

White, D. J. (2010). The Form and Function of Social Development: Insights From a Parasite. *Current Directions in Psychological Science*, 19(5), 314–318.

Wilson, S. M., Molnar-Szakacs, I., & Iacoboni, M. (2008). Beyond superior temporal cortex: intersubject correlations in narrative speech comprehension. *Cereb Cortex*, 18(1), 230–242.

Yousefi, M., & Ferreira, R. P. (2017). An agent-based simulation combined with group decision-making technique for improving the performance of an emergency department. *Braz J Med Biol Res*, 50(5), e5955.

第二章 超扫描技术及其发展现状

摘要

为了考察自然情境下实时互动的社会认知活动的内在机制,超扫描技术是必不可少的研究手段。同时记录上述活动中的多人脑活动,通过分析脑间活动同步及其与行为间的关系等,进而为社会认知活动提供"群体脑视角"下的脑机制研究方法。目前为止,功能性磁共振技术、脑电/事件相关电位技术、近红外成像技术以及脑磁图技术等都已经被应用到超扫描技术研究中,对具有互动性特点的认知活动内在机制的研究取得了可喜的成绩。但由于各种技术在时间分辨率和空间分辨率上各有千秋,未来将多种技术相结合(如 EEG+fMRI)的超扫描技术就显得非常有必要。同时,开发一些新的分析脑间活动同步的方法以及数学模型,对于揭示互动的认知活动的内在机制是非常迫切和至关重要的。

第一节 超扫描技术及研究总结

正如前一章所述,社会互动(比如社会沟通技巧习得等)对人类的发展非常重要。人类之所以能建设如此有秩序的文明,原因之一就是在社会互动中发展了一套非常完善的社会沟通系统与交流技巧,而语言则是其中一种至关重要的媒介。传统的对社会沟通脑机制的研究多来自于脑损伤者及交流障碍患者(Wood 和 Grafman,2003)。除此以外,结合神经影像学和心理学实验研究方法,在正常被试上的研究发现也提供了重要的证据(Gallotti 和 Frith,2013)。然而,传统的研究存在一个局限,他们主要关注实验室的、单人的社会认知活动的特征,而大多数社会行为是以实时的、自然的互动为特点的,这种互动形成了一个"两人(或多人)到一人"的系统(Konvalinka 和 Roepstorff,2012;Schilbach 等,2013)。该系统是一个复杂的非线性系统,以至于我们不能将其简单地理解成单个个体脑活动的总和(Hari 和 Kujala,2009;Konvalinka 和 Roepstorff,2012)。因此,从逻辑上讲,同时考察两个大脑活动是探讨社会互动的脑基础所必不可少的(Koike 等,2015)。

据我们所知,Duane 和 Behrendt(1965)首次运用 EEG 技术同时记录了多人的脑活动。该研究中,研究者们试图了解双胞胎的大脑活动是否可以整合成一个大脑活动,他们使用的分析方法是计算两个大脑 EEG 信号间的相关性。庆幸的是,虽然这种多人记录的方法被忽略了很长时间,但在 2002 年又被重新挖掘出来,并被命名为超扫描技术(hyperscanning technique)(Montague 等,2002)。从那以后,一些研究工作者使用超扫描技术探讨了多种社会互动的脑机制(Astolfi 等,2011;Babiloni 和 Dumas,2011;Hari 等,2013;Hasson 等,2012;Konvalinka 和 Roepstorff,2012;Sanger 等,2011;Schilbach 等,2013;Scholkmann 等,2013)。

超扫描技术是指借助神经影像学技术同时记录共同完成同一认知活动的多人脑活动,重在分析脑信号间的相似性、相关性、相干性以及因果关系等,从群体角度上阐述认知活动的"两人到一人"系统的脑—脑机制(Froese 等,2013;Hari 和 Kujala,2009;Smith 等,2014)。目前来看,超扫描研究发展迅速,以"hyperscanning"、"inter-brain coherence"、"inter-brain connectivity"、"inter-brain correlation"、"inter-brain synchronization"以及"interpersonal neural synchronization"等为关键词,在 Web of Science 等数据库中共找到有关超扫描的文献 147 篇,包括实验研究 97 篇,方法类文献 13 篇,综述与理论进展 37 篇。从图 2-1 来看,在过去的 16 年间,超扫描研究相关的文章发表逐年增加,尤其是最近 5 年发表的文章数量急速增加。如果按照所使用的神经影像学技术设备进行分类,在多种超扫描技术中,基于脑电(electroencephalogram, EEG)的超扫描技术的使用最为广泛(如图 2-2),占总量的 47.2%。基于近红外成像(near-infrared spectroscopy, NIRS)的超扫描技术以 25.5%的使用率紧随其后,已成为近年来越来越流行的超扫描技术之一。功能性磁共振成像(functional magnetic resonance imaging, fMRI)总使用率达 19.1%,自超扫描诞生起一直维持着稳定的增长。脑磁图(magnetoencephalography, MEG)的使用近年来略微增加,并出现和 EEG 超扫描结合的新技术手段(Ahn 等,2018)。经颅交流电刺激(transcranial alternating current stimulation, tACS)作为一种神经调控技术,可以增强或抑制特定部位的活动水平。2017 年首度出现在超扫描研究领域内,用于调控多被试的社会互动行为及其相关的脑间活动同步(Novembre 等,2017;Szymanski 等,2017a)。随着超扫描技术设备自身的发展,如便携式性逐步提高等,以及数据分析技术的不断更新,超扫描技术必定会在科研领域以及实践应用领域内得到更为迅速的发展,尤其是会在社会认知等研究领域中发挥着不可替代的作用。

在已有的探讨社会互动的研究中,也有少数几项不是同时采集互动中多个被试的大脑活动,而是在不同的时间轮流记录单个被试的脑活动,但是参与社会互动的其他被试需

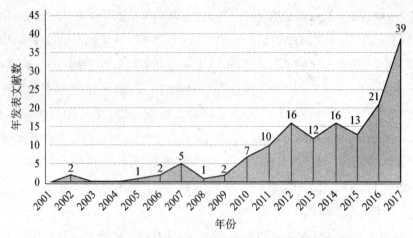

图 2-1 2001 至 2017 年超扫描研究相关文章发表数量统计

注：数据来自 Web of Science 核心合集、BIOSIS Citation Index、中国科学引文数据库、MEDLINE、Inspec、KCI-韩国期刊数据库、Russian Science Citation Index、SciELO Citation Index、PsycINFO、PsycARTICLES 以及 Psychology and Behavioral Sciences Collection。文献搜索所使用的关键词包括 hyperscanning、inter-brain coherence、inter-brain connectivity、inter-brain correlation、inter-brain synchronization 以及 interpersonal brain synchronization 等。

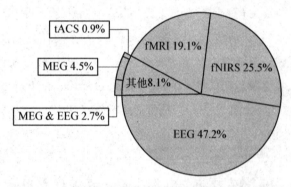

图 2-2 多种神经影像学技术在超扫描技术研究中的使用情况

注：数据来自 Web of Science 核心合集、BIOSIS Citation Index、中国科学引文数据库、MEDLINE、Inspec、KCI-韩国期刊数据库、Russian Science Citation Index、SciELO Citation Index、PsycINFO、PsycARTICLES 以及 Psychology and Behavioral Sciences Collection。文献搜索所使用的关键词包括 hyperscanning、inter-brain coherence、inter-brain connectivity、inter-brain correlation、inter-brain synchronization 以及 interpersonal brain synchronization 等。

要实时参与互动，只是不记录脑活动而已。实现的一种途径是通过视频录像的方式（Fliessbach，等，2012；Krill 和 Platek，2012；Morita 等，2014；Smith 等，2014）。但也有研究工作者通过分析基于体素的时间序列间的皮尔逊相关，衡量两人在特定情境下所表现出的脑间活动同步,如两人共同观看电影(Englander 等,2012;Hasson 等,2004;Salmi 等,2013),两人共同观看一系列面孔图片(Burgess,2013)。但这些研究不涉及实时的两人或多人间的社会互动行为。

第二节 基于功能性磁共振成像的超扫描技术

功能性磁共振成像(即 fMRI)是一种新兴的神经影像学技术,是利用磁共振造影来测量神经元活动所引发的血液动力的改变(如图 2-3A&B)。目前主要应用在研究人类及动物的脑或脊髓领域。该技术的基本原理如下:血流与血氧的改变(两者合称为血液动力学)与神经元的活动有着密不可分的关系。神经细胞活动时会消耗氧气,而氧气要借由神经细胞附近的微血管以及红细胞中的血红蛋白运送过来。因此,当脑神经活动时,其附近的血流会增加来补充消耗掉的氧气。从神经活动到引发血液动力学的改变,通常会有 1~5 秒的延迟,然后在 4~5 秒达到的高峰,再回到基线(通常伴随着些微的下冲)。因为人体血液中的血红蛋白是抗磁性物质,脱氧血红蛋白是顺磁性物质,所以特定区域的大脑皮层的血供流量以及脱氧程度的变化,使该区域的磁化率发生改变。利用对磁化率敏感的高分辨梯度回波磁共振成像可以检测并显示这种变化的空间分布及其动态过程,识别某种认知活动相关的功能区域。如给予被试视觉刺激时,发现其大脑的枕叶皮层部位表现出高水平的血氧水平依赖(blood oxygen level dependent,BOLD)信号(如图2-3C),通过观察到的刺激—脑活动耦合探究认知活动发生的脑机制。由于 fMRI 技术具有高空间分辨率(约为 1mm)、非侵入性和较少的辐射暴露、可观察皮层下结构活动、可重复测量等优势,受到了研究工作者的青睐。该技术应用到心理学、脑科学、教育学、管理学等各大学科研究领域中,极大地促进了这些学科的发展,帮助人们进一步认识周围世界的本质。

基于功能性磁共振成像的超扫描技术(fMRI-based hyperscanning)的基本思路就是利用两台或多台磁共振成像仪,同时扫描互动中的两个或多个被试的脑活动,通过硬件设备或软件系统使得设备间能在时间上同步(如图 2-4A&B)。当我们采用 fMRI 超扫描技术试图揭示社会互动的内在机制时,磁共振扫描仪的数量成为一个限制因素和弱点,如在同一个研究地点需要两台或多台扫描仪,这意味着极高的设备成本和空间成本。然而,这个问题可通过因特网实现扫描仪间的时间同步。比如,King-Casas 等人(2005)的一项基于 fMRI 的超扫描研究中,一个被试被置于德州的扫描仪中,另一个被试则在加州的扫描仪中。两者通过宽带网络实现实时的互动。数据显示这种途径实现的两台仪器在时间上虽然存在大约 50 毫秒的时间差,但这个时间差对于整个认知任务和磁共振成像技术的时间分辨率来讲是可以忽略的。2012 年,Lee 等人在 *Magnetic Resonance in Medicine* 杂志上报告了另外一种磁共振成像系统(如图 2-4C),该成像系统可以同时对两个大脑活动进

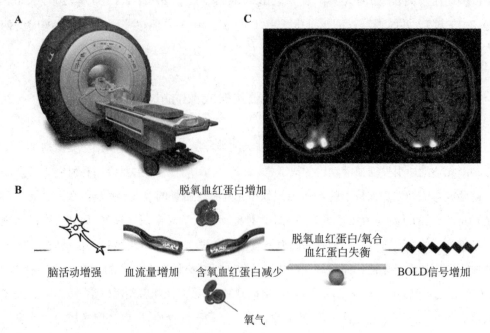

图2-3 功能磁共振成像技术原理及其在认知科学研究中的应用举例

注：A.fMRI设备；B.fMRI成像基本原理；C.视觉刺激诱发枕叶皮层的激活水平增高。

行信号采集，让两个被试面对面侧躺在同一个成像系统中。这不仅可以解决使用不同设备导致的时间不同步、因硬件系统产生的物理偏差等问题，而且还可以让被试面对面完成社会互动任务，实时地观察到对方的肢体、表情等社会信息，更加贴近于自然环境下的社会互动情景。

Saito等人（2010）考察了两个大脑活动是如何通过眼神交流实现耦合的。该研究中的被试是同性别的成对被试。两个被试分别被置于fMRI扫描仪中，在他们一起完成联合注意任务（joint attention task，JA）时，同时记录两个被试的大脑活动。在扫描仪中，通过磁共振兼容的视频记录系统，两个被试可以实时看到对方的眼睛注视情况，完成在线的眼神交流。为了确保产生INS的诱发因素是眼神交流而不是JA任务本身，研究者使用一般线性模型或自回归等方法以排除与JA任务自身相关的效应。之后，研究计算了两个大脑相同部位体素间的INS。相比于非互动被试对，他们发现互动被试对的右侧额下回区域（inferiorfrontal gyrus，IFG），即BA 44/45/47出现了非常明显的INS。由此，他们推测IFG参与了由眼神交流引起的共同注意。该结论得到了来自对自闭症患者的研究证据的支持，自闭症患者在上述任务中表现出显著的缺陷，同时，JA任务相关的INS也出现缺失（Tanabe等，2012）。

基于fMRI的超扫描技术成为考察社会互动活动脑—脑机制的首选技术，这是因为

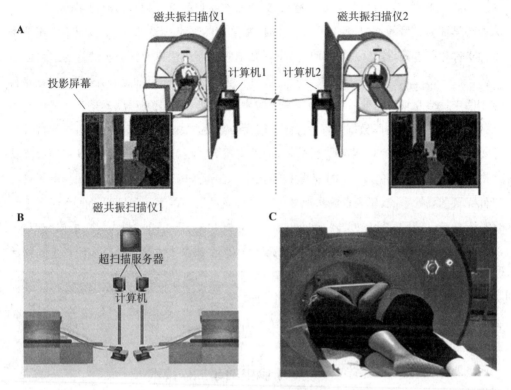

图 2-4 常见的 fMRI 超扫描技术平台

注：A.连接两台 fMRI 设备进行的超扫描。B.连接两台 fMRI 设备进行的超扫描。图片引自 Montague 等，2002。C.使用单台 fMRI 设备进行的超扫描。图片引自 Lee 等，2012。

fMRI 具有以下优势。首先，fMRI 具有高空间分辨率，可以很精确地定位脑活动位置，且其空间分辨率（约为 1 毫米）明显好于脑电技术（约 1~2 分米的空间分辨率）（Kaiboriboon 等，2012）或功能性近红外光谱成像技术（约 1~3 厘米的空间分辨率）（Cui 等，2012；Quaresima 等，2012）。其次，只有 fMRI 技术可以探测深部脑区的活动，而这些脑区的活动与多种社会互动行为有着非常紧密的联系，如内侧前额叶皮层、眶额皮层、纹状体以及杏仁核等（Allison 等，2000；Gallotti 和 Frith，2013）。再者，基于 fMRI 的超扫描技术可以在全脑范围内考察与社会互动相关的表现出脑间活动同步的脑区，甚至是神经网络。而近红外成像技术只能考察特定脑区，如光极片只能放置在前额叶皮层部位或颞顶联合区等（Cheng 等，2015；Cui 等，2012；Jiang 等，2015；Osaka 等，2014）。而且，近红外成像技术也只能考察这些部位的皮层活动，而不能考察皮层下结构在社会互动中的作用。一般来讲，脑电技术和近红外成像技术是不可能准确记录皮下结构的活动（Pascual-Marqui 等，1994）。尽管脑电技术在数据分析时可以进行源定位分析，但对多个源进行精确定位，甚至是对多个离得较远的源进行定位是一件非常困难的工作（Grech 等，2008）。

但是，基于功能性磁共振成像的超扫描技术也存在着一些不可避免的劣势，第一，

fMRI较差的时间分辨率(约为2秒)导致其无法在探讨社会互动行为时提供时序上强有力的科学证据。另外,在fMRI实验设计时,常采用的是组块设计的方式,而不采用节奏快的事件相关方式,这是因为时间分辨率限制了它在探讨快速的社会互动行为脑机制中发挥作用。第二,磁共振扫描仪在空间上限制了被试自然状态下的运动,这就使得记录日常生活中社会互动时的脑活动成为非常大的挑战,或者说在很大程度上是不可能的。第三,fMRI技术在采集脑数据过程中伴随着较大的噪音,对被试有明显的干扰,对完成社会互动任务可能有着不利的影响。另外,以言语交流为主的社会互动任务在没有采取降噪音措施前也很难采用基于fMRI的超扫描技术。在近来的一项研究中,被试佩戴了具有降低噪音的话筒系统,研究者成功观察到言语交谈过程中讲话者和倾听者的言语产生脑区和听觉脑区的脑间活动同步(Spiegelhalder等,2014)。通过引入更为复杂的研究范式,我们可以采用fMRI超扫描技术揭示言语交谈中两个或多个大脑活动是如何产生脑间活动同步的,进而更好地理解言语交流的脑—脑机制。第四,如果采用图2-4C中的设备,两个被试共处在狭小的空间内,尤其对于异性组合,也会产生一些与社会互动任务无关,却又对所考察的认知活动有影响的额外因素,如尴尬情绪等。

第三节 基于脑电的超扫描技术

脑电记录技术(即EEG)是一种使用电生理指标记录大脑活动的方法(如图2-5A)。大脑在活动时,大量锥体细胞同步产生的突触后电位经总和逐渐由皮层内部向表面传输,直到头皮表面。因此,该技术记录的大脑活动变化是一群神经细胞的电生理活动在大脑皮层或头皮表面的总体反映(如图2-5C)。该技术具有非常高的时间分辨率,可以检测毫秒级的电位变化(如图2-5B),在所有神经影像学技术中,该技术在考察认知活动对应的时序上的脑活动变化方面显示出巨大的优势。另外,该技术还具有诸多其他方面的优势,比如没有任何侵入性,可连续记录,记录过程中没有噪音,婴儿到成年人皆可使用,脑电设备相对便宜且具有较好的便携性,结合事件相关电位分析技术能提供认知活动相关的特异性脑电成分的证据(如P300成分同个体的内源性注意有关,N400成分同语义加工有关)等。因此,该技术被广泛应用于神经科学、认知科学、认知心理学、心理生理学、语言学以及营销学等研究领域中。该技术最大的劣势在于其较差的空间分辨率,这也限制了该技术在科学研究中的使用范围,比如该技术无法对认知行为发生的相关特定脑区进行精确定位。相比之下,磁共振技术的空间分辨率为1~2毫米。尽管可以通过数学方法估计头皮脑电成分的源(Pascual-Marqui等,1994),但仍然存在不精确的问题,尤其是当源与所观测到的脑电成分的电极位置相隔较远时。鉴于此,脑电技术也就不可能精确记录那些与社会活动相关的皮层下结构的活动情况(Allison等,2000;Gallagher和Frith,2003)。

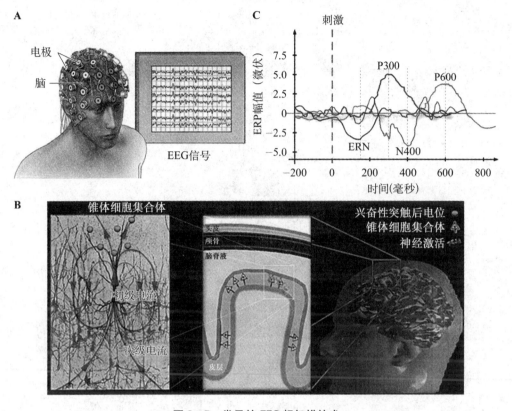

图 2-5 常见的 EEG 超扫描技术

注:A.经典脑电记录示意图;B.脑电记录技术的工作原理,即 EEG 信号的来源;C.事件相关电位技术中,常见的几种脑电成分。

像基于功能性磁共振成像的超扫描技术一样,基于脑电的超扫描技术(EEG-based hyperscanning)同样采用两台(如图 2-6B)或多台脑电记录系统(如图 2-6A),记录系统间通过硬件界面实现时间同步。随着脑电设备的不断革新和发展,逐渐出现了干电极帽,相对于使用湿电极帽来说,干电极帽可以大大节省整个实验的用时。另外,便携式脑电系统的出现,使得原先只能在实验室设计的实验转移到现场环境,如图 2-6C 显示的是在真实教学过程中老师—学生互动的实验设计,即 1 位主讲老师和 12 名学生都佩戴便携式脑电记录系统,采集整个学期每堂课中 13 位被试的脑电数据(Dikker 等,2017)。

脑电记录是超扫描研究中最为常用的技术(Scholkmann 等,2013),这取决于该技术的以下优势。首先,脑电记录分析技术具有良好的时间分辨率。尽管近来发展的高速记录系统使得 fMRI 扫描时的时间分辨率提升到秒以下(Moeller 等,2010),但脑电数据采集时的时间分辨率可以达到毫秒(甚至几十微妙)级别。这种高精确的时间分辨率在两个大脑活动信号间的因果性分析方面发挥着优势(Konvalinka 和 Roepstorff,2012)。同时,高时间分辨率也有助于评估脑间活动同步的频率依赖性特点。脑电超扫描的另外一个优

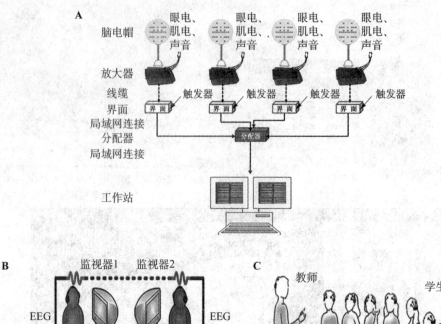

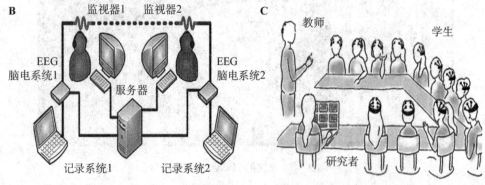

图 2-6 常见的 EEG 超扫描技术

注：A.经典 EEG 超扫描设备。图片引自 Mu 等，2016。B.便携式 EEG 超扫描设备。C.老师—学生互动的脑电纪录系统。图片引自 Dikker 等，2017。

势在于设备自身的可便携性和易操作性，使得脑电记录系统的应用范围很广。另外，相对于 fMRI 来说，脑电记录过程中对被试的行动限制较少，即运动容忍性比 fMRI 高，这样我们就可以考察更为自然状态下的脑间活动同步的特征。再者，由于技术上的进步使得脑电记录系统的价格相比其他神经影像学设备较便宜，研究单位甚至是研究工作者都可以支付得起这笔费用。该设备所需的工作环境也较为简单，大大减少了成本。

当然，基于脑电的超扫描技术的最大劣势在于它的空间分辨率。脑电测量的是大脑表面附近的神经元活动产生的电活动传输到头皮表面的电流，空间分辨率约在 1～2 分米（Kaiboriboon 等，2012）。举例来说，Yun 等人（2012）采用脑电超扫描技术发现了包含海马旁回的脑—脑网络。但该研究结果对皮层以下结构脑电活动的定位令人生疑（Hari 等，2013）。因此，鉴于脑电技术在源定位上存在局限性，我们必须认识到在考察社会互动的脑—脑网络时基于脑电的超扫描技术无法做到精确定位。再者，由于脑电技术中脑信号会受到诸多额外因素的影响,比如眼电、肌电以及较大幅度的运动等。这就导致脑电信号的信噪比较低,往往需要较多试次的任务来抵消信号中的噪音,才能得到认知活动相关的脑电成分。因此,耗时长是基于脑电的超扫描技术的另外一个劣势,长时间且不断重复相同的任务致使被试疲劳、对任务的参与度逐渐降低等,这些额外因素对实验结果会产生明显的影响。

Dumas 等人(2010)采用脑电超扫描技术考察面对面社会交流过程中的脑—脑耦合。研究中的社会互动任务要求模仿者自发地模仿同伴(即模特)的手部运动。他们发现脑电的 alpha～mu 频段在大脑中部—顶区部位呈现出非常明显的脑间活动同步。该研究结果表明脑间活动同步是模仿这种社会互动行为的重要特点和内在本质。这项研究奠定了基于脑电的超扫描技术在高生态效度情境下探究社会互动内在机制的基础。进一步的一系列研究发现中部—顶区部位的 alpha～mu 频段是社会协同任务显著的神经活动标记(Tognoli 等,2007),而且该部位的脑活动在社会背景下被试如何诠释其同伴的身体运动中起到中介作用(Naeem 等,2012)。

基于脑电的超扫描研究也被应用到其他的研究领域中,Astolfi 等人(2010)发现进行纸牌游戏的同组队友表现出明显的脑间活动同步。另外一项研究发现两个被试在完成囚徒困境游戏(prisoner's dilemma game,PDG)时,相对于背叛行为,合作行为可明显产生脑间活动同步。更为有意思的是,在做出决策行为前的脑间活动同步可以明显预测被试的实际行为(准确率达 90%)(De Vico Fallani 等,2010)。研究发现吉他手们在演奏同一曲子时,在大脑中部和额叶部位的电极处出现显著的脑间活动同步(Sanger 等,2011)。基于图像分析(graph-based analysis)显示,共同参与演奏的吉他手们的脑间神经网络和脑内神经网络一样,展现出"小世界"(small world)的特征(Sanger 等,2012)。小世界性意味着该网络以功能整合的网络起作用(Sporns 和 Zwi,2004),因此该研究发现暗示着脑间活动同步在社会互动中具有重要的作用(Muller 等,2013)。Yun 等人(2012)的报告称训练可以改变脑间神经网络活动,这表现在训练后脑间活动同步明显增强,尤其是从领导者的海马旁回、前扣带回(anterior cingulate cortex,ACC)和中央后回(postcentral gyrus,PoCG)到跟随者的额下回间的 beta(12～30 赫兹)和 alpha(4～7.5 赫兹)频段的脑间活动同步(Yun 等,2012)。基于以上研究,可以得到以下结论:脑间活动同步的产生并不全是由外部刺激所驱动的,也可以被训练所调制。Kawasaki 等人(2013)也报告了相似的训练效应。

第四节 基于近红外成像的超扫描技术

近红外光谱成像技术(即 NIRS)的基本原理如下:脑激活期间,神经活动的兴奋性水平增强,局部脑组织血流、血容积以及血氧消耗量均增加,但增加的比例不同,脑血流量增加超出血流容积的 2~4 倍,而耗氧量仅轻微增加,血流量增加超出了氧耗量的增加。这种差异导致脑激活功能区的静脉血氧浓度升高,去氧血红蛋白相对减少。结合光在组织中的传播规律,利用近红外光对组织良好的穿透能力,光在组织中历经一系列吸收、散射后射出的光携带与吸收谱相关的组织生化信息,可实现对浅表组织中各主要色团如含氧血红蛋白(HbO_2)、去氧血红蛋白(Hb)、细胞色素氧化酶(CytOx)相对浓度变化及血液浓度等参数的实时无损伤的在体测量,通过一定的图像恢复重建可进一步得到脑活动的近红外光学图像。功能性近红外成像技术(functional near-infrared spectroscopy,fNIRS)就是利用血液的主要成分对 600~900 nm 近红外光良好的散射性(如图 2-7A—C),从而提供脑功能活动过程中大脑皮层的血氧代谢信息——含氧血红蛋白浓度变化($\triangle$[oxy-Hb])、脱氧血红蛋白浓度变化($\triangle$[deoxy-Hb])和总血红蛋白浓度变化($\triangle$[tot-Hb])。

  在一项研究中,研究者考察了刚刚出生 1~2 天的新生儿的视觉皮层对视觉刺激的响应,发现此时的初级视觉皮层(也包括高级视觉皮层)就已经可以对特定的视觉刺激产生明显的反应(如图 2-7F&G)。该项研究对于揭示大脑皮层在出生后随环境或经验/使用依赖性的可塑性研究提供了重要的科学依据。而这些发现很少有采用 fMRI 等神经影像学技术进行的研究。

  相比于 fMRI 等其他神经影像学技术,近红外成像技术具有以下优势:(1)由于采用的是激光或 LED 光源通过测量组织吸收后的含氧血红蛋白浓度变化($\triangle$[oxy-Hb])和脱氧血红蛋白浓度变化($\triangle$[deoxy-Hb]),进而间接反应特定部位的脑活动情况,对被试没有任何的侵入性和放射性辐射,而且对周围环境的要求并不像 fMRI 以及 MEG 设备那样严格,如不需要特殊的电磁屏蔽室等。因此,fNIRS 的适用人群很广泛,已有研究中的被试包括刚出生后的婴儿、成年人和老年人,也包括多种精神/心理疾病患者人群。婴幼儿不适合作为 fMRI 研究的被试,而 fNIRS 可以填补这个空白。(2)fNIRS 在数据采集过程中,相比于其他神经影像学技术(如 fMRI),对运动的容受性较好,表现在被试可以在较大的空间内做较大幅度的运动,并允许有较小幅度的头动等。因此,fNIRS 在研究真实情境下、有肢体动作等的社会互动行为时具有非常大的优势。(3)fNIRS 设备较小,具有很好的移动性。而且现在市场上还有较为成熟的便携式近红外成像设备。这就使得研究不仅可以在实验室中进行,还可以在真实情境下进行现场研究,比如让佩戴便携式近红外设备的被试在商场内购物以考察消费者进行真实购买行为时的脑活动变化情况。这种研究是使用其他神经影像学技术(如 fMRI 和 MEG 等)所不能实现的。(4)fNIRS 具有较好的时间分辨率,一般在数十到几百毫秒之间。明显优于 fMRI 技术的时间分辨率。这些优势使得 fNIRS 在脑研究和临床检测中得到越来越广泛的使用,如儿童认知发展、语言交流、竞争与合作、精神疾病诊断等领域。

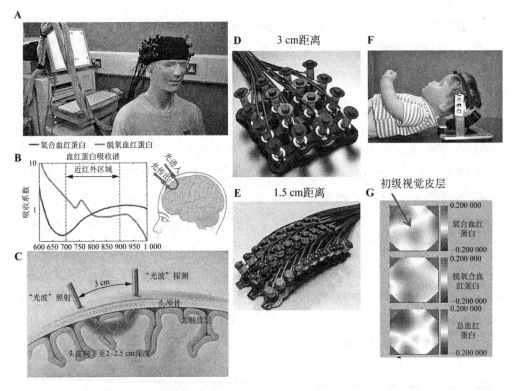

图 2-7 近红外光谱成像技术

注：A—C.近红外光谱成像基本原理。D.数据采集所用光极片（以日本日立公司产品为例），发射光极与探测光极间的距离为 3 厘米。E.数据采集所用的高密度光极片（以日本日立公司产品为例），成对发射光极与探测光极间的距离仍为 3 厘米，但在中间安置了另外一对发射光极与探测光极，这样就使得空间分辨力提到到 1.5 厘米，同时增加了记录通道数量。F—G.一项 fNIRS 研究，以出生后 1~2 天的新生儿为研究对象，考察了初级视觉皮层活动的变化。

　　同样，近红外成像技术也拥有较为明显的劣势，比如（1）空间分辨率较低，一般在 1~3 厘米。现在经典的近红外成像技术使用的光极片的激发光极和探测光极间的距离为 3 厘米（如图 2-7C&D），也就意味着其空间分辨率为 3 厘米。为了提高空间分辨率，可以使用高密度光极片（如图 2-7E），即在 3 厘米的激发光极和探测光极间再安置 1 对激发光极和探测光极，这样就使得空间分辨率提高到 1.5 厘米。但这个空间分辨率对于一些较小的脑区仍然做不到精准定位。（2）该技术的成像原理导致其只能采集大脑皮层表面的脑信号，而对皮层下结构（如杏仁核、深部脑岛等）的活动就无能为力。这就致使无法采用该技术考察参与社会互动的皮层下结构。（3）fNIRS 对与脑激活无关的头皮血流变化比较敏感(Gregg 等，2010；Kirilina 等，2012)。因此，这些特点决定了 fNIRS 信号与真实、纯粹的脑活动之间的关系不是非常清晰。值得注意的是，近红外成像超扫描技术所观察到的脑间活动同步有可能受到被试心跳等生理活动的影响。但来自单脑的研究显示，低频段的功能连接网络反映的是大脑的自发神经活动，而较高频段才有可能被心跳、呼吸等生理活动所污染(Cordes 等,2001)。

基于功能性近红外成像的超扫描(fNIRS-based hyperscanning)可以通过硬件或软件界面实现多台成像设备间的时间同步(如图2-8A),Duan等人(2015)采用两台成像设备同时采集了9名被试完成按节奏敲鼓游戏任务时的脑活动,进而分析了脑—脑连接的情况。目前大多数基于功能性近红外成像的超扫描研究关注的是双人互动,在采集脑活动数据时多采用同一台成像设备,将记录通道按照需要分配给互动中的被试(如图2-8B),这样就可以避免因不同设备的硬件系统以及同步界面系统产生的记录偏差而对研究结果产生影响。如前所述,近红外成像技术具有便携性、易操作性、适用范围广、设备成本降低等优势,基于该技术的超扫描研究涉及心理学、教育学、管理学等领域,比如对成人与儿童社会互动行为机制的研究(如图2-8C)等。近年来,便携式近红外成像技术不断发展和完善,使得在真实情景下研究社会互动成为可能(如图2-8D)。当然,该超扫描技术的劣势也是需要特别注意的,表现在(1)由于近红外成像技术收集到的信号主要来自大脑皮层,因此就无法对皮层下结构参与的社会互动行为机制开展研究工作。(2)目前来讲,近红外成像技术在数据收集时往往不能覆盖全脑,即使是在大脑皮层范围内也无法记录到大脑沟的活动。一般的做法是先根据已有研究证据划定感兴趣区(region of interest,ROI),

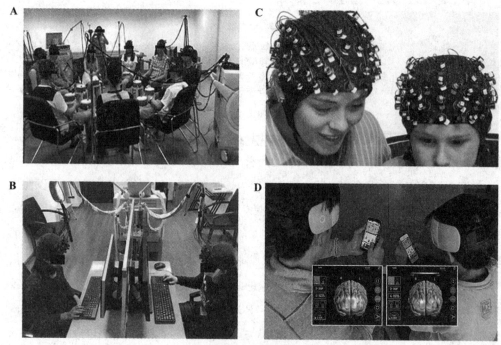

图2-8 常见的基于近红外成像的超扫描技术范式

注：A.使用多台设备实现的 fNIRS 超扫描研究。图片引自 Duan 等,2015。B.使用同一台设备实现的 fNIRS 超扫描研究。图片引自 Pan 等,2017。C.运用近红外成像的超扫描技术在儿童社会互动研究中的应用。D.可穿戴式 fNIRS 设备进行的超扫描在游戏领域中的应用研究。

将光极片放置在能覆盖 ROI 的区域。因此,在进行相关的实验设计前必须先确定脑活动的位置。

据我们所知,Funane 等人(2011)报告了首个基于近红外成像的超扫描研究。研究中,被试面对面坐着完成同步默数任务,即两人基于同一线索在心中倒数 10 秒,之后按键用以报告倒数结束。Funane 等人发现前额叶皮层表现出显著的脑间活动同步,且与任务成绩呈现显著的正相关关系,即脑间活动同步越高,两被试按键的反应时之差越小。美国斯坦福大学的研究团队要求两个被试在完成按键反应的合作任务以外,还需完成 3 种对照任务,即一个竞争任务和两个单人任务。研究者采用小波分析的方法发现只有在合作任务中,前额叶皮层才出现明显的脑间活动同步(Cui 等,2012)。这两项研究发现提示我们前额叶皮层的脑间活动同步可能是衡量合作行为成绩的一种客观指标。运用基于近红外成像的超扫描技术,Holper 等人(2012)发现两名完成动作模仿任务的被试在左侧额叶的脑间活动同步明显增强。而且,相对于按照节拍器完成同步敲击任务,两名被试在按照模特的节奏进行同步运动时诱发了更加明显的脑间活动同步。因此,研究者推测这种增强的脑间活动同步并不是由行为上的同步造成的,而是由于共同完成同一任务时两被试间的意图所造成的。该观点也得到一项脑电超扫描研究的支持(Sanger 等,2012)。

由于近红外成像技术对运动的容受性较好,基于近红外成像的超扫描技术常被应用到言语交流机制的研究中。Jiang 等人(2012)要求两个被试针对某一话题进行面对面地讨论,结果发现该任务诱发了被试左侧额下回皮层明显的脑间活动同步,但在背对背对话、面对面独白或背对背独白等条件下的言语交流却没有产生明显的脑间活动同步。进一步的分析发现,面对面谈话诱发的脑间活动同步强度可以准确预测非言语性交流(如言语轮次和肢体语言等)的发生。该研究发现表明额下皮层部位的脑间活动同步是由非言语性的交流行为介导的。在人际交流中除了通过口语语言以外,肢体语言(如眼神交流等)也会起到重要的作用。Osaka 等人(2014)试图揭示在双人合作哼唱歌曲时眼神交流所对应的脑间活动同步。眼神交流条件下成对被试相互注视对方的眼睛,同时合作哼唱一首熟悉的歌曲。而在非眼神交流条件下,两人面对面,但中间被屏风所遮挡,使被试无法看到对方的眼睛,并同时合作哼唱一首歌曲。他们发现相对于非眼神交流条件,眼神交流条件下合作哼唱诱发出右侧额下回皮层非常明显的脑间活动同步。该结果表明脑间活动同步可能参与了非言语性的合作过程。综合这两项研究发现,我们可以看出额下回区域在人际间交流起重要作用,不同的交流方式可能涉及不同脑半球的额下回参与,即言语交流与左侧额下回有关,而右侧额下回参与了非言语性的交流活动。这些研究从人际互动的角度提供了科学证据,丰富了我们对额下回与人际交流方式间关系的理解与认识。除了前面所述的较为复杂的社会互动以外,基于近红外成像的超扫描技术还用于探究两个被试共同完成工作记忆任务过程中脑活动间的关系。Dommer 等人（2012）发现相对于单独条件，配对条件下前额叶部位的脑间活动同步显著增强，表明行为上的协作与两个大脑间的活动同步性绑定在一起。

第五节 基于脑磁图的超扫描技术

脑磁图（即 MEG）是一种无创伤性地探测大脑电磁生理信号的脑功能检测技术，可用于脑功能的基础研究和临床脑疾病诊断。MEG 是对脑内神经元所发出的极其微弱的生物磁场信号变化的直接测量（如图 2-9A）。该技术本身不会释放任何对人体有害的射线、能量或机器噪声。在检测过程中，MEG 探测仪不需要固定在患者头部，测量前对患者无须作特殊准备，所以准备时间短，检测过程安全、简便，可同时高速采集整个大脑的瞬态数据。通过计算机综合影像信息处理，将获得的信号转换成脑磁曲线图和等磁线图，并通过相应的数学模型的拟合定位信号源。除此以外，MEG 与其他神经影像学技术（如 EEG、NIRS 等）相比，优势在于(1)空间分辨率可达 1 mm，和 fMRI 技术在空间分辨率上基本相当；(2)MEG 探测的电流源来自细胞内树突电流，电磁场不受传导介质的影响；(3)对电流源的方向、位置、强度可进行三维空间定位；(4)不需参考电极；(5)可直接进行功能区定位，能准确进行定位。除此以外，由于 MEG 采取的是开场，因此与 fMRI 相比，被试可以进行较大范围内的动作，同时也能避免如被试在 MRI 扫描仪中因空间狭小产生的不适感等额外因素对实验结果的干扰。因此，该技术在探究语言加工机制、儿童认知发展与评估中显示出强大的优势。但是，该设备需要比较严格的电磁屏蔽环境，再加上该设备造价较高，成为制约其被广泛使用的主要原因。随着科学技术发展和研究经费的不断增加，越来越多的研究单位开始建设 MEG 实验室，相信在未来该技术将获得令人惊喜的研究发现。

基于脑磁图的超扫描技术（MEG-based hyperscanning）和其他超扫描技术一样，多台设备间通过特定界面实现时间同步和通信（如图 2-9B）。目前基于该超扫描技术发表的文章较少。一项研究中，在同一个电磁屏蔽室内安置了 2 台 MEG（如图 2-9C），用来探究母子间情绪表达的脑—脑机制。实验过程中，儿童和母亲通过视频实时地将其情绪传递给对方，同时由 MEG 记录母亲和儿童的脑活动，试图在同一个屏蔽室考察照料者（如父母）是如何通过社会互动影响儿童认知发展的脑—脑机制（Hirata 等，2014）。后来的一项研究中，Hasegawa 等人（2016）考察了母亲与其自闭症孩子间自发的面对面互动对儿童社会认知发展的作用。他们发现在右侧中央前区的 mu 抑制指数（index of mu suppression, IMS）与自闭症的严重程度间存在非常显著的相关关系。而且在自发地面对面互动过程中，母亲的 IMS 越强，其孩子的 IMS 也越强。研究者采用交叉相关方法衡量母亲和孩子

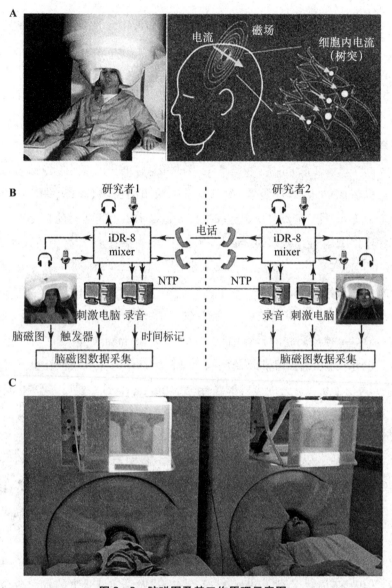

图 2-9 脑磁图及其工作原理示意图

注：A.脑磁图及其工作原理；B.通过界面实现的基于两套脑磁图的超扫描技术。图片引自 Baess 等，2012；C.在同一电磁屏蔽室中两台脑磁图设备实现的超扫描研究。图片引自 Hirata 等，2014。

间在行为上的一致性，结果发现，那些头部运动跟随孩子头部运动的母亲在右侧中央前区的 mu 抑制指数表现出更强的趋势(Hasegawa 等，2016)。

第六节　超扫描技术目前面临的挑战和急需解决的问题

一、多种成像技术相结合的超扫描技术的必要性

脑间活动同步与社会互动的特征(如任务框架、互动结构、目标组成等)紧密相连(Liu和Pelowski,2014;Schilbach 等,2013)。已有的基于脑电和近红外成像的超扫描研究已经揭示了目标组成(即合作或竞争)对脑间活动同步的影响(Astolfi 等,2010;Cui 等,2012;Funane 等,2011),近红外成像超扫描研究还揭示了脑间活动同步受到互动双方的性别组合(即同性或异性组合)(Cheng 等,2015)以及关系属性(即恋爱关系或朋友关系)的影响(Pan 等,2017)。更为重要的是,多项研究表明脑间活动同步与社会互动行为间呈现出显著的相关关系(Cheng 等,2015;Pan 等,2017),脑间活动同步在行为同步促进亲社会行为中起到中介作用(Hu 等,2017),而且脑间活动同步也受到神经激素(如催产素)(Mu 等,2016)以及神经调制的影响(如超 tACS 等)(Szymanski 等,2017b)。所有这些研究发现充分表明了超扫描技术获得的脑间活动同步指标的确能表征社会互动的多种特征,其可能成为社会互动行为的客观神经标记(neuromarker)。然而,现实生活中的社会互动远复杂于实验室中的社会互动。换句话说,已发现的脑间活动同步效应是否能反映日常生活中的互动本质还不是非常明确。基于脑电的超扫描研究技术以及基于便携式近红外成像的超扫描技术可能是最为合适的研究手段,原因在于脑电设备的便携性、低成本以及易操作性等特点(Stopczynski 等,2014)。这些特点使我们在极其复杂的社会互动行为中也能轻易收集脑活动数据(Gevins 等,2012)。近来,多项脑电超扫描研究揭示了社会互动中的脑间活动同步效应,包括多人一起演唱或演奏乐器(Lindenberger 等,2009;Muller 等,2013;Sanger 等,2012;Sanger 等,2013)、玩游戏(Astolfi 等,2010;De Vico Fallani 等,2010)、言语性交流(Kawasaki 等,2013)以及真实情景下的教学活动中的师—生互动(Dikker 等,2017)等。这些研究发现提示脑间活动同步可能作为日常生活中社会交流质量的有效神经标记。

然而,由于脑电技术的空间分辨率较差(Kaiboriboon 等,2012)以及不适定逆问题(ill-posed inverse problem)(Grech 等,2008;Hari 和 Kujala,2009),导致基于脑电的超扫描技术很难精确定位脑间活动同步效应相关的脑部位。为了克服以上困难,采用脑电—功能性磁共振相结合的超扫描技术(EEG-fMRI hyperscanning),同时使用脑电和功能性磁共振技术已经在考察脑功能研究中被采用。先前的研究提出了集中处理和分析 EEG-fMRI 数据的方法。第一种分析方法是基于 fMRI 数据的脑电分析方法,目的是使用高空

间分辨率的磁共振技术获得脑解剖位置进而确定电极的精确位置,再显著改善脑电成分的源定位精度(Heinze 等,1994;Huster 等,2011)。第二种方法是基于脑电数据的 fMRI 分析方法,即考察脑电信号和 BOLD 信号间直接的相关关系。该方法首先分离了随时间变化的感兴趣的脑电特征,如特定成分的幅度(amplitude)(Debener 等,2005)、脑电信号的同步化(EEG synchronization)(Mizuhara 等,2005)或者特定频段的能谱(power)(Laufs 等,2003;Scheeringa 等,2009)。然后,分析时间变化与上述脑电信号间的振荡联系以及随时间变化的 BOLD 信号间的振荡情况。第三种方法是联合独立成分分析(independent component analysis, ICA)(Calhoun 等,2006;Huster 等,2012;Vitali 等,2015),该方法的具体步骤如下:首先,使用一个共用的对称模型分析 EEG 和 fMRI 信号,在联合 ICA 分析过程中,对 EEG 和 fMRI 的信号单独进行预处理;接着,考察两者信号间的关系,将 fMRI 的统计图和 EEG 数据的统计图融合到同一个矩阵,进而分析联合 ICA。该方法为分析与激活脑区相关的神经电生理活动的联合独立成分提供了时间—空间分离的证据(Calhoun 等,2006;Huster 等,2012)。这些分析方法当然也可以运用到超扫描研究中,我们可以结合高时间分辨率的 EEG 数据和高空间分辨率的 fMRI 数据,进而对脑间活动同步效应相关的脑区进行较为准确地定位。

如果我们能准确地定位脑间活动同步效应发生的部位,就可以适当地运用到寻找社会互动认知活动的神经标记的研究中,且有两种方式:第一种,脑间活动同步效应可以作为日常生活中社会互动质量的神经标记。例如,从实践角度出发,脑间活动同步可以被应用到教学环境中成功学习过程的评价。学习过程,尤其是在学校教育阶段,富含教师和学生间的社会互动(Verga 和 Kotz,2013),而且这种互动是教学情景下的学习过程所必不可少的(Kuhl 等,2003)。这种互动牵涉到两个个体,仅从单个个体的研究就不足以说明这种社会互动(Hari 和 Kujala,2009;Konvalinka 和 Roepstorff,2012)。因此,我们希望可以使用脑间活动同步效应作为神经标记来衡量学习过程的质量。然而,截止到目前,仅有 2 篇文章探讨了教学过程中师—生互动的脑间活动同步情况,但都没有真正涉及脑间活动同步与教学质量间的关系。联合注意被认为是言语性语言进化的核心,其完成情况与右侧额下回皮层的脑间活动同步的出现相关(Saito 等,2010;Tanabe 等,2012)。另外,言语交流诱发了左侧额下回皮层的脑间活动同步(Jiang 等,2012)。这些研究发现表明,学习过程中的交流质量可以反映在额下回皮层的脑间活动同步上。

在双人社会互动过程中,双方关系往往是不对等的,两人分别扮演着不同的角色。例如,教学情景下师—生互动中的教师和学生,言语交流中的讲话者和倾听者等。在上述不对等的社会互动中,两者大脑信号间的因果性可能是社会互动更好的神经标记。例如,在言语性交流过程中,与具有合作关系的队友间 EEG 信号的因果性比与有着竞争关系的对手间 EEG 的因果性要强得多(Astolfi 等,2010)。因此,因果性分析结果可能成为衡量不对等的社会互动质量的更好的神经标记（如从教师到学生间的因果性可能是衡量学生对教师讲课内容理解度更为有效的神经标记）。为了获得更好的时间和空间分辨率，采用EEG-fMRI结合的超扫描技术对这些不对等的EEG信号因果性相关的脑部位进行准确定位是非常有必要的。在将来的社会互动研究中，脑间的因果性分析将会变得越来越多。

除了社会互动的质量，社会互动过程中的行为以及心理学特征也可以反映在脑间活动同步上。个体的行为表现以及心理活动特征可以从单脑水平上得到很好的考察（Lahnakoski 等，2014）。然而，我们的行为表现和心理活动太容易被身边的同伴所改变。因此，相对于单脑活动情况，脑间活动同步可以提供更好地衡量社会互动中行为表现和心理活动的神经标记。就像上文提到的，欺骗同伴的意图可以被两人间的脑间活动同步模式所准确预测（De Vico Fallani 等，2010），而且实时的欺骗行为过程表现出非常显著的性别差异特点（Zhang 等，2017）。

二、数学模型的必要性

众所周知，自然界的多个个体可以通过个体间的社会互动形成一个动态的、非常复杂的系统，比如萤火虫的同步性闪烁、日本树蛙的同步叫声（Aihara 等，2014）等。对于这些现象，数学模型在揭示同步性行为出现的机制以及功能的探讨中起到非常重要的作用（Aihara 等，2014）。相似地，两个通过社会互动产生耦合行为的个体就形成一个动态变化的复杂系统。仅仅考察单个个体的行为以及脑活动不能精确揭示该系统形成的机制（Beer，2000；Froese 等，2013；Hari 和 Kujala，2009）。借助于数学模型有利于我们理解反映社会互动特征的脑间活动同步效应。建模研究以及超扫描研究以一种与已有研究手段相互补的方式帮助我们揭示脑间活动同步的本质。首先，我们基于实验结果建立一个数学模型。其次，我们需要确认该模型能否准确地预测实际的社会互动现象，进而进行必要的调整。通过多次修正，尽可能地接近准确描述多个个体的社会互动行为的数学模型，达到客观理解社会互动的实质。

目前为止，已有几个模型试图阐述脑间活动同步效应产生的机制。Dunmas 等人（2012）考察了当成对被试在完成动作模仿的任务时，神经解剖学上的连接如何影响脑电信号的脑间活动同步。研究中，他们设计了全脑模拟，将真实的连接组数据与 Kuramoto 模型相结合。特别的是，他们用模型对静息状态的脑活动进行模拟。经过验证，他们把虚拟的感觉—运动耦合加入模型中，方法是将每个虚拟大脑的运动皮层和其他人的视觉区建立连接。之后，使用建立的模型，考察了脑结构在通过感觉—运动环路的脑间活动同步产生中的作用。首先，模型显示两个大脑在结构上的相似性致使脑激活变得更为相似，即使在没有任何社会互动的情况下,上述现象也存在。另外,当脑间连接强度增加时,脑间活动同步程度也会随之增强。这种现象在真实连接组数据要比随意产生的连接组数据中显著得多。这些结果支持了解剖学上脑结构在脑间活动同步的产生中起到重要作用的观点(Dumas 等,2012)。

数学模型的另外一个重要的优势在于可以对即将发生的不明确现象进行预测。例如,Dumas 等人(2012)的模型可以预测训练能显著影响脑间活动同步效应的出现,其原因在于训练可以明显改变脑间神经网络的特征(Guerra-Carrillo 等,2014)。这种预测性存在着一定的道理,其原因在于社会技能的获得是通过与他人进行交流实现的,从出生后开始,贯通整个一生(Grossmann 和 Johnson,2007;Hane 等,2003;Johnson 等,2005)。如果脑间活动同步效应的出现能反映社会技能,那么社会互动经历可能会增强或减弱这种脑间活动同步。我们可以通过考察训练是否能影响脑间活动同步的特性来验证这种观点。目前,只有少数研究显示训练可以明显提高脑电信号的脑间活动同步(Kawasaki 等,2013;Yun 等,2012)。如果训练是通过社会赫布学习(social Hebbian learning)的方式影响脑间活动同步的出现(Keysers 和 Perrett,2004;Wolpert 等,2003),与训练相关的脑区就可能与呈现出脑间活动同步的脑区有一定的重合(Kawasaki 等,2013;Yun 等,2012)。然而,这种重合特点还没有得到证实,部分原因是脑电技术在定位信号源方面的表现较差(Hari 等,2013)。因此,在今后的研究中,结合 EEG 超扫描技术和 fMRI 超扫描技术,可以较好地探讨脑间活动同步产生的正如数学模型所预测的训练效应。

EEG-fMRI 相结合的超扫描技术可以让我们以不同的视角观察"合二为一"的社会互动系统。因此,在未来的研究中,来自 EEG-fMRI 超扫描技术研究的证据将在构建社会互动脑间活动同步效应的数学模型中起重要作用。在基于 EEG 的超扫描研究中,脑间活动同步效应体现出明显的频段依赖性(Aczel 等,2015;Astolfi 等,2010;Dumas 等,2010;Kawasaki 等,2013)。EEG 不同频段的信号反映了不同的认知过程(Scheeringa 等,2011)。因此,我们可以结合 EEG-fMRI 超扫描技术和联合独立成分分析,充分利用 fMRI 精确定位的特点来确定社会互动相关的不同 EEG 频段所对应的脑内/脑间—神经网络。与不同 EEG 频段相关的 fMRI 网络可能反映了不同的社会互动特点。另外,联合独立成分分析方法适用于各种数据的分析。因此,结合 EEG-fMRI 超扫描技术和联合独立成分分析技术就可以分析多模态的神经影像学数据以及行为学数据。在社会互动中,"合二为一"系统是通过行为—感知觉环路逐步增强的(Froese 等,2013;Hari 和 Kujala,2009)。EEG-fMRI 超扫描技术能让研究工作者从高空间分辨率和时间分辨率上尽可能多的分析社会互动的特征,可以建构反映社会互动的脑间效应本质的数据模型。

小　结

超扫描技术借助神经影像学技术同时收集互动中多个被试的大脑活动,进而考察被试脑活动间的关系及其与行为的关系。超扫描技术能提供群体角度上具有高生态效度的科学依据,因此它已经成为考察真实情景下社会互动行为内在机制的新型研究手段。今后的研究中有必要将多种成像技术组合使用,尽可能地发挥各种技术的优势,促进对社会互动本质做出较为全面的理解。但是,该研究技术尚在起步阶段,从成像设备、数据分析方法到数学模型等各个方面都还有巨大的发展空间。

参考文献

Aczel, B., Kekecs, Z., Bago, B., Szollosi, A., & Foldes, A. (2015). An empirical analysis of the methodology of automatic imitation research in a strategic context. *J Exp Psychol Hum Percept Perform*, *41*(4), 1049-1062.

Ahn, S., Cho, H., Kwon, M., Kim, K., Kwon, H., Kim, B. S.,... Jun, S. C. (2018). Interbrain phase synchronization during turn-taking verbal interaction-a hyperscanning study using simultaneous EEG/MEG. *Hum Brain Mapp*, *39*(1), 171-188.

Aihara, I., Mizumoto, T., Otsuka, T., Awano, H., Nagira, K., Okuno, H. G., & Aihara, K. (2014). Spatio-temporal dynamics in collective frog choruses examined by mathematical modeling and field observations. *Sci Rep*, *4*, 3891.

Allison, T., Puce, A., & McCarthy, G. (2000). Social perception from visual cues: role of the STS region. *Trends Cogn Sci*, *4*(7), 267-278.

Astolfi, L., Toppi, J., De Vico Fallani, F., Vecchiato, G., Cincotti, F., Wilke, C. T.,... Babiloni, F. (2011). Imaging the Social Brain by Simultaneous Hyperscanning During Subject Interaction. *IEEE Intell Syst*, *26*(5), 38-45.

Astolfi, L., Toppi, J., De Vico Fallani, F., Vecchiato, G., Salinari, S., Mattia, D.,... Babiloni, F. (2010). Neuroelectrical hyperscanning measures simultaneous brain activity in humans. *Brain Topogr*, *23*(3), 243-256.

Babiloni, F., & Astolfi, L. (2014). Social neuroscience and hyperscanning techniques: past, present and future. *Neurosci Biobehav Rev*, *44*, 76-93.

Beer, R. D. (2000). Dynamical approaches to cognitive science. *Trends Cogn Sci*, *4*(3), 91-99.

Burgess, A. P. (2013). On the interpretation of synchronization in EEG hyperscanning studies: a cautionary note. *Front Hum Neurosci*, *7*, 881.

Calhoun, V. D., Adali, T., Pearlson, G. D., & Kiehl, K. A. (2006). Neuronal chronometry of target detection: fusion of hemodynamic and event-related potential data. *Neuroimage*, *30*(2), 544-553.

Cheng, X., Li, X., & Hu, Y. (2015). Synchronous brain activity during cooperative exchange depends on gender of partner: A fNIRS-based hyperscanning study. *Hum Brain Mapp*, *36*(6), 2039-2048.

Cordes, D., Haughton, V. M., Arfanakis, K., Carew, J. D., Turski, P. A., Moritz, C. H., ... Meyerand, M. E. (2001). Frequencies contributing to functional connectivity in the cerebral cortex in "resting-state" data. *AJNR Am J Neuroradiol*, *22*(7), 1326–1333.

Cui, X., Bryant, D. M., & Reiss, A. L. (2012). NIRS-based hyperscanning reveals increased interpersonal coherence in superior frontal cortex during cooperation. *Neuroimage*, *59*(3), 2430–2437.

De Vico Fallani, F., Nicosia, V., Sinatra, R., Astolfi, L., Cincotti, F., Mattia, D., ... Babiloni, F. (2010). Defecting or not defecting: how to "read" human behavior during cooperative games by EEG measurements. *Plos One*, *5*(12), e14187.

Debener, S., Ullsperger, M., Siegel, M., Fiehler, K., von Cramon, D. Y., & Engel, A. K. (2005). Trial-by-trial coupling of concurrent electroencephalogram and functional magnetic resonance imaging identifies the dynamics of performance monitoring. *J Neurosci*, *25*(50), 11730–11737.

Dikker, S., Wan, L., Davidesco, I., Kaggen, L., Oostrik, M., McClintock, J., ... Poeppel, D. (2017). Brain-to-Brain Synchrony Tracks Real-World Dynamic Group Interactions in the Classroom. *Curr Biol*. *27*(9): 1375–1380

Dommer, L., Jager, N., Scholkmann, F., Wolf, M., & Holper, L. (2012). Between-brain coherence during joint n-back task performance: a two-person functional near-infrared spectroscopy study. *Behav Brain Res*, *234*(2), 212–222.

Duan, L., Dai, R. N., Xiao, X., Sun, P. P., Li, Z., & Zhu, C. Z. (2015). Cluster imaging of multi-brain networks (CIMBN): a general framework for hyperscanning and modeling a group of interacting brains. *Front Neurosci*, *9*, 267.

Duane, T. D., & Behrendt, T. (1965). Extrasensory electroencephalographic induction between identical twins. *Science*, *150*(3694), 367.

Dumas, G. (2011). Towards a two-body neuroscience. *Commun Integr Biol*, *4*(3), 349–352.

Dumas, G., Chavez, M., Nadel, J., & Martinerie, J. (2012). Anatomical connectivity influences both intra-and inter-brain synchronizations. *Plos One*, *7*(5), e36414.

Dumas, G., Nadel, J., Soussignan, R., Martinerie, J., & Garnero, L. (2010). Inter-brain synchronization during social interaction. *Plos One*, *5*(8), e12166.

Englander, Z. A., Haidt, J., & Morris, J. P. (2012). Neural basis of moral elevation demonstrated through inter-subject synchronization of cortical activity during free-viewing. *Plos One*, *7*(6), e39384.

Fliessbach, K., Phillipps, C. B., Trautner, P., Schnabel, M., Elger, C. E., Falk, A., & Weber, B. (2012). Neural responses to advantageous and disadvantageous inequity. *Front Hum Neurosci*, *6*, 165.

Froese, T., Iizuka, H., & Ikegami, T. (2013). From synthetic modeling of social interaction to dynamic theories of brain-body-environment-body-brain systems. *Behav Brain Sci*, *36*(4), 420–421.

Funane, T., Kiguchi, M., Atsumori, H., Sato, H., Kubota, K., & Koizumi, H. (2011). Synchronous activity of two people's prefrontal cortices during a cooperative task measured by simultaneous near-infrared spectroscopy. *J Biomed Opt*, *16*(7), 077011.

Gallagher, H. L., & Frith, C. D. (2003). Functional imaging of 'theory of mind'. *Trends Cogn Sci*, *7*(2), 77–83.

Gallotti, M., & Frith, C. D. (2013). Social cognition in the we-mode. *Trends Cogn Sci*, *17*(4), 160–165.

Gevins, A., Chan, C. S., & Sam-Vargas, L. (2012). Towards measuring brain function on groups of people in the real world. *Plos One*, 7(9), e44676.

Grech, R., Cassar, T., Muscat, J., Camilleri, K. P., Fabri, S. G., Zervakis, M., ... Vanrumste, B. (2008). Review on solving the inverse problem in EEG source analysis. *J Neuroeng Rehabil*, 5, 25.

Gregg, N. M., White, B. R., Zeff, B. W., Berger, A. J., & Culver, J. P. (2010). Brain specificity of diffuse optical imaging: improvements from superficial signal regression and tomography. *Front Neuroenergetics*, 2.

Grossmann, T., & Johnson, M. H. (2007). The development of the social brain in human infancy. *Eur J Neurosci*, 25(4), 909-919.

Guerra-Carrillo, B., Mackey, A. P., & Bunge, S. A. (2014). Resting-state fMRI: a window into human brain plasticity. *Neuroscientist*, 20(5), 522-533.

Hane, A. A., Feldstein, S., & Dernetz, V. H. (2003). The relation between coordinated interpersonal timing and maternal sensitivity in four-month-old infants. *J Psycholinguist Res*, 32(5), 525-539.

Hari, R., Himberg, T., Nummenmaa, L., Hamalainen, M., & Parkkonen, L. (2013). Synchrony of brains and bodies during implicit interpersonal interaction. *Trends Cogn Sci*, 17(3), 105-106.

Hari, R., & Kujala, M. V. (2009). Brain basis of human social interaction: from concepts to brain imaging. *Physiol Rev*, 89(2), 453-479.

Hasegawa, C., Ikeda, T., Yoshimura, Y., Hiraishi, H., Takahashi, T., Furutani, N., ... Kikuchi, M. (2016). Mu rhythm suppression reflects mother-child face-to-face interactions: a pilot study with simultaneous MEG recording. *Sci Rep*, 6, 34977.

Hasson, U., Ghazanfar, A. A., Galantucci, B., Garrod, S., & Keysers, C. (2012). Brain-to-brain coupling: a mechanism for creating and sharing a social world. *Trends Cogn Sci*, 16(2), 114-121.

Hasson, U., Nir, Y., Levy, I., Fuhrmann, G., & Malach, R. (2004). Intersubject synchronization of cortical activity during natural vision. *Science*, 303(5664), 1634-1640.

Heinze, H. J., Mangun, G. R., Burchert, W., Hinrichs, H., Scholz, M., Munte, T. F., ... et al. (1994). Combined spatial and temporal imaging of brain activity during visual selective attention in humans. *Nature*, 372(6506), 543-546.

Hirata, M., Ikeda, T., Kikuchi, M., Kimura, T., Hiraishi, H., Yoshimura, Y., & Asada, M. (2014). Hyperscanning MEG for understanding mother-child cerebral interactions. *Front Hum Neurosci*, 8, 118.

Holper, L., Scholkmann, F., & Wolf, M. (2012). Between-brain connectivity during imitation measured by fNIRS. *Neuroimage*, 63(1), 212-222.

Hu, Y., Li, X., Pan, Y., & Cheng, X. (2017). Brain-to-brain synchronization across two persons predicts mutual prosociality. *Soc Cogn Affect Neurosci*, 12(12), 1835-1844.

Huster, R. J., Debener, S., Eichele, T., & Herrmann, C. S. (2012). Methods for simultaneous EEG-fMRI: an introductory review. *J Neurosci*, 32(18), 6053-6060.

Huster, R. J., Eichele, T., Enriquez-Geppert, S., Wollbrink, A., Kugel, H., Konrad, C., & Pantev, C. (2011). Multimodal imaging of functional networks and event-related potentials in performance monitoring. *Neuroimage*, 56(3), 1588-1597.

Jiang, J., Chen, C., Dai, B., Shi, G., Ding, G., Liu, L., & Lu, C. (2015). Leader emergence through interpersonal neural synchronization. *Proc Natl Acad Sci U S A*, 112(14), 4274-4279.

Jiang, J., Dai, B., Peng, D., Zhu, C., Liu, L., & Lu, C. (2012). Neural synchronization during face-to-face communication. *J Neurosci*, *32*(45), 16064–16069.

Johnson, M. H., Griffin, R., Csibra, G., Halit, H., Farroni, T., de Haan, M., ... Richards, J. (2005). The emergence of the social brain network: evidence from typical and atypical development. *Dev Psychopathol*, *17*(3), 599–619.

Kaiboriboon, K., Luders, H. O., Hamaneh, M., Turnbull, J., & Lhatoo, S. D. (2012). EEG source imaging in epilepsy-practicalities and pitfalls. *Nat Rev Neurol*, *8*(9), 498–507.

Kawasaki, M., Yamada, Y., Ushiku, Y., Miyauchi, E., & Yamaguchi, Y. (2013). Inter-brain synchronization during coordination of speech rhythm in human-to-human social interaction. *Sci Rep*, *3*, 1692.

Keysers, C., & Perrett, D. I. (2004). Demystifying social cognition: a Hebbian perspective. *Trends Cogn Sci*, *8*(11), 501–507.

King-Casas, B., Tomlin, D., Anen, C., Camerer, C. F., Quartz, S. R., & Montague, P. R. (2005). Getting to know you: reputation and trust in a two-person economic exchange. *Science*, *308*(5718), 78–83.

Kirilina, E., Jelzow, A., Heine, A., Niessing, M., Wabnitz, H., Bruhl, R., ... Tachtsidis, I. (2012). The physiological origin of task-evoked systemic artefacts in functional near infrared spectroscopy. *Neuroimage*, *61*(1), 70–81.

Koike, T., Tanabe, H. C., & Sadato, N. (2015). Hyperscanning neuroimaging technique to reveal the "two-in-one" system in social interactions. *Neurosci Res*, *90*, 25–32.

Konvalinka, I., & Roepstorff, A. (2012). The two-brain approach: how can mutually interacting brains teach us something about social interaction? *Front Hum Neurosci*, *6*, 215.

Krill, A. L., & Platek, S. M. (2012). Working together may be better: activation of reward centers during a cooperative maze task. *Plos One*, *7*(2), e30613.

Kuhl, P. K., Tsao, F. M., & Liu, H. M. (2003). Foreign-language experience in infancy: effects of short-term exposure and social interaction on phonetic learning. *Proc Natl Acad Sci U S A*, *100*(15), 9096–9101.

Lahnakoski, J. M., Glerean, E., Jaaskelainen, I. P., Hyona, J., Hari, R., Sams, M., & Nummenmaa, L. (2014). Synchronous brain activity across individuals underlies shared psychological perspectives. *Neuroimage*, *100*, 316–324.

Laufs, H., Kleinschmidt, A., Beyerle, A., Eger, E., Salek-Haddadi, A., Preibisch, C., & Krakow, K. (2003). EEG-correlated fMRI of human alpha activity. *Neuroimage*, *19*(4), 1463–1476.

Lindenberger, U., Li, S. C., Gruber, W., & Muller, V. (2009). Brains swinging in concert: cortical phase synchronization while playing guitar. *BMC Neurosci*, *10*, 22.

Liu, T., & Pelowski, M. (2014). Clarifying the interaction types in two-person neuroscience research. *Front Hum Neurosci*, *8*, 276.

Mizuhara, H., Wang, L. Q., Kobayashi, K., & Yamaguchi, Y. (2005). Long-range EEG phase synchronization during an arithmetic task indexes a coherent cortical network simultaneously measured by fMRI. *Neuroimage*, *27*(3), 553–563.

Moeller, S., Yacoub, E., Olman, C. A., Auerbach, E., Strupp, J., Harel, N., & Ugurbil, K. (2010). Multiband multislice GE-EPI at 7 tesla, with 16-fold acceleration using partial parallel imaging with application to high spatial and temporal whole-brain fMRI. *Magn Reson Med*, *63*(5), 1144–1153.

Montague, P. R., Berns, G. S., Cohen, J. D., McClure, S. M., Pagnoni, G., Dhamala, M., ...

Fisher, R. E. (2002). Hyperscanning: simultaneous fMRI during linked social interactions. *Neuroimage*, 16(4),1159-1164.

Morita, T., Tanabe, H. C., Sasaki, A. T., Shimada, K., Kakigi, R., & Sadato, N. (2014). The anterior insular and anterior cingulate cortices in emotional processing for self-face recognition. *Soc Cogn Affect Neurosci*, 9(5),570-579.

Mu, Y., Guo, C., & Han, S. (2016). Oxytocin enhances inter-brain synchrony during social coordination in male adults. *Soc Cogn Affect Neurosci*. 11(12): 1882-1893.

Muller, V., Sanger, J., & Lindenberger, U. (2013). Intra-and inter-brain synchronization during musical improvisation on the guitar. *Plos One*, 8(9), e73852.

Naeem, M., Prasad, G., Watson, D. R., & Kelso, J. A. (2012). Electrophysiological signatures of intentional social coordination in the 10-12 Hz range. *Neuroimage*, 59(2),1795-1803.

Novembre, G., Knoblich, G., Dunne, L., & Keller, P. E. (2017). Interpersonal synchrony enhanced through 20 Hz phase-coupled dual brain stimulation. *Soc Cogn Affect Neurosci*. (in press).

Osaka, N., Minamoto, T., Yaoi, K., Azuma, M., & Osaka, M. (2014). Neural synchronization during cooperated humming: A hyperscanning study using fNIRS. *Procedia-Social and Behavioral Sciences*, 126,241-243.

Pan, Y., Cheng, X., Zhang, Z., Li, X., & Hu, Y. (2017). Cooperation in lovers: An fNIRS-based hyperscanning study. *Hum Brain Mapp*, 38(2),831-841.

Pascual-Marqui, R. D., Michel, C. M., & Lehmann, D. (1994). Low resolution electromagnetic tomography: a new method for localizing electrical activity in the brain. *Int J Psychophysiol*, 18(1),49-65.

Quaresima, V., Bisconti, S., & Ferrari, M. (2012). A brief review on the use of functional near-infrared spectroscopy (fNIRS) for language imaging studies in human newborns and adults. *Brain Lang*, 121(2),79-89.

Saito, D. N., Tanabe, H. C., Izuma, K., Hayashi, M. J., Morito, Y., Komeda, H.,... Sadato, N. (2010). "Stay tuned": inter-individual neural synchronization during mutual gaze and joint attention. *Front Integr Neurosci*, 4,127.

Salmi, J., Roine, U., Glerean, E., Lahnakoski, J., Nieminen-von Wendt, T., Tani, P.,... Sams, M. (2013). The brains of high functioning autistic individuals do not synchronize with those of others. *Neuroimage Clin*, 3,489-497.

Sanger, J., Lindenberger, U., & Muller, V. (2011). Interactive brains, social minds. *Commun Integr Biol*, 4(6),655-663.

Sanger, J., Muller, V., & Lindenberger, U. (2012). Intra- and interbrain synchronization and network properties when playing guitar in duets. *Front Hum Neurosci*, 6,312.

Sanger, J., Muller, V., & Lindenberger, U. (2013). Directionality in hyperbrain networks discriminates between leaders and followers in guitar duets. *Front Hum Neurosci*, 7,234.

Scheeringa, R., Fries, P., Petersson, K. M., Oostenveld, R., Grothe, I., Norris, D. G.,... Bastiaansen, M. C. (2011). Neuronal dynamics underlying high- and low-frequency EEG oscillations contribute independently to the human BOLD signal. *Neuron*, 69(3),572-583.

Scheeringa, R., Petersson, K. M., Oostenveld, R., Norris, D. G., Hagoort, P., & Bastiaansen, M. C. (2009). Trial-by-trial coupling between EEG and BOLD identifies networks related to alpha and theta EEG power increases during working memory maintenance. *Neuroimage*, 44(3), 1224-1238.

Schilbach, L., Timmermans, B., Reddy, V., Costall, A., Bente, G., Schlicht, T., & Vogeley,

K. (2013). Toward a second-person neuroscience. *Behav Brain Sci*, *36*(4), 393-414.

Scholkmann, F., Holper, L., Wolf, U., & Wolf, M. (2013). A new methical approach in neuroscience: assessing inter-personal brain coupling using functional near-infrared imaging (fNIRI) hyperscanning. *Front Hum Neurosci*, *7*, 813.

Smith, A., Lohrenz, T., King, J., Montague, P. R., & Camerer, C. F. (2014). Irrational exuberance and neural crash warning signals during endogenous experimental market bubbles. *Proc Natl Acad Sci U S A*, *111*(29), 10503-10508.

Spiegelhalder, K., Ohlendorf, S., Regen, W., Feige, B., Tebartz van Elst, L., Weiller, C.,... Tuscher, O. (2014). Interindividual synchronization of brain activity during live verbal communication. *Behav Brain Res*, *258*, 75-79.

Sporns, O., & Zwi, J. D. (2004). The small world of the cerebral cortex. *Neuroinformatics*, *2*(2), 145-162.

Stopczynski, A., Stahlhut, C., Larsen, J. E., Petersen, M. K., & Hansen, L. K. (2014). The smartphone brain scanner: a portable real-time neuroimaging system. *Plos One*, *9*(2), e86733.

Szymanski, C., Muller, V., Brick, T. R., von Oertzen, T., & Lindenberger, U. (2017a). Hyper-Transcranial Alternating Current Stimulation: Experimental Manipulation of Inter-Brain Synchrony. *Frontiers in Human Neuroscience*, *11*, 15.

Szymanski, C., Muller, V., Brick, T. R., von Oertzen, T., & Lindenberger, U. (2017b). Hyper-Transcranial Alternating Current Stimulation: Experimental Manipulation of Inter-Brain Synchrony. *Front Hum Neurosci*, *11*, 539.

Tanabe, H. C., Kosaka, H., Saito, D. N., Koike, T., Hayashi, M. J., Izuma, K.,... Sadato, N. (2012). Hard to "tune in": neural mechanisms of live face-to-face interaction with high-functioning autistic spectrum disorder. *Front Hum Neurosci*, *6*, 268.

Tognoli, E., Lagarde, J., DeGuzman, G. C., & Kelso, J. A. (2007). The phi complex as a neuromarker of human social coordination. *Proc Natl Acad Sci U S A*, *104*(19), 8190-8195.

Verga, L., & Kotz, S. A. (2013). How relevant is social interaction in second language learning? *Front Hum Neurosci*, *7*, 550.

Vitali, P., Di Perri, C., Vaudano, A. E., Meletti, S., & Villani, F. (2015). Integration of multimodal neuroimaging methods: a rationale for clinical applications of simultaneous EEG-fMRI. *Funct Neurol*, *30*(1), 9-20.

Wolpert, D. M., Doya, K., & Kawato, M. (2003). A unifying computational framework for motor control and social interaction. *Philos Trans R Soc Lond B Biol Sci*, *358*(1431), 593-602.

Wood, J. N., & Grafman, J. (2003). Human prefrontal cortex: processing and representational perspectives. *Nat Rev Neurosci*, *4*(2), 139-147.

Yun, K., Watanabe, K., & Shimojo, S. (2012). Interpersonal body and neural synchronization as a marker of implicit social interaction. *Sci Rep*, *2*, 959.

Zhang, M., Liu, T., Pelowski, M., & Yu, D. (2017). Gender difference in spontaneous deception: A hyperscanning study using functional near-infrared spectroscopy. *Sci Rep*, *7*(1), 7508.

第三章 超扫描研究的数据分析方法

摘要

超扫描研究框架下,数据分析重点关注两个或多个大脑活动间的关联(如相关性、相似性以及相干性等),具体的方法有皮尔逊相关分析、小波变换相干性分析、相位锁定值分析、偏定向相干分析以及格兰杰因果分析等多种方法,衡量具有互动特点的认知活动产生的脑间活动同步,从群体脑水平提供认知活动的脑基础。本章节将分别介绍这些方法的基本原理和应用概况。

引 言

随着神经影像学技术设备的发展,加之数据分析方法的不断完善,我们对特定认知活动(如视知觉、运动想象等)相关的脑活动特征的刻画越来越精细,包括参与的脑区定位、脑区活动的时序变化、多个脑区组成的神经网络内部功能连接变化和不同神经网络间的动态变化等,极大地促进了人们对各种认知活动内在本质的理解。与此同时,对特殊人群(如精神分裂症患者、自闭症患者、阅读障碍患者等)的功能缺陷或缺失的机制也进行了详细的阐述,并在其矫正过程中提供多种评估依据。相比于传统研究注重单个个体的脑活动,超扫描研究框架下的研究更加关注互动中多个被试的脑间活动同步(即不同信号间的相关性或相干性等)的变化规律,并通过考察脑间同步变化与行为指标间的关系,探索社会互动中的脑—脑机制(Babiloni 和 Astolfi,2014)。除此以外,采用特定分析方法(如格兰杰因果分析方法等)考察互动中被试脑信号的方向性,继而探究认知活动中被试的角色差异及其对应的脑机制也是超扫描研究中的常见分析手段。目前,用于分析脑间活动同步的方法主要有皮尔逊相关分析、小波变换相干性(wavelet transform coherence,WTC)分析、基于频域的相位锁定值(phase locking value,PLV)分析与偏定向相干(partial directed coherence,PDC)分析等。

第一节 皮尔逊相关分析方法

皮尔逊相关分析是一种用来表示两个呈线性关系的正态连续变量之间的相关程度。定义为：

$$\rho_{X,Y} = \text{corr}(X, Y) = \frac{\text{cov}(X, Y)}{\sigma_X \sigma_Y} = \frac{E[(X-\mu_X)(Y-\mu_Y)]}{\sigma_X \sigma_Y}$$

其中 ρ 的范围在 -1 到 1 之间。在对超扫描研究的数据分析中，ρ 用于衡量两组以时间序列形式呈现的脑数据之间的相关性。通常这两组数据来自于不同被试的特定脑区（或通道），而相关性越高则代表着该脑区（或通道）的脑间活动同步越强。一般来说，在进行皮尔逊相关分析之前，需要对原始数据进行预处理，包括对数据滤波（一般去 0.01～0.08 Hz）、去伪迹、基线校正（基线为不执行任务时一段时间内的平均值）及去除纵向信号漂移等。在一些研究中，由于采集到的脑数据时间序列较长，为了减少在皮尔逊相关分析中发生虚假相关的可能（因为两个随机产生的较长序列也能产生高相关），通常在进行分析之前还会对数据进行降频处理。例如，Liu 等人（2017）在使用超扫描技术对合作和竞争行为的脑—脑机制进行研究时，将近红外采集到的信号从 37 Hz 的采样率最终降到了 5 Hz 以进行皮尔逊相关的计算。另外，由于基线校正后的数据为相对值，不能够进行直接换算，为了解决这个问题，需要根据信号特征对数据进行标准化（如 z 分数）的转换。例如，z 分数的转换方法为校正后的数据与基线平均值的差除以基线阶段的标准差。标准化后的数据即可用于计算皮尔逊相关系数。

目前，这种方法大多数用在基于近红外超扫描技术的数据分析上。例如上文我们提到 Liu 等人（2017）在使用基于近红外超扫描技术研究合作和竞争的脑—脑机制时，让两名被试一同完成轮流合作或竞争任务，并同时记录他们的双侧额叶、颞叶、顶叶区域的脑部活动。结果发现被试在进行合作和竞争任务时，右侧后颞上沟（posterior superior temporal sulcus, pSTS）均表现出脑间活动同步。这说明两种任务都需要联合注意、意图理解。而竞争任务中还表现出右侧顶下小叶（inferior parietal lobe, IPL）的脑间活动同步（如图 3-1），这突出了在竞争情境下心理理论的重要性。

Holper 等人（2013）在探究教学过程中师—生互动的研究中，一名被试（即教师）采用结构化的苏格拉底对话式教学法向另外一位被试（即学生）传授知识，并通过近红外设备同时采集两名被试左侧前额叶皮层的脑活动。通过皮尔逊相关分析，研究者发现成功教学（即学生能产生知识迁移）中的教师和学生前额叶皮层的脑活动水平在整个教学过程中存在正相关，而未成功教学（即学生未能产生知识迁移）中师—生前额叶皮层的脑活动水平在整个教学过程中存在负相关（如图 3-2）。该研究结果意味着成功教学过程中体现出

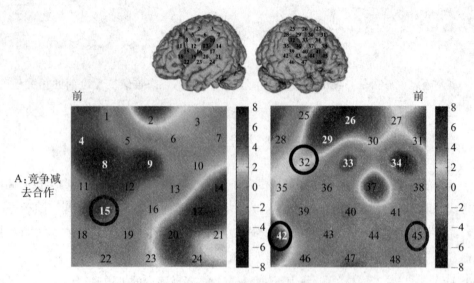

图3-1 皮尔逊相关分析方法在竞争行为中的应用

注:在基于近红外的超扫描数据分析中,竞争任务相比于合作任务在右侧顶下小叶(通道32、42)呈现出脑间活动同步,突出了在竞争情境下心理理论的重要性。图片引自Liu等,2017。

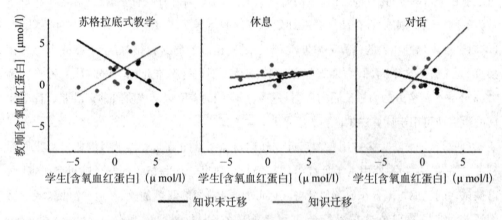

图3-2 皮尔逊相关分析方法在师—生互动研究中的应用

注:在基于近红外的超扫描数据分析中,"知识迁移"情况下师—生前额皮层的活动呈现显著正相关,而"知识未迁移"情况下两者的脑活动呈现负相关。图片引自Holper等,2013。

"师生共舞"的特点。

值得注意的是,在一些超扫描数据分析中,使用了斯皮尔曼相关的方法计算脑数据之间的相关性。与皮尔逊相关用于描述数据之间的线性相关关系不同,斯皮尔曼相关描述的是两个变量之间的单调变换情况,是一种非参数的检验方法。斯皮尔曼相关系数取值在-1到1之间。与皮尔逊相关系数不同的是,它的计算方法建立在等级基础上,其公式为:

$$\rho = 1 - \frac{6\sum d_i^2}{n^3 - n}$$

其中 n 为等级个数，d 为二列成对变量的等级差数。

例如，Kinreich 等人(2017)在研究真实社会交互情景中的脑—脑机制时，使用基于 EEG 的超扫描方法同步记录陌生异性和情侣在真实交谈中的脑活动。在结果分析中通过时间分辨率 0.002 秒和频率分辨率 0.3 Hz 的傅里叶转换分解休息和交谈过程中的 EEG 信号。之后对所得的谱功率(spectral power)进行皮尔逊相关分析。结果发现情侣被试在交谈过程中，位于颞顶区域的 gamma 频段(30~60 Hz)呈现出显著的相关，并且脑间活动同步的强弱与社会性凝视和喜爱呈现正相关关系(图 3-3)。这项研究突出了在进行社会交互过程中非言语性社会行为与脑间活动同步的关联。

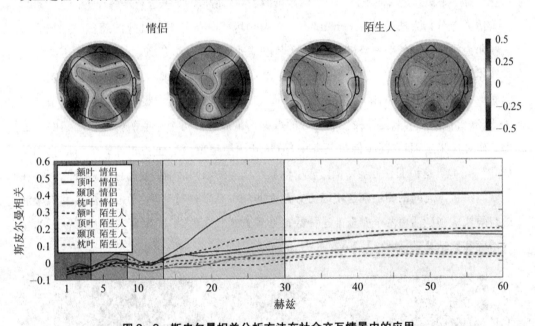

图 3-3 斯皮尔曼相关分析方法在社会交互情景中的应用

注：采用基于脑电的超扫描技术，在自然的社会交互情景中，情侣表现出颞顶区 gamma 频段(30~60 Hz)的脑间活动同步(图中蓝色线条)。图片引自 Kinreich 等，2017。

使用皮尔逊相关分析计算脑间活动同步的优点在于计算方法简便，在数据分析之前不需要设定先验的模型，这种数据驱动的分析方法适用于一些较难做出合适的特征模型的问题中，例如高维的复杂刺激空间引起的行为。在近红外超扫描分析中，转换后的 z 值方便进行条件或被试之间的叠加换算。但是该方法处理形式单一，掩盖了数据的多方面特征。另外，数据的降频处理仍存在争议，究竟什么情况应该降频，要降到什么程度并没有统一的规定，这也是同样使用皮尔逊相关分析方法计算脑间活动同步，但是可能得出不同结果的问题根源之一。

第二节 协方差分析方法

协方差在概率论和统计学中用于衡量两个变量的总体误差。其定义为：

$$Cov(X, Y) = E[(X-E(X))(Y-E(Y))]$$

如果两个变量的变化趋势一致，即如果其中一个大于自身的期望值，另一个也大于自身的期望值，那么两个变量之间的协方差就是正值。如果两个变量的变化趋势相反，即其中一个大于自身的期望值，另一个却小于自身的期望值，那么两个变量之间的协方差就是负值。协方差分析方法可以用于分析超扫描数据的同步性。其数据处理方法是先对数据进行预处理（包括滤波、平滑），之后使用任务阶段的数据减去静息阶段的数据进行基线校正。

协方差分析方法最早被 Funane 等人（2011）用于分析基于近红外的超扫描数据。他们在研究社会协同的脑—脑机制时，让两名被试进行同步倒数任务，并同时使用近红外成像技术记录前额叶活动。在数据分析中，对原始数据进行了 Beer-Lamber 定律的转换后，再对数据进行 0.8 Hz 的低通滤波、高斯平滑和基线校正，之后根据实验设计进行条件间的比较（合作任务的数据减去控制任务的数据），最后计算每个通道的激活值之间的协方差。研究结果发现，在同步倒数任务中，前额叶皮层呈现出与任务相关的脑间活动相关（如图 3-4）。这说明在社会协同过程中前额叶皮层的脑间活动同步与任务表现之间存在关联。将被试之间的神经耦合使用协方差而非相关系数进行计算，考虑了被试大脑激活的空间模式和激活值两个变量。这种数据处理方式较为复杂，需要研究者具有良好的编程功底和数学基础（郭欢等，2017）。

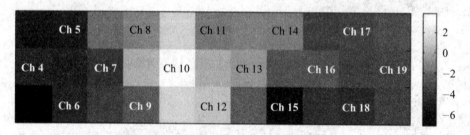

图 3-4 超扫描研究中的协方差分析方法

注：采用基于近红外的超扫描技术，用协方差分析发现合作情况下前额叶皮层（通道 10）呈现出与任务表现相关的脑间活动同步。图片引自 Funane 等，2011。

第三节 小波变换相干分析方法

对于不随时间发生改变且具有联合平稳的时间序列的行为，在时间或频率上描述其相关性的标准技术是交叉相关、傅里叶交叉谱以及相干性。然而,许多时间序列是非平稳的,即它们的频率内容随时间变化。对于这些时间序列,有必要在时—频空间上分析它们的相关性或相干性。小波分析(wavelet analysis)能够分解时间序列中的时—频空间,从而分析变异的主导模态以及模态随时间变化的情况。其中,小波变换(wavelet transform)能够从不同频域分析包含非平稳功率的时间序列。

小波变换相干性便是用来计算两个时间序列交叉相关的方法,它是时间和频率的函数。定义为:

$$R_n^2(S) = \frac{|S(s^{-1}W_n^{XY}(s))|^2}{S(s^{-1}|W_n^X(s)|^2) \cdot S(s^{-1}|W_n^Y(s)|^2)}$$

其中 S 为平滑算子:$S(W) = S_{scale}(S_{time}(W_n(s)))$,其中 S_{scale} 表示在小波变换尺度轴上的平滑,S_{time} 则表示时间上的平滑(详见 Torrence 和 Compo,1998),R^2 的范围在 0 到 1 之间。这种方法用来衡量两个被试的特定脑区(或通道)的时间序列间的相干性,其相干性越高,表示该脑区(或通道)的脑间活动同步越高。在分析过程中,我们通常先根据小波相干性分析得到的二维时—频相干图选定与任务相关的频域,并针对所选频域进行去基线的处理(任务段的平均相干性减去基线段的平均相干性,结果转换为 z 分数),随后针对每一个通道进行单样本 t 检验和 FDR 校正。目前这种分析方法已经能用工具包实现,如 2004 年 Grinsted 等人开发的基于 MatLab 的 waveletcoherence(即 WTC)工具包。

小波变换相干分析方法被广泛应用在基于 fMRI 和 fNIRS 的超扫描技术分析上。例如,Cui 等人(2012)的研究中让两名被试进行合作按键任务,即根据信号提示按键,按键时间间隔在一定范围内记为合作成功。在做任务的同时,采用 fNIRS 同步记录两名被试前额叶含氧血红蛋白的变化情况。研究者采用小波变换相干分析后,发现相比于竞争按键任务(两人比赛谁看到提示之后按键更快,快的人记为成功,另外一个人则记为失败)和单人按键任务(一人看到提示尽快按键,另一人观看),两名被试在合作按键任务过程中,右侧额上皮层呈现出与任务相关的脑间活动同步(如图3-5),而竞争按键任务和单人任务中则没有出现显著的脑间活动同步。这样的结果为社会互动过程中存

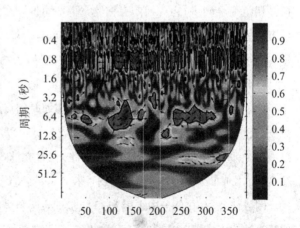

图3-5 小波变换相干分析方法在合作行为中的应用

注:合作任务中,两名被试右侧额上皮层呈现显著的脑间相干性。图片引自 Cui 等,2012。

脑—脑互动提供了有力的证据。

小波变换相干分析的方法重视数据的非平稳特征，兼顾数据的时间和频率信息，因此能够发现局部的锁相（phase-locked）行为，而这些行为可能并不能够在传统的时间序列分析中发现，例如傅里叶分析。换句话说，小波变换相干分析可以被看作是两个时间序列在时—频空间内的局部相关。然而，该方法得到的相干性在所有时间和尺度上都是相同的（傅里叶分析通过在标准化之前平滑交叉频谱而规避了这个问题）。在小波分析中，使用什么样的平滑计算相干性并不明确，在二维时—频相干图中对任务相关频域的确定方式还需进一步探讨。

第四节　相位锁定值分析方法

相位锁定值（即 PLV）分析是一种基于频域的数据分析方法，多应用于以脑电为指标的超扫描研究中。PLV 的概念最早由 Lachaux 等人（1999）提出，旨在通过衡量脑电信号的相位差异来描述两脑间的同步情况。PLV 的计算需要在目标频率上提取每个信号的瞬时相位，即首先选取目标频段，然后通过希尔伯特变换或小波变换量化 EEG 信号的瞬时振幅和瞬时相位，使用每个采样点所对应的瞬时相位计算 PLV，PLV 即用于描述在某一频段中，两组信号之间瞬时相位差绝对值的大小，定义为：

$$\mathrm{PLV}_t = \frac{1}{N} \mid \sum_{n=1}^{N} \exp(j\theta(t, n)) \mid$$

其中 $\theta(t, n)$ 为相位差：$\Phi_1(t, n) - \Phi_2(t, n)$，PLV 的范围在 0 到 1 之间，值为 1 代表两组信号相位完全同步，为 0 则代表相位完全不同步。在具体应用上，对相位锁定值的处理通常有两种方法：①试次平均的 PLV（PLV_n）：基于若干试次平均相位差所得，即对大量重复时间段中两信号瞬时相位差的叠加平均，适用于描述分段信号与重复刺激条件的实验（事件相关的范式），公式中 N 为试次数；②时间平均的 PLV（PLV_t）：基于若干时间点平均相位差所得，即通过合并一段时间内的相邻时间点来计算 PLV，可用于不分段的延续性数据，公式中 N 替换成 T，代表时间点个数。对于以上两种不同的处理方法，我们将分别给出两个研究例子。例如，Mu 等人（2016）在研究催产素对男性的人际协作行为及其脑—脑机制的影响时，让两名鼻腔被施加了催产素（实验组）或安慰剂（控制组）的男性被试进行同步倒数任务，并在任务中采用 EEG 同步记录两名男性被试的脑活动。通过比较两组被试的行为学协同成绩以及试次间平均的 PLV，研究者发现实验组被试的协同成绩显著高于控制组，并且实验组在协作任务中 alpha 频段的脑间活动同步显著提高（如图 3-6）。该研究结果表明催产素能够加强男性被试在社会协同任务中的脑间活动同步并促进协同行为。

Jahng 等人（2017）在研究囚徒困境中的合作行为及其脑—脑机制时，让被试在面对面

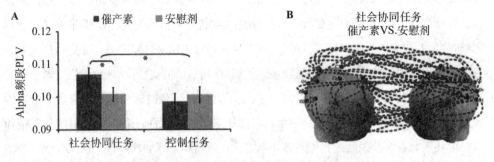

图 3-6 相位锁定值分析方法在社会协同任务中的应用

注：A.催产素组在社会协同任务中 alpha 频段的 PLV 显著高于安慰剂组，其中控制任务为单人与电脑完成同步倒数任务；B.社会协同任务中，催产素组相对于安慰剂组的脑间同步性。图片引自 Mu 等，2016。

或面部遮挡的条件下进行囚徒困境游戏，并同时采用 EEG 记录他们在任务中的脑活动。他们发现被试在面对面条件下倾向于采取更多的合作行为。另外，对 EEG 结果的分析中，通过合并任务时间内的相邻时间点来计算 PLV，研究者发现被试在看到每轮分配结果的时候，位于右侧颞顶区域的 alpha 频段在面对面条件下的 PLV 显著高于面部遮挡条件下的 PLV（如图 3-7）。这说明了非言语社会信息在判断他人意图过程中的重要作用，并强调颞顶位置的 alpha 频段脑间活动同步可能是衡量高级社会认知过程的客观生理指标。

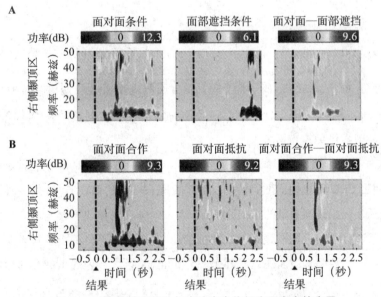

图 3-7 相位锁定值分析方法在合作行为研究中的应用

注：A.面对面条件下，在协作任务中 alpha 频段的 PLV 显著高于面部遮挡条件下相应的 PLV；B.面对面条件下，双方合作的 PLV 显著高于双方抵抗。图片引自 Jahng 等，2017。

相位锁定值分析是一种被广泛用于基于 EEG 的超扫面研究的数据分析方法，适合于捕捉在社交场合中个体间快速的信息流动。相位锁定值分析是一种测量相位差一致性的方法，也是一种对耦合强度的有偏估计，当使用的样本量较小时，特别是当使用非独立的数据点时，这种偏差较大。另外需要注意的是，仅仅观察到两个信号之间有一致性的相位关系并不意味着它们之间的协作或存在信息交换。例如，在超扫描的实验设计中，相位的同步也可能发生在两名被试同时观看电影的时候，然而这个时候在两名被试之间并没有发生信息的交换，个体之间的脑间活动同步是由一个共同的外部刺激引起的。并且，基于时间的相位锁定值分析并不能够区分偶然的相位同步和真实的相位同步。例如，两名由 10 Hz alpha 节律主导的成人被试分别坐在两个独立的房间内，采用 EEG 同时记录他们的脑活动便能够发现 alpha 频段上的"同步性"，但是被试之间并没有发生交互（Burgess，2013）。

第五节　偏定向相干分析方法

偏定向相干（即 PDC）同样是一种基于频域的数据分析方法，并被广泛应用在基于 EEG 的超扫描研究中。它由 Baccala 等人（2001）首度提出。这种方法的独特之处在于其基于格兰杰因果分析的原理并结合多元自回归模型，能够呈现多组时间序列信号在活动上的方向性，即能在超扫描过程中判断多名被试中哪一位被试驱使另一位被试产生脑活动的变化。定义为：

$$PDC_{xy}(f) = \frac{A_{xy}(f)}{\sqrt{a_y^*(f) \cdot a_x(f)}}$$

其中，$A_{xy}(f)$ 是 $A(f)$ 的元素，而 $A(f)$ 是多元自回归模型系数的傅里叶转换；$a_x(f)$ 是 $A(f)$ 的第 x 列。注意：$PDC_{x,y} \neq PDC_{y,x}$。PDC 值在 0 到 1 之间，数值越大代表某一信号对另一信号的引导作用越为显著。

PDC 最早被用于脑电信号同步性的研究，Babilonia 等人（2016）让四名被试玩桥牌游戏，并同步使用 EEG 记录他们的脑活动。结果发现在四人桥牌游戏中，两名被试在合作时其前额皮质之间出现显著的相干。Toppi 等人（2016）在民航飞行员与其副驾驶进行模拟飞行的时候，采用 EEG 同步记录他们的脑活动，偏定向相干分析发现在需要两人配合的飞行阶段（起飞、着陆阶段），飞行员在 theta 和 alpha 频段上表现出额叶和顶叶脑区密集的脑间同步活动，而在非合作的飞行阶段（巡航阶段），飞行员的脑间活动同步几乎为零（如图 3-8）。这个研究从更高生态效度的环境下解释了高级合作行为的脑—脑机制。

偏定向相干为基于脑电的超扫描数据分析提供了一个新的途径，在分析同步性的基础上提供了脑间活动的方向性，更有助于理解来自不同个体之间脑区的角色关系。

虽然相位锁定值与偏定向相干都被用来分析基于 EEG 的超扫描研究中的脑间活动

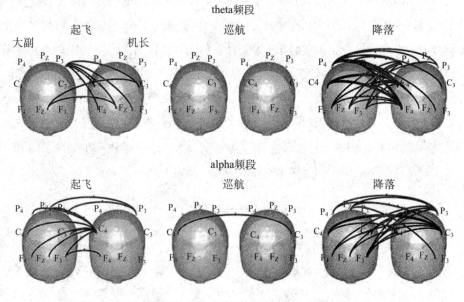

图 3-8　偏定向相干分析方法的应用

注：两名飞行员在飞行模拟的合作阶段（起飞、着陆）展现出在 theta 和 alpha 频段上比非合作阶段（巡航）更密集的脑间活动同步，其中每对模型的左侧头颅代表大副，右侧代表机长。图片引自 Toppi 等，2016。

同步，但是它们的实际计算却大有不同。为了理解这个问题，我们有必要花一点时间进一步了解什么是同步性，对这个问题的理解也将有助于我们了解后文介绍的一些分析方法，如格兰杰因果分析等。

最早有关于"同步性"科学的描述来自 1665 年 Christiaan Huygens 写给皇家学会的一封信，信中他描述了一种奇怪的现象：将两个同样的钟表放置在相同的底座上，它们钟摆的摇晃会脱离各自的初始相位（即反相）最终形成同步。可以将这种现象解释为其中一个钟表的钟摆运动导致支撑它的底座产生微小运动，而底座的微小运动又会改变第二个钟表的钟摆摆动。与此同时，第二块钟表的钟摆摆动也会同样导致底座的微小运动从而影响到第一个钟表的钟摆。这种通过底座传递的相互的微小推力会持续改变两个钟摆的相位，直至两个钟摆各自产生的推力能够相互补偿。换句话说，也就是整个系统达到了能量传递的最小值（如图 3-9A）。然而，同步也可以在其他条件下发生，比如图 3-9B 中所示，两个钟表的钟摆同时受到外力诱发从而产生同步。因此这就要求研究者在进行超扫描的实验设计时格外小心，防止一些额外变量影响实验结果的准确性。例如，合作按键任务应防止同步按键的动作产生脑间活动同步的可能。比较巧妙的做法是将同步按键任务与竞争按键任务做比较，如果发现竞争按键任务的反应时比合作按键任务小，但竞争任务却没有脑间活动同步的发生，则可以排除同时按键动作产生脑间活动同步的可能，转而支持合作行为产生脑间活动同步的假设。该方法详见 Cui 等人(2012)的研究。图 3-9C 则向我们展示了另外一种情况,即一个钟表的钟摆的运动驱动另一个钟表的钟摆,它们之间只表现出单方向的影响。这便是偏定向相干分析计算的同步性模式。图 3-9D 是研究者不愿意看到的情况,即两个钟表的钟摆之间并不存在真实的同步,只是因摆动频率恰好相同才表现出固定的相位关系。这个例子我们已经在上一节说到两名由 10 Hz alpha 节律主导的成人在没有发生交互的时候仍然存在同步性的时候介绍过了。这些情况并不属于一类错误,不能够通过多重比较的统计加以控制。因此,Tass 等人(1998)进一步明确了"同步"的鉴别方式:"调整节奏或由于相互作用而导致的相位锁定的出现。"

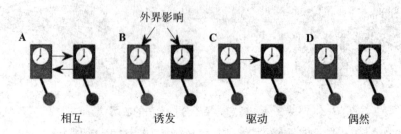

图 3-9 Christiaan Huygens 描述的钟表

注:A.相互影响的同步,钟表的钟摆相互影响从而表现出按相位的摇摆;B.外界诱发的同步,钟表的钟摆因外界驱力的影响表现出摆动的同步;C.驱动的同步,钟表的钟摆之间只表现出单方向的影响;D.偶然同步,钟表的钟摆之间并不存在真实的同步,只是因摆动频率恰好相同才表现出固定的相位关系。图片引自 Burgess 等,2013。

第六节 格兰杰因果分析方法

格兰杰因果分析的概念最早由 Wiener(1956)提出,之后 Granger(1969)将其引入数据分析中。格兰杰因果关系的含义是,在时间序列情形下,若在包含了变量 X、Y 的过去信息的条件下,对变量 Y 的预测效果要优于单独由 Y 的过去信息对 Y 进行预测的效果,或者说变量 X 有助于理解变量 Y 的将来变化,则认为变量 X 是引致变量 Y 的格兰杰原因。格兰杰因果分析是一种对于两个平稳时间序列是否存在预测关系的检验,可以用于考察互动过程中个体之间脑信号的方向性。对于格兰杰因果关系的定义为,如果有:

$$\sigma^2(X_t \mid J_n) < \sigma^2(X_t \mid J_{n-1} - Y_{n-1})$$

则认为变量 Y 是引起变量 X 的原因,其中 J 为可取信息集。如果有:

$$\sigma^2(X_t \mid J_n) < \sigma^2(X_t \mid J_{n-1} - Y_{n-1})$$
$$\sigma^2(Y_t \mid J_n) < \sigma^2(Y_t \mid J_{n-1} - X_{n-1})$$

则认为变量 X, Y 互为因果。在格兰杰因果分析之前,首先采用扩展迪基—富勒检验

(augmented Dickey-Fuller test，AFD)对变量进行平稳性检验。如果两个序列是非平稳序列，那么在回归之前要对其进行差分，然而差分会导致序列之间关系的信息损失，因此 Engle 和 Granger 提出了协整理论，目的在于考虑是否存在对非平稳变量的时间序列进行回归而不会造成错误的情况。其做法为在 X_t 和 Y_t 序列中，用一个变量对另一个变量回归，随后对模型的残差项进行 ADF 检验，如果检验结果表明残差项为平稳序列，则得出 X_t 和 Y_t 具有协整关系。格兰杰因果分析是对 X 和 Y 建立回归方程，然后用得到的两个残差平方和计算 F 统计量进行检验。格兰杰因果关系的定义是建立在 X 和 Y 都是稳定序列的基础上，如果 X 和 Y 不是稳定序列，又不存在协整的情况，则无法用格兰杰方法检验序列之间的因果关系，而需要通过一阶差分模型的标准 F 检验来确定，在这里不做详述。目前，一些统计软件可以执行格兰杰因果关系，例如：SPSS、Stata、Matlab、R 语言等。

Pan 等人(2016)在研究情侣合作行为时，让情侣、异性朋友和陌生异性被试对分别完成合作按键任务，任务期间采用 fNIRS 同时记录被试右侧额顶区域的脑活动。结果发现，情侣被试对相比于其他两组被试呈现出更好的合作成绩，并且右侧额上回呈现出与任务表现相关的脑间活动同步。为了考察情侣被试中男性和女性在合作中的角色特点，研究者使用格兰杰因果分析检验了情侣被试双方在合作任务过程中右侧额上回的信息流方向，结果发现情侣组被试在合作任务中，女性到男性的信息流显著强于男性到女性的信息流(如图 3-10)。这些研究发现表明情侣被试在合作任务中可能是由女性主导任务。格兰杰因果分析丰富了对神经影像数据的解释角度，满足了研究者对神经机制中方向性理解的需求。其与偏定向相干分析的差异在于格兰杰因果分析计算的是在时间空间内的方向性，而偏定向相干分析则计算的是频率空间内的方向性。格兰杰因果分析虽然可以作为因果关系的一种支持，但是不能作为肯定或是否定因果关系的根据。因为该分析的结论只是一种统计估计，不是真正意义上的因果关系。同时，格兰杰因果分析也有一些不足之处，例如并未考虑干扰因素的影响，也没有考虑时间序列的非线性相互关系。

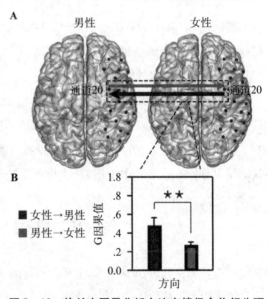

图 3-10 格兰杰因果分析方法在情侣合作行为研究中的应用

注：A.情侣在完成合作按键任务中表现出右侧额上回位置的信息流传递不对称性，即在合作情境下，女性主导任务；B.从男性到女性和从女性到男性两个方向的 G 因果值比较。图片引自 Pan 等，2017。

第七节 被试间相关分析方法

被试间相关分析(Inter subject correlation，ISC)被用于计算由刺激引起的神经反应之间的相关性，从而得到信度估计的方法。在被试间相关分析中，首先计算每对被试间基于每个神经活动单位(体素或 EEG 中的头皮电压)的皮尔逊相关系数：

$$r_{ij} = \frac{\sum_{n=1}^{N}[(s_i[n]-\overline{s_i})(s_j[n]-\overline{s_j})]}{\sqrt{\sum_{n=1}^{N}(s_i[n]-\overline{s_i})^2 \sum_{n=1}^{N}(s_j[n]-\overline{s_j})^2}}$$

其中 r_{ij} 为时间序列之间样本的相关系数，N 为时间序列中样本总量，s_i 和 s_j 分别是从第 i 个和第 j 个被试获得的时间序列，$\overline{s_i}$ 和 $\overline{s_j}$ 分别为 s_i 和 s_j 的平均数。随后，将所有从被试对获得的 r_{ij} 求平均，结合成单独的被试间相关系数：

$$\overline{r} = \frac{1}{\frac{m^2-m}{2}} \sum_{i=1}^{m} \sum_{j=2m,j>i}^{m} r_{ij}$$

其中 m 为被试个数。

例如，Hasson 等人(2004)在让五名被试自由观看电影的时候采用 fMRI 同步记录他们的脑活动，结果发现被试之间在初级/次级视觉皮层(V1、V2、V3 以及 V4 等)和听觉皮层(A1)，以及颞上沟、外侧沟等区域出现明显的脑间活动同步。该结果揭示了个体在自然视觉过程中表现出来的"集体行动"倾向。

被试间相关分析常被用于分析基于自然情景研究范式下的 fMRI 数据。它与 fMRI 的另一种分析方法——广义线性模型最大的不同在于前者为完全非参数的，也就是说不需要刺激在时间进程上的任何参数；而后者则需要刺激的时间进程模型。这就意味着被试间相关分析更适用于分析来源于多维度复杂刺激的 fMRI 数据。

第八节 神经相似性分析方法

神经相似性分析(neural reliability computation)是成分分析的一种变形。它从概念上与基于极大似然估计的共同规范协变量的方法类似，可以用于分析两名或多名被试之间神经活动模式的相关性。

神经相似性分析的基本步骤为，从 N 个被试获得 N 个时空神经反应的数据矩阵 $\{X_1, \cdots, X_N\}$，其中 X_N 代表的是被试 N 的时空神经反应，将所有被试的数据投射到一个普通空间中，使得投射结果在被试群体中表现出最大的被试间相关。用 $p_i = \{p_{i1}, p_{i2}\} =$

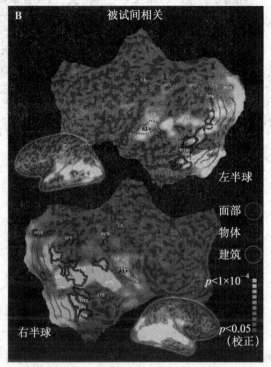

图 3-11 被试间相关分析方法的应用

注：个体在观看电影时呈现出初级、次级视听皮层和颞上沟(STS)、外侧沟(LS)等联合皮层的脑间活动同步。图片引自 Hasson 等，2004。

$\{(1,2),(1,3),\cdots,(N-1,N)\}$ 表示所有 $P = N\times(N-1)/2$ 个特定被试对的集合。之后就建立了自协方差和互协方差的集合矩阵：

$$R_{11} = \frac{1}{PT}\sum_{i=1}^{P} X_{pi1} X_{pi1}^T$$

$$R_{22} = \frac{1}{PT}\sum_{i=1}^{P} X_{pi2} X_{pi2}^T$$

$$R_{33} = \frac{1}{PT}\sum_{i=1}^{P} X_{pi1} X_{pi2}^T$$

其中，T 是 X_n 中时间样本的个数，T 是指矩阵转置。之后，需要找到一个投射向量 ω，使得被试集合数据的 ISC 最大化：

$$\frac{\omega^T R_{12} \omega}{(\omega^T R_{11}\omega)^{1/2}(\omega^T R_{22}\omega)^{1/2}}$$

假设 $\omega^T R_{11}\omega = \omega^T R_{22}\omega$，对上述方程的解是一个广义的特征值问题：

$$\lambda(R_{11}+R_{22})\omega = R_{12}\omega$$

其中 λ 是与最大 ISC 一致的广义特征值，包含所有的被试对，以及由刺激引起的反应。对于 $\omega^T R_{11} \omega = \omega^T R_{22} \omega$ 的假设并不是一个普遍的限定，我们也可以简单的定义 $p'_i = \{(1, 2),\cdots, (N-1, N), (N, N-1), \cdots, (2, 1)\}$，然后用 p'_i 代入上述集合矩阵，使得 $R_{11} = R_{22}$。对于方程 $\lambda(R_{11} + R_{22})\omega = R_{12}\omega$ 有多个非正交解，将他们的广义特征值按照集合的 ISC 进行降序排列，即 $\lambda_1 > \lambda_2 > \cdots > \lambda_D$，其中 D 是电极的个数。接着，选择前面一定数量的共同特征值进行线性相加从而产生群体估计：

$$\text{预测的群体反应} = \beta_0 + \sum_{i=1}^{C} \beta_i \lambda_i$$

其中 β_i 是根据线性最小二乘法计算得到的在 i 维集合空间中与 ISC 相关的回归系数。因为样本相对于总体较小，ISC 被统一进行成分间的加和，形成对神经相似性的估计，即

$$\text{neural reliability} = \sum_{i=1}^{C} \lambda_i$$

例如，Dmochowski 等人（2014）让被试观看 30 s 的广告片段并同时使用 EEG 记录他们的脑部活动。之后使用神经相似性分析发现，群体之间由刺激产生的神经反应的相关性强弱能够预测他们对媒体的兴趣和偏好。并且这些刺激产生的神经相似性程度与高级视听区域的血氧活动发生共变。该研究说明了我们对刺激共同的偏好和兴趣可能表现在我们与同伴之间脑部活动的共同特征上。

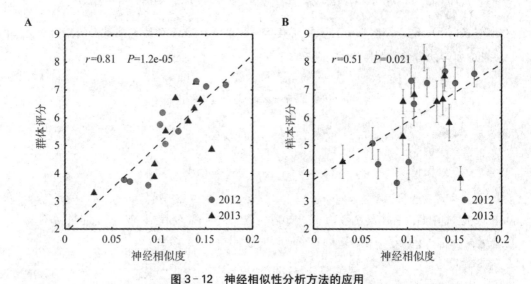

图 3-12 神经相似性分析方法的应用

注：A. 被试在观看广告时的神经相似度对群体（网上评分）偏好呈现正向的预测作用；B. 被试在观看广告时的神经相似度对他们的偏好呈现正向的预测作用。图片引自 Dmochowski 等，2014。

小　　结

超扫描研究关注的是互动的被试间脑活动的关联程度,从而提供社会互动认知活动的群体脑水平的科学依据。目前为止,超扫描研究中常采用的数据分析方法分别在时间维度、空间维度以及时间—空间维度上计算被试间脑信号的相关或相干程度。但这些分析方法都具有一定的缺陷,未来在分析方法上需要进一步的开发,寻求一些更有效、更客观地描述脑间活动同步的指标及其计算方法,更好地阐述社会互动的内在本质。

参考文献

Babiloni, F., & Astolfi, L. (2014). Social neuroscience and hyperscanning techniques: past, present and future. *Neurosci Biobehav Rev*, 44, 76–93.

Babiloni, F., Cincotti, F., Mattia, D., Mattiocco, M., Fallani, F. D. V., & Tocci, A., et al. (2016). Hypermethods for EEG hyperscanning. *Engineering in Medicine and Biology Society, 2006. Embs'06. International Conference of the IEEE* (Vol.1, pp.3666). IEEE.

Baccala, L. A., & Sameshima, K. (2001). Partial directed coherence: a new concept in neural structure determination. *Biological Cybernetics*, 84(6), 463–474.

Beckenbach, E.F. (1956). *Modern mathematics for the engineer*/. McGraw-Hill.

Burgess, A.P. (2013). On the interpretation of synchronization in EEG hyperscanning studies: a cautionary note. *Front Hum Neurosci*, 7, 881.

Chang, C., & Glover, G.H. (2010). Time-frequency dynamics of resting-state brain connectivity measured with fmri. *Neuroimage*, 50(1), 81.

Cui, X., Bryant, D. M., & Reiss, A. L. (2012). Nirs-based hyperscanning reveals increased interpersonal coherence in superior frontal cortex during cooperation. *Neuroimage*, 59(3), 2430–7.

Daubechies, I. (1990). The wavelet transform time-frequency localization and signal analysis. *Journal of Renewable & Sustainable Znergy*, 36(5), 961–1005.

Dmochowski, J. P., Bezdek, M. A., Abelson, B. P., Johnson, J. S., Schumacher, E. H., & Parra, L. C. (2014). Audience preferences are predicted by temporal reliability of neural processing. *Nature Communications*, 5(5), 4567.

Friston, K. J., Buechel, C., Fink, G. R., Morris, J., Rolls, E., & Dolan, R. J. (1997). Psychophysiological and modulatory interactions in neuroimaging. *Neuroimage*, 6(3), 218.

Friston, K.J. (2011). Functional and effective connectivity in neuroimaging: a synthesis. *Brain Connect*, 1(1), 13–36.

Granger, C. W. J. (1969). Investigating Causal Relations by Econometric Models and Cross-spectralMethods. *Econometrica*. 37(3), 424–438.

Grinsted, A., Moore, J.C., & Jevrejeva, S. (2004). Application of the cross wavelet transform and wavelet coherence to geophysical time series. *Nonlinear Processes in Geophysics*, 11(5/6), 561–566.

Funane, T., Kiguchi, M., Atsumori, H., Sato, H., Kubota, K., & Koizumi, H. (2011).

Synchronous activity of two people's prefrontal cortices during a cooperative task measured by simultaneous near-infrared spectroscopy. *Journal of Biomedical Optics*, *16*(7), 077011.

Hasson, U., Nir, Y., Levy, I., Fuhrmann, G., & Malach, R. (2004). Intersubject synchronization of cortical activity during natural vision. *Science*, *303*(5664), 1634–1640.

Holper, Lisa, Goldin, Andrea P., Shalóm, Diego E., Battro, Antonio M., Wolf, Martin, & Sigman, Mariano. (2013). The teaching and the learning brain: A cortical hemodynamic marker of teacher-student interactions in the Socratic dialog. *International Journal of Educational Research*, *59*, 1–10.

Jahng, J., Kralik, J. D., Hwang, D. U., & Jeong, J. (2017). Neural dynamics of two players when using nonverbal cues to gauge intentions to cooperate during the prisoner's dilemma game. *Neuroimage*, *157*, 263–274.

Ki, J. J., Kelly, S. P., & Parra, L. C. (2016). Attention strongly modulates reliability of neural responses to naturalistic narrative stimuli. *Journal of Neuroscience*, *36*(10), 3092–3101.

Kinreich, S., Djalovski, A., Kraus, L., Louzoun, Y., & Feldman, R. (2017). Brain-to-brain synchrony during naturalistic social interactions. *Scientific Reports*, *7*(1).

Lachaux, J. P., Rodriguez, E., Martinerie, J., & Varela, F. J. (1999). Measuring phase synchrony in brain signals. *Human Brain Mapping*, *8*(4), 194–208.

Liu, P. C. (1994). Wavelet spectrum analysis and ocean wind waves. *Wavelets in Geophysics*, *4*, 151–166.

Liu, T., Saito, G., Lin, C., & Saito, H. (2017). Inter-brain network underlying turn-based cooperation and competition: A hyperscanning study using near-infrared spectroscopy. *Sci Rep*, *7*(1).

Luo, Q., Lu, W., Cheng, W., Valdes-Sosa, P. A., Wen, X., & Ding, M., et al. (2013). Spatio-temporal granger causality: a new framework. *Neuroimage*, *79*(7), 241.

Mu, Y., Guo, C., & Han, S. (2016). Oxytocin enhances inter-brain synchrony during social coordination in male adults. *Social Cognitive & Affective Neuroscience*, *11*(12), 1882.

Nummenmaa, L., Lahnakoski, J., & Glerean, E. (2018). Sharing the social world via intersubject neural synchronization. *Current Opinion in Psychology*, *24*, 7–14.

O'Reilly, J. X., Woolrich, M. W., Behrens, T. E. J., Smith, S. M., & Johansenberg, H. (2012). Tools of the trade: psychophysiological interactions and functional connectivity. *Social Cognitive & Affective Neuroscience*, *7*(5), 604.

Pan, Y., Cheng, X., Zhang, Z., Li, X., & Hu, Y. (2016). Cooperation in lovers: an fnirs-based hyperscanning study. *Human Brain Mapping*, *38*, 831–841.

Pikovsky, A., Rosenblum, M., and Kurths, J. (2001). Synchronization: A Universal Concept in Nonlinear Sciences. *American Journal of Physics*, *70*(6), 655.

Raizada, R. D. S., & Connolly, A. C. (2012). What makes different people's representations alike: neural similarity space solves the problem of across-subject fmri decoding. *Cognitive Neuroscience Journal of*, *24*(4), 868–877.

Stephens, G. J., Silbert, L. J., & Hasson, U. (2010). Speaker-listener neural coupling underlies successful communication. *Proceedings of the National Academy of Sciences of the United States of America*, *107*(32), 14425–14430.

Tass, P., Rosenblum, M. G., Weule, J., Kurths, J., Pikovsky, A., Volkmann, J., et al. (1998). Detection of n: m phase locking from noisy data: application to magnetoencephalography. *Phys. Rev. Lett.* 81, 3291–3294.

Toppi, J., Borghini, G., Petti, M., He, E. J., Giusti, V. D., & He, B., et al. (2016).

Investigating cooperative behavior in ecological settings: an eeg hyperscanning study. *Plos One*, *11*(4), e0154236.

Torrence, C., & Compo, G. P. (1998). A practical guide to wavelet analysis. *Bulletin of the American Meteorological Society*, *79*(79), 61–78.

郭欢, 杜莎, 朱绘霖, 申荷永. (2017). 近红外光谱成像的多人同步交互记录. 心理技术与应用, 5(4), 237—244.

第四章 超扫描视角下的合作与竞争行为

摘要

合作与竞争是社会互动的重要形式,也是社会决策博弈论的重要内容。通过多种影像学设备采集共同完成合作或竞争任务的多个被试的脑活动,分析脑间活动同步及其与任务成绩的关系,提供了认识多脑水平上合作与竞争脑—脑机制的有效途径。已有研究证据充分显示,角色对称的多项联合行为任务诱发了前额叶皮层部位脑间活动同步显著的增加。而且当任务成绩越好时,脑间活动同步越强。另外,在角色/分工不对称的合作与竞争任务中,也会表现出明显的脑间活动同步及其与任务成绩间的相关关系。总体来说,脑间活动同步的变化可以反映合作与竞争任务过程中参与者间的互动水平变化。下一步应加强在高生态效度情景下,探讨实时互动的合作与竞争行为相关的脑间活动同步的变化规律,更全面地阐述合作与竞争行为的群体脑水平机制。

引 言

人类作为社会性的群居动物,需要与他人进行物质和情感的互动,通过合作来维持种群的延续。早在远古社会,一个群体的成员就已经学会合作狩猎和抵御外敌,以提高生存和繁衍概率(Geary, 2003),而在近现代合作行为更是随处可见。同时,人类往往又无法摆脱自私的天性,常常受个体利益的驱使而使得彼此陷入冲突、竞争的状态(Decety等,2004)。早在达尔文的"丛林法则"就提出物竞天择、适者生存的进化准则。竞争性的社会互动对个人形成正确的自我表征和社会层级地位有着十分重要的意义。可以说,合作与竞争是人类社会互动最重要的两种形式,也是社会决策博弈论研究的重要内容。

超扫描技术因其同时测量社会互动过程中多个参与者的脑功能活动,突破了传统神经影像学技术对社会交互研究主要集中在"离线"的社会认知、"伪交互"的情境下记录单个被试大脑活动的局限,为我们理解社会认知活动开辟了新的视角。自超扫描技术出现以来,越来越多研究者开始对合作和竞争任务(尤其在合作任务)中的多个大脑进行同步观测,以期从脑—脑耦合来探究合作活动的神经机制。一方面,合作和竞争过程中的行为以及心理特征变化能够从脑间活动同步上生动地反映出来;另一方面,脑间活动同步效应可以作为衡量社会合作质量的一种更新且更可靠的神经标记。本章将重点围绕近些年来运用超扫描技术在合作和竞争任务中的研究成果展开论述。需要强调的是,研究者通常会在一个研究中同时设置合作、竞争与控制几种情景。合作任务通常以团队成员行动的一致性或二者协调达成共同目标作为合作成绩。竞争任务中则要求双方尽可能地比对方完成得更好,或阻碍对方达成目标。控制情境中参与者独立完成任务互不影响。受试组通常会先后分别完成合作任务、竞争任务或者合作任务、竞争任务和控制任务,来对比考察不同任务情景下双方任务完成水平以及脑间活动同步的差异。另外,在研究社会互动任务中,联合行动和联合决策是其中主要的两种表现形式。联合行动是指在目标驱动下,两人或多人在时间和空间维度上进行协调,使得行为上的一致性达到某个既定的标准(Sebanz 等,2006)。联合行动任务中个体的行为可以是对称的,即合作者的行为保持完全一致,如同镜像一般。在实验室研究中,对称行为通常采取节奏型的合作任务范式,例如按键反应的时间同步、同步动作、共同演奏一段曲子或合唱以及各类模仿等互动行为(如图 4-1)。与之相应的,联合行动任务中个体的行为也可以是非对称的。非对称行为指的是两个人的动作行为并不一致,需要互相配合才能达到目标要求。这类行为在现实生活中的典型例子就是航空驾驶员在飞行时机长和副机长的行动配合(Toppi 等,2016),实验

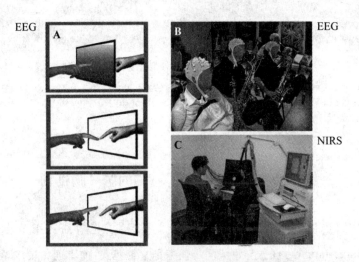

图 4-1 常见的对称性联合行动任务的超扫描研究

注:A.手指同步运动。图片引自 Naeem 等,2012。B.音乐协奏。图片引自 Babiloni 等,2012。C.合作按键任务。图片引自 Cui 等,2012。

室中常设计类似扑克游戏、棋盘游戏范式等来对其进行考察(如图4-2)。联合决策任务是研究社会合作和竞争的另一种重要方法。联合决策模式是指在同一情境中的两人或多人分别进行决策,但各自的决策均会对自己和对方的结果产生影响(Hasson等,2012)。目前实验室中通常将超扫描技术结合博弈游戏来考察个体在不同情境中的联合决策行为。当前较为主流的博弈游戏包括简单欺骗和信任游戏、囚徒困境、公共物品博弈和最后通牒博弈游戏。由于界内研究者通常把联合决策模式纳入社会经济决策领域考察,因此我们把这类合作任务放到第6章(超扫描技术与社会决策)中介绍。本章则重点介绍目前超扫描技术在联合行动任务中(包括对称分工任务和非对称分工任务两种类型)的相关研究。

图4-2 常见的非对称性分工任务的超扫描研究

注:A.两名民航飞行员在模拟的机场中完成飞行任务。图片引自Astolfi等,2012。B.层层叠游戏。图片引自Liu等,2016。C.纸牌游戏。图片引自Babiloni等,2007。D.双人轮流棋盘游戏。图片引自Liu等,2017。

第一节 身体动作同步行为的脑—脑机制

身体动作同步是一种趋近日常情景的行为同步,在已有研究中节奏性手指敲击(rhythmic finger-tapping)任务与手势同步任务是常见范式,前者通常要求两名被试同时敲击器物,并达成敲击节奏的一致,后者则要求被试在相互模仿中达成尽可能一致的手势动作。该领域的诸多研究表明,脑间活动同步与肢体动作的同步程度之间存在正相关。

Tognoli等人(2007)最早使用基于脑电的超扫描技术,同时记录了手指敲击节奏任务中两名被试的脑活动情况。两名被试分别位于一块隔板的两侧,并按自己的节奏用手指敲击隔板。实验条件下隔板呈透明状,双方可看到对方手指的运动。控制条件下隔板会阻断双方视线,被试看不见对方的手指运动情况,只能看到自己的运动情况。结果发现,当可以看见对方手指运动时,他们会无意识地协调各自的行为,使自己与对方敲击隔板的节律逐渐趋于同步。更有趣的是,研究者们发现在两种任务情景下(实验 vs 控制)被试右侧中央顶皮质区域(right centro-parietal cortex)的神经振荡成分(phi1 与 phi2)具有显著不同的变化趋势(如图4-3A)。当被试间的手指运动不同步时,phi1 增加,而动作趋于同步时,phi2 增加(如图4-3B),表明这两种成分可以作为社会互动行为的神经指标。一些研究还发现,mu 波在镜像神经系统中起到十分重要的作用。当受试者有模仿运动行为时,mu 波振幅明显减弱(称为 mu 波抑制现象),研究者也将这种 mu 波抑制称为 mu 波的去同步化效应(de-synchroinzation)(Oberman 等,2007;Pineda,2005)。Naeem 等人(2012)使用 EEG 同步记录了不同合作任务类型下受试者 mu 波(10~12 Hz)的去同步

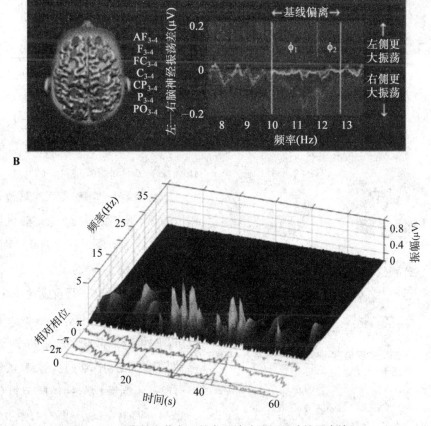

图4-3 手指敲击节奏任务中两被试脑间活动的同步情况

注:A. 在顶叶部位出现明显的 phi1 和 phi2 神经振荡。B. phi2 与任务过程社会协调间的相关性。图片引自 Tognoli 等,2007。

变化。他们首先让被试在看不到对方手部运动的情况下以自己感到舒服的频率随意敲击隔板,接下来在看得到对方手部运动的情况下做三种不同类型的手指敲击任务:(1)保持自己的频率运动(忽略对方的);(2)和对方同步运动;(3)保持与对方有180°的相位差(反向运动)。结果在左侧脑区发现 mu 波活动与合作任务类型显著的相关性。从单独任务——同步运动——反向运动,alpha-mu 波抑制逐渐增强。这表明在手指同步与反向任务中,受试者的行动均受到对方行动的影响,且在反向任务中对对方运动感知的认知需求更大,而单人任务中发现的右侧脑区的同步效应与抑制模仿行为有关。该研究结果表明 alpha-mu 频段可作为社会协调的重要神经标记,也为社会协调的大脑偏侧化效应提供了证据。

Konvalinka 等人(2014)采用基于 EEG 的超扫描技术同步记录了手指敲击任务下的脑活动。实验中一名受试者需根据另一名受试者或者计算机节拍器调整手指运动以达到行为同步。结果发现,相对于计算机节拍器,在人—人互动情景下被试的前额叶皮层出现了显著的 alpha 抑制和低 beta 振荡波。有意思的是,在互动过程中,两名被试会无意识地扮演领导者与追从者的角色。而处于领导者地位的一方在任务中会投入更多的资源,进而产生更强的 alpha 波抑制和低 beta 振荡波。该研究揭示了超扫描技术的应用使得双人互动中领导者—追从者的分工关系得以预测,同时也揭示了行为互补在联合行动中的重要地位。

Dumas 等人(2010)首次对可视化手势模仿进行了超扫描研究。两名被试可通过摄像头在屏幕上看到对方的手势动作(如图4-4A),并在不同的实验条件下完成以下任务:(1)两被试进行自发的手势模仿;(2)指定的一名被试对另一人的手势进行模仿;(3)两人共同观察一系列手势动作。结果发现,相比动作非同步时刻,动作同步时出现了不同频段的神经同步振荡活动(如图4-4B、C、D)。比如,右侧中央顶叶皮层的 alpha-mu(8~12 Hz)频段的同步性显著增强(如图4-4B)。该 alpha-mu 频段

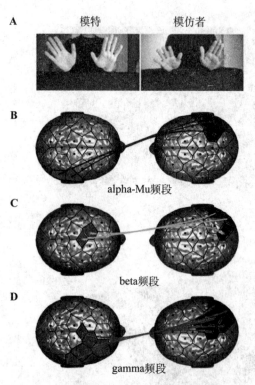

图4-4 手部动作模仿过程中不同频段的神经振荡活动

注:A. 动作模仿任务。B. alpha-mu 频段在右侧中央顶叶区域出现脑间同步神经振荡活动。C. beta 频段在中央和右侧顶枕区出现脑间同步神经振荡活动。D. gamma 频段在中顶联合区和顶枕区出现脑间同步神经振荡活动。图片引自 Dumas 等,2010。

被认为是调节个体在社会情境中对其搭档身体运动进行解释的一个重要的神经指标,也再次证实了 alpha-mu 频段的脑间活动同步是社会互动行为的重要神经标记(Tognoli 等,2007)。随后,研究者还单独对双人模仿行为过程中的 gamma 节律进行考察,发现在模仿行为中 gamma 节律的平均锁相值会增加(Dumas 等,2012)。Holper,Scholkmann 和 Wolf(2012)使用基于近红外成像的超扫描技术来考察手势模仿任务的脑间活动变化。两被试面对面坐着,用右手进行按键反应。在模仿条件下,被模仿者随意用五个手指中的任意一个按键,要求模仿者尽可能快地用同样的手指按键。控制条件下两被试只需要各自完成按键任务即可。任务期间同时记录两被试前运动皮层(premotor cortices,PMC)的脑活动(如图 4-5A&B)。结果发现,与控制条件相比,模仿条件下模仿者和被模仿者的前运动皮层有更大的脑间活动同步(如图 4-5C)。接下来,使用格兰杰因果分析方法对脑间活动的信息流方向进行估计,结果发现仅在模仿条件下出现格兰杰因果关系,且被模仿者的脑激活程度可以更好地预测模仿者的脑活动(如图 4-5D)。此外,Yun 等人(2012)在研究中还发现经历过合作性互动的两个人,在随后的手指运动中,动作和神经活动性上均表现出显著地同步。这种脑间活动同步联结效应广泛地存在于额下回、前扣带回、海马旁回与中央后回等感觉运动区。这表明自发的身体同步运动以及神经活动同步可作为衡量内隐社会互动的新指标。一些采用 MEG 超扫描技术的研究也同样发现了手势运动同步与感觉运动皮层等区域的脑间活动同步相关(Zhdanov 等,2015;Zhou 等,2016)。此外,

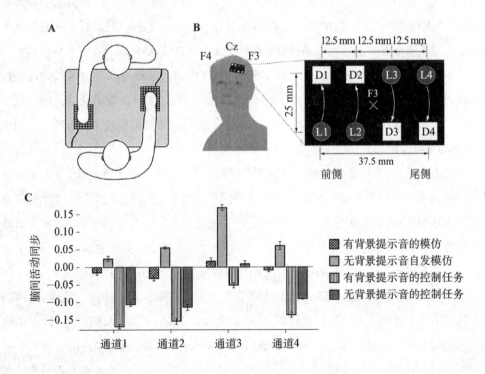

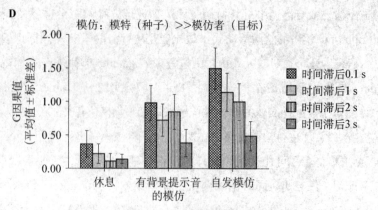

图4-5 按键模仿任务的脑间活动同步情况

注：A.按键模仿任务。B.基于便携式近红外成像的超扫描技术,记录被试前运动皮层的脑活动（4个通道）。C.模仿任务下不同阶段脑间活动同步的比较。D.格兰杰因果分析结果。图片引自Holper等,2012。

Kawasaki等人（2013）在研究中利用EEG超扫描技术考察了言语节奏与脑间活动同步的关联。在该实验中,要求两名被试轮流朗读字母表中的字母,在另一条件下,两人各自与一台机器完成轮流朗读任务（如图4-6A）。实验发现,相比人—机互动条件,人—人互动时两人在颞叶及其同侧顶叶的theta/alpha（6~13 Hz）频段内出现了更高的脑间活动同步（如图4-6B&C）。该部分脑区被认为是与社会认知（如理解他人意图、情感和行为）相关的重要脑区（Adolphs,1999）,这表明除动作频率外,言语节律的同步同样伴随着脑间活动的同步。Filho等人（2016）利用便携式EEG超扫描将动作同步推广到了更复杂的杂技任务中。该研究要求两名杂技艺人面对面地进行连续掷球接球,结果发现在两名杂技艺人的额叶、顶叶、枕叶等区域的theta/alpha频段出现了显著的脑间活动同步,其中顶叶中部最强（如图4-7）。但随着任务难度的增加（抛球的数量增多）,两名被试的脑间联结强度出现减弱（如图4-7）。这可能是由于随着掷球任务难度的增强,双方更难预测球抛出的时间和位置,从而导致神经活动的离散性增大。

总结上述研究,从简单的节奏敲击到手势模仿,乃至更复杂的杂技表演,双方在合作过程中的同步动作行为可同时伴随着脑活动的同步性增强。其中,以额叶和顶叶为代表的脑区在社会互动（如合作行为）等过程中发挥了重要作用。并且,行为同步与脑间活动同步往往表现出高度相关的趋势,即更为一致的动作往往伴随着更高的脑间活动同步水平。这些研究发现同时也为超扫描在运动竞技等领域的应用提供了可能。

尽管行为同步伴随着脑间活动同步的现象在上述研究中得到了广泛的证实,但两者是否存在因果关系仍然不清楚。近年来,一些研究者试图对脑间同步活动与身体运动同步之间的联系展开探讨。Novembre, Knoblich, Dunne和Keller（2017）采用tACS（一种非侵入式的大脑刺激方法,可以产生特定频率和相位的神经振荡）技术考察了不同刺激条

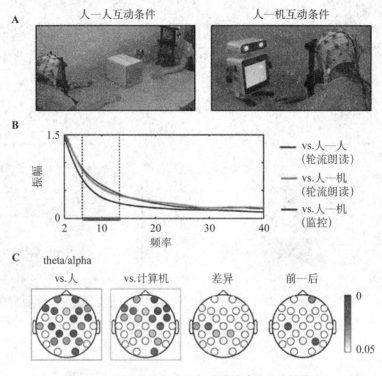

图 4-6 字母轮流朗读任务中脑间功能的连接情况

注：A.字母轮流朗读任务。B.脑间振荡活动的频谱分析。C.不同条件下的 theta/alpha 频段脑间活动同步的比较。图片引自 Kawasaki 等，2013。

件下所诱发的脑—脑连接强度的变化对手指合作敲击行为的影响（如图 4-8A—D）。结果发现相对于诱发反相位神经振荡和虚假信息，当诱发同相位的 beta 振荡（20 Hz）时，引起了联合手指敲击任务中行为同步性的增强。因此，脑间活动同步与行为一致可能存在因果联系，即双方运动皮层间的同相位刺激促进了动作的同步性。Szymanski，Muller 等人（2017）在研究中同样采用 tACS 探讨了大脑同步振荡对双人击鼓动作的影响。实验中要求两名参与者与对方形成一致的击鼓节奏，或与节拍器保持一致。在不同实验设置条件下，被试接收的信号刺激包括同频率同相位的信号（一致性信号）、不同频率不同相位的信号（非一致信号）以及控制条件中实际不存在的虚假信号。但是，与 Novembre 等人（2017）的研究结果不同的是，他们发现相比于控制条件，在一致性信号与非一致性信号两种条件下，被试表现出更多的行为不同步。并且所有条件下被试的击鼓速度均不受多 tACS 的影响。据此，他们认为个体在接收 tACS 后实际产生的大脑振荡频率可能会因个体差异发生变化，导致被试间不同的频率输出，因而未能促进同步动作产生。Varlet 等人（2017）在研究中考察了 tACS 是否能够引发被试自我节奏的运动变化，得到了与 Szymanski 等人（2017）类似的结果，即 tACS 并不能对被试的行为进行调节，以达到大脑振荡与行为节奏频率上的同步。总体来说,上述研究已对脑间活动同步与身体运动一致间的因果关系这一主题进行了探索。但就目前看来 tACS 超扫描研究仍处于萌芽阶段,研究结果也存在诸多不一致,未来研究需要在确保合作双方大脑振荡水平保持同步的前提下,进一步探索脑间活动同步与行为同步的因果性关联。

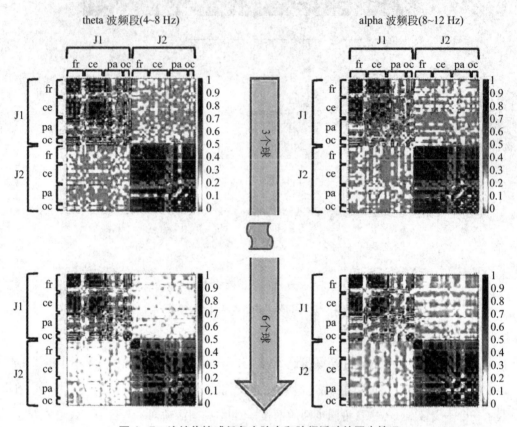

图 4-7 连续传接球任务中脑内和脑间活动的同步情况

注:中间箭头方向代表抛球数量逐渐增加(任务难度增加),每个小图左上和右上为脑内活动相关,左下和右上为脑间同步相关。J1:杂耍艺人1;J2:杂耍艺人2;fr:前额叶;ce:中央区;pa:顶叶;oc:枕叶。图片引自 Filho 等,2016。

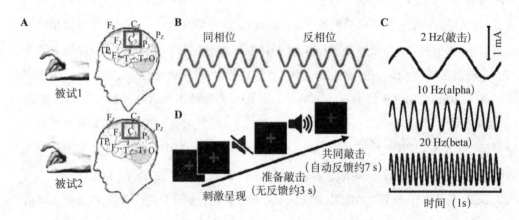

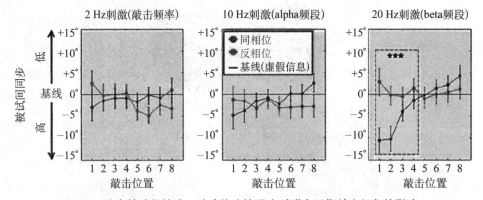

图 4-8 改变被试间的脑—脑功能连接强度对联合手指敲击任务的影响

注：A.联合手指敲击任务以及双经颅交流电刺激部位(C3)。B.经颅交流电刺激采用同相位和反相位的刺激模式。C.经颅交流电刺激采用不同频率的刺激参数。D.联合手指敲击任务。E.双经颅交流电刺激对任务行为的影响。图片引自 Novembre 等，2017。

第二节 音乐协奏的脑—脑机制

现实生活中，除了简单的动作同步外，音乐协奏作为一种更为复杂的合作行为，其脑间活动同步也成为超扫描研究的重点对象。已有基于 EEG 和 fNIRS 超扫描技术的研究发现合奏与合唱过程中出现明显的脑间活动同步。

Lindenberger 等人(2009)利用基于 EEG 的超扫描技术记录了 8 对吉他手在合奏时的大脑活动，并计算了每对被试脑活动信号的锁相指数(phase-locking index，PLI)和脑间相位相干性(interbrain phase coherrence，IPC)。结果发现吉他演奏者在同步演奏时，前额叶皮层在低 theta 波段(4.95 Hz)的同步振荡显著增强(如图 4-9A)，且这种增强不仅发生在两名吉他手合奏开始时，在两名吉他手做出开始的手势时也出现了很强的脑间活动同步(如图 4-9B)。为进一步探讨和检验脑间同步与音乐行为协作的关系，Sänger，Müller 和 Lindenberger(2012)考察了在更复杂的协奏任务(二重奏)下的双方大脑活动，即双方在合作演奏过程中各自负责不同的音律而非演奏完全一样的曲调。结果发现在对音乐合作有高要求的阶段，互动双方的前额和中央区的锁相、脑内以及脑间相干连接显著增强。相比 Lindenberger 等(2009)考察的同音演奏，二重奏可以降低由于知觉输入与动作输出的相似性而造成的脑间振荡耦合的一致性，从而更直接地说明了在同步音乐演奏中的脑间活动同步是由于动作协作而非完全由动作一致性引起的。Muller 等人(2013)在研究中发现，除按固定曲目演奏外，即兴演奏情境下的两名吉他手在 delta(2～3 Hz)和 theta(5～7 Hz)两个频段中也出现了脑间活动同步效应。并且，这一现象在一名乐手独奏另一名乐手倾听的条件下也会发生。该结果表明合奏下的脑间活动同步并非仅由行为一

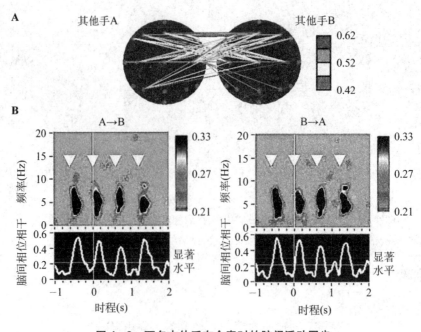

图 4-9 两名吉他手在合奏时的脑间活动同步

注：A. 合奏过程中 IPC 分析结果（低 theta 频段，3.3 Hz）。B. IPC 的时频分析结果。图片引自 Lindenberger 等，2009。

致性所致，同时也伴随着心理与神经层面的合作机制。Balardin 等人（2017）在采用 fNIRS 超扫描的研究中发现了两名小提琴合奏者在顶叶与前额叶出现显著的脑间活动同步（如图 4-10A&B）。除乐器演奏外，Osaka 等人（2015）的研究中让两名被试面对面完成双人合唱的任务，在左侧额下回皮层部位发现脑间活动同步显著地增强（如图 4-10C&D），而且这种增强在面对面或中间被阻隔而相互看不见对方的情景中都是存在的。进一步的研究发现在两个被试共同完成哼唱的任务中也存在相似的研究结果（Osaka 等，2014；Osaka 等，2015）。

第三节　合作行为的脑—脑机制

双人手动按键监测任务是超扫描研究中用于探索合作性的常用范式。这类实验通常安排两名受试者同时参加实验，受试者根据屏幕提示做出按键反应，接着给出反馈，两名受试者可根据屏幕的反馈信息调整下次按键的快慢。相比上文中提到的手指同步运动以及音乐协奏等合作任务，合作按键范式在探讨双人合作的超扫描研究中有着独特的优势。首先，合作按键任务最大的优势是可以在一项研究中分别设置合作和竞争两种任务情景。合作情景下，双方被告知需与同伴相互配合、尽可能地进行同步按键。双方按键时间越接

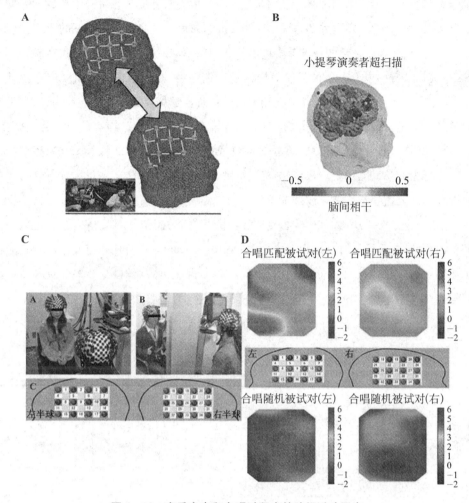

图4-10 音乐合奏和合唱过程中的脑间活动同步

注：A—B. 两名小提琴演奏家在合奏同一首曲子时的脑间活动同步。图片引自Balardin等，2017。
C—D. 双人合唱一首歌时的脑间活动同步。图片引自Osaka等，2015。

近，则代表其合作成绩越高，行为同步越强。相反，竞争情景下两人需要尽可能快的比对方先按键。部分研究增设了单人按键任务作为控制条件。其次，每一次按键后个体均可以得到关于自身相对按键速度快慢的反馈信息，这使得互动双方可以据此来调节下一次的按键速度，同时量化的行为数据也能进一步考察行为结果与脑间活动同步指标的关联性。近年来该范式下的超扫描研究不断展开，其研究主题主要包括脑间活动同步与按键任务类型（合作和竞争）的相关、脑间活动同步对合作成绩的预测以及对脑间活动同步效应影响因素的探索。

研究发现相较竞争或单人按键情景，真人合作按键下被试之间往往表现出更强的脑间活动同步。Funane等人（2011）首次在研究中利用fNIRS超扫描技术揭示了脑间活动同步与按键协调任务行为的关联。他们要求两名被试在听到提示音后心中默数十秒做出按键反应(如图4-11A)。合作情景中,每次按键结束后系统会对两名被试的反应快慢做出反馈,被试据此调整各自的按键节奏以尽可能地做到同时按键。与之相对,控制条件下被试各自独立按键,也不会获得任何对按键的反馈信息(在这种情况下无法产生互动状态)。结果发现在合作任务中被试组会根据反馈信息自觉调整随后的反应行为,表现为两人随着任务的进行按键时间差逐渐缩短(如图4-11B),并且当双方前额叶皮层的脑间活动同步性增强时,对应的按键时间间隔也越短(如图4-11C)。Cui等人(2012)为了探讨按键合作行为的脑—脑机制,在研究中设置按键合作任务的同时,还增设了竞争任务和单人按键任务。合作任务要求两被试基于同一信号尽量同步进行按键反应,之后给予反馈信息(包括合作是否成功,哪个被试的反应时较快以及累积合作试次数等),被试可以根据该信息进行协调,从而尽可能达到同步按键(如图4-12A)。竞争任务与合作任务的流程基本相同,只是被试基于信号尽快完成按键反应,不需要与同伴协调,谁的反应时短就获得累积得分。单人任务中,仅一个被试进行按键反应(另一名被试观看)。在被试完成任务的过程中,记录他们的前额叶皮层的活动情况(如图4-12B)。研究数据显示合作任务

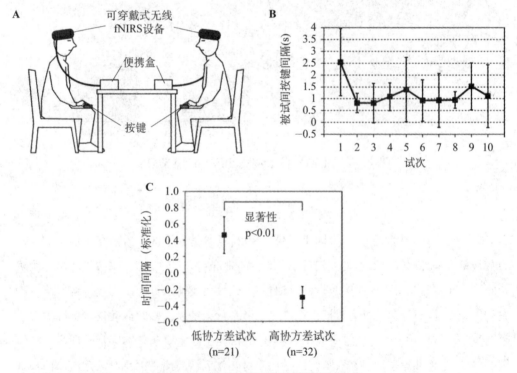

图4-11 按键协调任务的脑间活动同步

注:A.两名被试共同完成按键协调任务。B.不同试次的两被试按键反应时之差。C.脑间活动同步在按键协调任务中不同成绩组别间的比较。图片引自Funane等,2011。

使两被试的右侧额上回皮质出现了显著的脑间活动同步,而在竞争与控制任务中均没有发现这种脑间同步联结(如图4-12C&D)(Cui等,2012)。该研究结果表明前额叶部位在合作行为中起关键作用,并从多脑水平上提供了合作的脑机制证据。同时,该研究也是第一次使用一台fNIRS设备同时测量两个人的脑活动情况,对后续诸多研究使用单台fNIRS设备同时记录多人脑活动具有十分重要的借鉴意义。

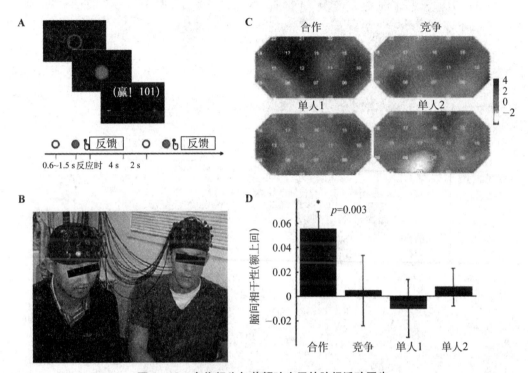

图4-12 合作行为与前额叶皮层的脑间活动同步

注:A.两名被试共同完成按键合作任务的试次流程图。B.两名被试在完成任务的过程中,光极片置于被试的前额叶部位。C—D.不同任务相关的脑间活动同步的分析与比较。图片引自Cui等,2012。

脑间活动同步对合作成绩的预测作用是超扫描技术在该领域研究中的另一项重要发现。Funane等人(2011)的研究中发现,在执行社会协同任务中,两个被试的大脑激活在空间上的同步性增加时,相应按键的时间间隔也会更短,即任务成绩更好。Cui等人(2012)同样在研究中发现当合作组右侧额叶皮质的NIRS信号联结越强时,合作行为表现越好。Szymanski和Pesquita等人(2017)考察了联合视觉搜索任务中被试的神经活动强度与行为的关联性(如图4-13A),发现合作任务下被试的锁相指数以及脑间相位相干显著高于单人视觉搜索任务(如图4-13B&C),且团队之间的合作效率与其脑间活动同步有着显著的正相关(如图4-13D&E),这表明在联合搜索任务时,团队成员间的脑活动激活模式越趋于相似,其工作效率就越好。同时也为真实情境下团队效率好于单人工作效率、团队成员特征影响工作效率等现象提供了科学依据。总之,这些研究发现揭示了脑间活

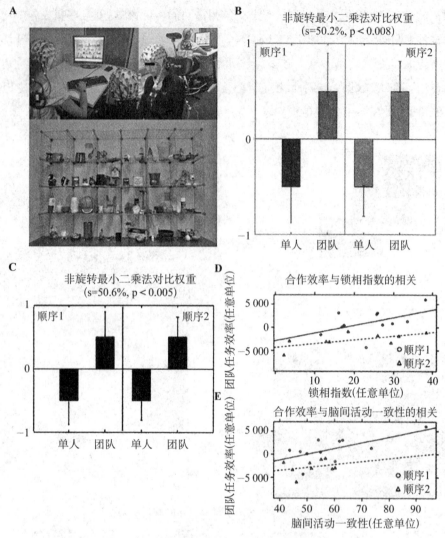

图 4-13 联合视觉搜索任务的脑间活动同步

注：A. 两名被试共同完成联合视觉搜索任务，期间采用基于脑电的超扫描技术采集被试的脑活动。B. 锁相指数，顺序 1 是指单人搜索任务在先，顺序 2 是指双人联合任务在先。C. 脑间活动一致性。D. 团队任务效率和锁相指数的相关分析。E. 团队任务效率和脑间活动一致性指数的相关分析。
图片引自 Szymanski 等，2017。

动同步可以作为预测合作任务的一种客观而稳定的指标。

基于上述研究，我们可以得出的结论是：相比竞争和单人任务设置，合作情景下个体之间更容易引发脑—脑耦合（即脑间活动同步）。但是，这种神经活动同步是否受其他因素（如同伴特征、社会背景等）的影响？目前已有若干研究试图从同伴特征（性别、亲密关系）、个体的激素水平、社会情境等探讨影响脑间活动同步的因素。Cheng 等人（2015）发现按键合作任务过程中，被试前额叶皮层部位出现非常显著的脑间活动同步（如图 4-14A 左，分别在通道 2 和通道 17），进一步发现在通道 17 下，该脑间活动同步与合作行为间呈现显著的正相关(如图4-14A右)。接着,该研究考察了合作双方的性别组合对合作行为的影响及其脑—脑机制,发现异性组合(即男—女组合)被试在合作任务中前额区(额极皮层、眶额叶皮层、左背外侧前额叶皮层等)出现显著的脑间活动同步效应,而在同性组合(即男—男和女—女组合)则未发现明显的脑间活动同步(如图4-14B上)。并且,仅有异性组的脑间活动同步变化能够显著预测其合作行为的表现(如图4-14B下)。这些研究结果说明在合作中,性别组合会影响合作任务过程中被试间的脑间活动同步水平,继而提高异性组合的合作任务成绩。

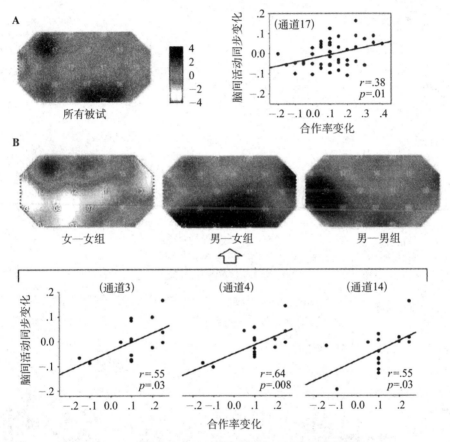

图4-14 合作行为与前额叶皮层部位的脑间活动同步

注:A.合作任务下,所有被试对的脑间活动同步热图(左)以及在第17通道下发现合作率变化与脑间活动同步变化成显著正相关关系(右)。B.不同性别组合条件下,脑间活动同步热图(上)以及男—女组合合作率变化与脑间活动同步的变化间的相关关系(下),在3、4和14通道上有显著效应。图片引自Cheng等,2015。

而Baker等人(2016)则报告了与Cheng等人(2015)相反的研究结果。他们使用同样的范式探索性别差异对合作的影响,却发现同性别组在合作条件下的脑间同步强度大于异性合作组,表现在男性组合右侧前额叶皮层部位发现明显增强的脑间活动同步(如图

4-15A），而女性组合完成合作任务时在右侧颞叶部位出现明显的脑间活动同步（如图4-15A）。但是，在异性组合中并未发现显著的脑间活动同步现象（如图4-15A）。另外，脑间活动同步与合作率间总体呈现显著的正相关性（如图4-15B）。但是，在区分了不同性别组后，这种正相关关系仅在男—男组合和女—女组合（即同性组合）中是存在的，而在异性组合中不存在（如图4-15C）。另外，Pan 等人（2017）在研究中探索了异性组合间的亲密程度对合作任务的影响。他们设置了三种关系类别：恋人关系、朋友关系以及陌生人

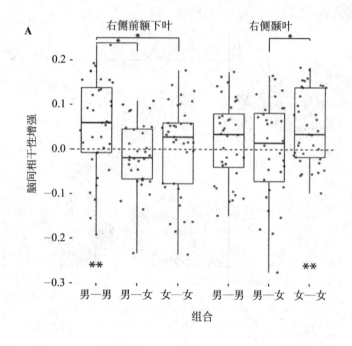

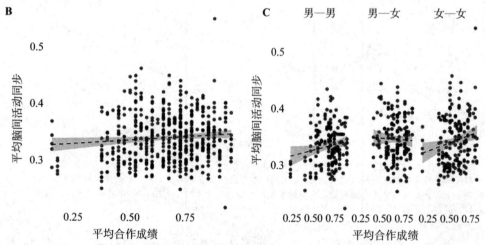

图4-15 性别组合影响合作行为的脑—脑机制

注：A.合作任务期间，不同性别组合的右侧前额叶皮层和右侧颞叶的脑间活动同步比较。B.两个脑区的平均脑间活动同步与所有被试的合作行为间的相关性分析。C.不同性别组合条件下，脑间活动同步与所有被试的合作行为间的相关性分析。图片引自 Bake 等，2016。

（均为异性组合）。结果发现在合作按键任务中，具有亲密关系（即情侣组合）的被试对合作行为更好，行为上表现为成对被试间的反应时之差显著小于其他两组被试的反应时之差（如图4-16A），即情侣组合可以促进合作行为。同时，情侣组合在完成合作任务过程中，右侧额上回部位伴随着更强的脑间活动同步（如图4-16B）。而且只有在情侣组合中，合作行为与脑间活动同步呈现显著的正相关关系（如图4-16C）。他们还进一步探讨了情侣组合在执行合作任务中脑间活动的信息流方向。格兰杰因果分析显示情侣合作时，女性到男性的信息流显著高于男性到女性的信息流（如图4-16D），表明情侣合作过程中的信息传递多数情况下是从女性被试发起，进而传递给男性被试。该结果同时得到了行为学数据上的支持，即情侣组合中女性被试的平均反应时（median-RT）略快于男性被试，但这种现象在其他两组被试中不存在，即其他两组被试组合中的女性和男性被试的平均反应时没有明显的差异（Pan，等，2017）。这些研究结果表明亲密关系能够促进合作行为及其相关的脑间活动同步，这可能与情侣组合中采取了性别分工策略有关。同时，这些证据为合作的进化心理学观点提供了科学依据。催产素（oxytocin，OXT）被一致证实在社会行为和认知活动中起到重要的调节作用。Mu等（2016）要求被试完成社会协同任务的同时，采用基于脑电的超扫描技术，考察了催产素在其中的作用。研究者发现催产素能够增强男性被试组合在按键协同任务中的表现（如图4-17A&B），同时能显著增强社会协同任务过程中的脑间活动同步（即PLV值）（如图4-17C&D）。该结果表明外部施加催产素的确可以促进社会协同行为，它可能是通过增强脑间活动同步来实现的。此外，Mu等人（2017）在另一项研究中还发现不同的社会情境会影响群体脑间活动同步的水平。当个体处于威胁情境中时，群体成员间gamma频段的脑间活动同步振荡显著增强（如图4-17E&H）。

社会合作不仅对个体的行为结果产生影响，同时也会诱发社会比较以及对自我社会地位/层级感知的变化（Poortvliet等，2009），而自我感知水平的变化受到当前对行为成绩反馈的影响（Fliessbach等，2007；Montague，2002）。为进一步探明社会合作与竞争的神经基础以及自我感知在其中的作用，Balconi与Vanutelli（2017b）在系列研究中对给予被试合作行为成绩的反馈（包括正性反馈和负性反馈）。他们首先考察了正性反馈对社会合作行为的影响。在任务中，每对被试需共同完成一项注意选择任务（在若干非目标刺激中识别目标刺激）。被试需要在反应时（RTs）和错误率（ERs）上尽量保持同步。任务执行过程中，研究者会告知被试自身任务完成的成绩并给与正性反馈（表现为70%次的正性反馈和30%次的平均成绩或负反馈），以保证受试者对自身的任务表现形成正性评价和较高的卷入度。结果发现，对个体认知成绩给予人为的正性反馈后能够显著提高个体的社会地位/层级自我感知水平，同时认知成绩也得到了提高（错误率减少和反应时更快）。此外，fNIRS的测量结果显示，给予正性反馈后受试者的大脑活动增强。更重要的是，随着正性

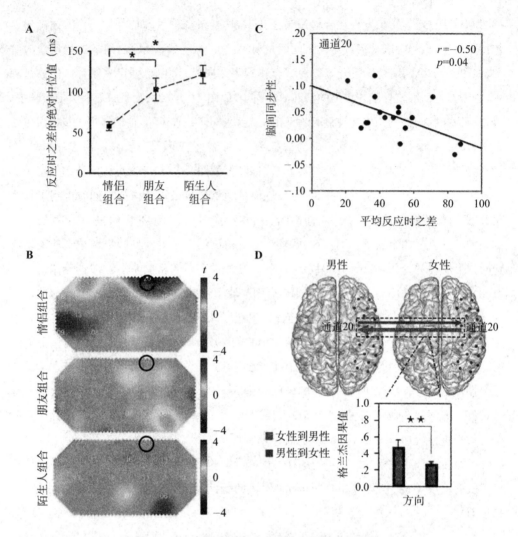

图4-16 亲密关系影响合作行为的脑—脑机制

注：A.合作任务成绩。B.不同组合的脑间活动同步。C.情侣组合的合作行为与脑间活动同步间的相关关系。D.情侣组合在合作任务期间的GCA分析。图片引自Pan等，2017。

反馈次数的增多，左侧前额叶皮层的脑间活动同步逐渐增强。也就是说，对合作行为结果的正性反馈能导致自我感知、认知成绩以及大脑同步活动的增强。在之后的研究中，给与受试者负性反馈(70%次呈现负性反馈，30%次呈现被试的平均成绩或正性反馈)，让被试对自己的合作成绩形成负性评价。结果发现，被试的合作水平变差(认知成绩表现为RTs更长但ERs不受影响)，额上回(superior frontal gyrus，SFG)活动水平减弱，且脑间活动同步显著减少。但在右半球背外侧前额叶皮质(right dorsolateral prefrontal cortex，right-DLPFC)的活动水平增强，且反应时与right-DLPFC活动水平的增强以及SFG的失活成正相关(Balconi，Gatti和Vanutelli，2017)。该结果表明，当个体体验到合作失败时会损害当前行为，同时脑间活动同步减弱。此外，该研究还发现right-DLPFC活动水平的

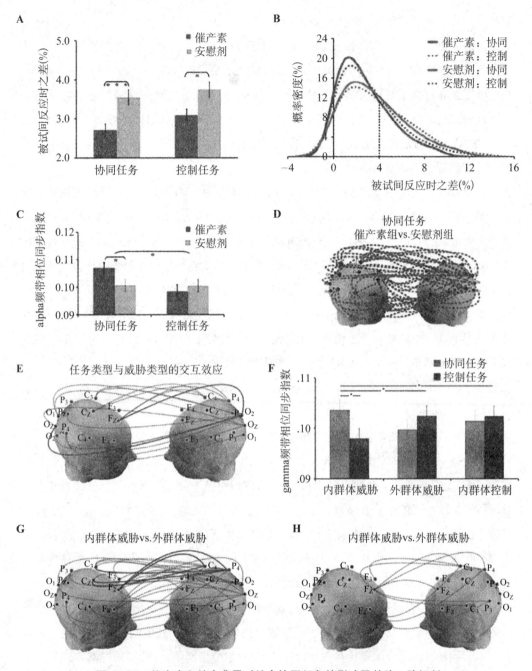

图 4-17 催产素和社会背景对社会协同任务的影响及其脑—脑机制

注：A.催产素对社会协同任务中反应时差异的影响。B.催产素对社会协同任务中反应时差异分布的影响。C—D.催产素增强脑间活动同步。图片引自 Mu 等,2016。E—H.威胁启动后对社会协调任务相关的脑间活动同步的影响。图片引自 Mu 等,2017。

增强与被试征用更多的认知资源调节合作行为有关(Decety 等,2004；Gallagher 和 Frith,2003)。与合作性任务要求不同,在竞争性实验研究中受试者需尽可能地比对方更好地完成任务。Balconi 和 Vanutelli(2017a)发现,在任务中途给予受试者正性反馈时(告知任务成绩比对方更好),任务的 ERs 显著降低,RTs 显著缩短。结果表明正性反馈可以增强竞争任务的行为成绩。与此同时,参与者的自我感知水平提高。在脑活动方面,研究者发现正性反馈显著增强了右侧前额叶部位的活动,而且成对被试的脑间活动同步性也显著增加。该研究结果表明竞争任务也可以出现脑间活动同步。至此,Balconi 等人得出结论,积极的外部反馈能够促进合作与竞争任务的认知水平以及脑间活动同步关联性,但两种行为可能调用了不同的脑网络。

Balconi 和同事在最新的一项研究中结合了 EEG 和 fNIRS 技术,并引入人格特质这一因素,以进一步探讨合作与竞争任务在行为以及神经活动上的差异(如图 4-18A)。在行为结果上,相对于低行为激活系统(behavioral activation system,简称 BAS;指通过个体对奖赏的不同反应来区分人格特质)的个体,高 BAS 被试组合在合作与竞争任务中表现出更小的 alpha 振荡和更大的 theta 振荡(如图 4-18B&C)。以往研究表明,theta 波与动机、情绪以及任务投入程度有关(Knyazev,2007;Krause 等,2012)。因此,高 BAS 的个体在合作与竞争任务中能够产生更大的愉悦感(增强自我觉知水平),从而促进个体认知成绩以及脑间活动同步强度。值得注意的是,相比竞争任务,合作任务下被试的 ERs 更小,自我觉知水平也更高,且高 BAS 被试组左侧前额叶的激活水平也更高(D 值更大)(Balconi,Crirelli 和 Vanutelli,2017)。之前多数研究发现合作情景下被试的行为以及脑间联结好于竞争任务,该研究结果为此提供了有力证据,并进一步区分了个体差异(人格特质因素)是如何对这一过程造成影响的。Sciaraffa 等人(2017)在研究中考察了工作负荷对认知合作的影响,发现当任务难度加大时,两者的合作成绩明显下降,且 alpha 和 theta 等两个频段的脑—脑联结强度也显著降低。他们认为这是由于随着任务负荷的增加,人们更倾向于为了保障个人利益而舍弃集体利益,导致合作水平下降,脑—脑联结也更少。这些研究证实了在人类分工合作交互任务中,大脑之间的同步活动可以作为团队合作精神重要的参考指标。

总体来说,随着超扫描技术在合作与竞争行为研究中的广泛应用,群体成员在互动性任务中的大脑活动以及彼此之间的脑—脑耦合得以被揭示。首先,目前诸多研究一致表明左侧前额叶的脑间活动同步在多种合作任务中(如手指同步运动、音乐协奏、合唱等)普遍存在,而右侧前额叶在竞争行为中可能起到重要作用。据此,我们认为合作和竞争性行为相关的脑活动应该存在偏侧化效应。其次,对双人互动过程中大脑 EEG 活动水平的记录能够进一步揭示个体行为和大脑耦合的神经基础,以及该过程中其他认知任务的变化。脑内活动受高频段的 beta 波影响,而脑间同步活动强度则主要由低频段的 delta 和 theta 波段体现(Muller 等,2013);音乐协奏中 alpha 波段的脑间一致性可能与演奏者间的情感共鸣(Babiloni 等,2012)、知识共享程度相关(Giacomo Novembre 等,2016);脑间活动同

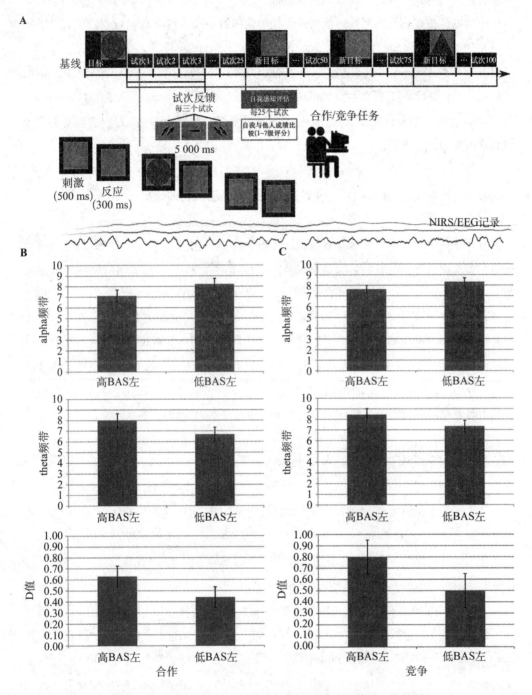

图 4 - 18 人格因素对合作与竞争行为的影响及其脑—脑机制

注：A. 外部反馈对合作与竞争任务的影响及其脑—脑机制。B. 合作任务下，高 BAS 与低 BAS 组在 alpha 频带、theta 频带以及氧合血红蛋白 O_2Hb（D 值）上的对比。C. 竞争任务下，高 BAS 与低 BAS 组在 alpha 频带、theta 频带以及氧合血红蛋白 O_2Hb（D 值）上的对比。图片引自 Balconi, Crirelli 和 Vanutelli, 2017。

步还可作为内隐社会互动行为预测的新指标（Yun等，2012）。此外，脑间活动同步强度对合作成绩的预测作用已得到普遍证实。更强的脑间活动同步可能意味着双方更强的互动特征及互动效率（Cheng等，2015；Funane等，2011；Szymanski等，2017）。最后，探讨互动双方的个体特征（性别、人格特质）（Baker等，2016；Balconi，Crivelli和Vanutelli，2017；Cheng等，2015）、任务难度（Sciaraffa等，2017）以及外界因素（Balconi和Vanutelli，2017a，2017b）对个体行为和脑间活动同步效率的影响，以及如何提高人们的日常合作效率具有重要的启示作用。

第四节 非对称任务下的超扫描研究

对称性合作任务中互动双方的角色与行为一致，如同镜像一般。与之相对，非对称合作任务中互动双方通常以不一致的角色或动作行为进行合作，彼此之间需配合才能达到要求。非对称性合作任务在日常生活中也是随处可见，如团体体育竞技类、航空飞行器驾驶员和副驾驶的协作（Astolfi等，2011；Toppi等，2016）。实验室中非对称任务一般采用非节奏型（non-rhythmic）的合作范式，如模拟扑克牌游戏（Piva等，2017）、双人层层叠游戏（Liu等，2016）、两人轮流摆置棋子使得摆出目标图形（Liu等，2015）等。相比对称性联合行动任务，非对称分工任务更趋近日常情境，但同时在实验设计上往往更为复杂，在提高实验生态效度的同时也为实验设计与数据处理带来了新的挑战。

一、航空飞行模拟任务的脑—脑机制

对飞行员在执行飞行任务中的脑活动进行持续监测，对于我们了解飞行员的生理、心理和意识活动，对保障飞行员的工作效率和飞行安全具有十分重要的意义，这同时也是当前心理学和认知神经科学研究的热点和难点。单脑下的实时监控可以对飞行员在航行过程中的压力水平（Lai等，2017）、脑力疲劳（Borghini等，2014）等变化特点和规律提供科学依据，同时也为筛选合格的飞行员提供可靠的标准。一些研究者还考察了单脑下大脑活动状态与不同飞行阶段的联系，如Di Stasi等人（2015）发现飞行过程的不同阶段会影响驾驶员的EEG振荡频率。在起飞和降落两个阶段，飞行员在高频频段的EEG振幅得到了显著增强，而在平飞和转向两个阶段同频带的EEG表现出更小的振荡活动，表明人类大脑的EEG振荡频谱敏感于真实飞行过程中的任务变化和复杂程度。

在整个飞行过程中，驾驶舱内的两名飞行员之间往往需要精确合作，但他们之间的互动水平在不同阶段或情景下往往有着非常明显的变化。随着超扫描技术的发展，飞行员在驾驶过程中的神经活动水平以及彼此之间的脑间活动同步得以监控和呈现。Astolfi等

人(2011)利用 EEG 超扫描设备记录了民航飞行员(机长和副机师)在模拟飞行过程中的脑活动情况。结果发现,在起飞与降落两个阶段,合作的两名驾驶员在顶叶 alpha 频段表现出显著的脑—脑联结(如图 4-19A),而在其他两个独立的工作阶段(一个阶段中一名被试先完成大脑计算机接口实验,另一名监测飞行路线,下一阶段任务互换),大脑网络联结数目几乎为零(如图 4-19B)。由于起飞和降落是飞行中技术的关键,也是飞行安全的重要环节,因此对两个被试合作水平要求最高,诱发的脑间活动同步也更大。为进一步验证不同飞行阶段对脑间活动同步的影响,Astolfi 等人(2012)采用偏定向相干分析法得到了与先前研究类似的结果。即在对合作要求较高的起飞、降落以及紧急事件处理等情景下,出现了显著的脑间活动同步。而在合作要求较低的独立操作阶段则没有出现脑间活动同步。Toppi 等人(2016)还考察了当个体执行一个高强度任务时(空中飞行),人类的合作水平是如何通过神经同步与被试的行为交互来共同体现的。结果发现在对合作需求较高的阶段,双方的额叶和顶叶出现了显著的脑间活动同步,但在非合作阶段脑—脑联结几乎检测不到。

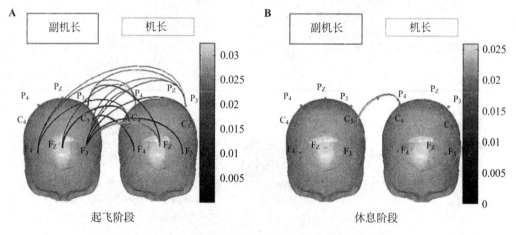

图 4-19 航飞模拟任务中机长和副机师间脑—脑联结

注:A.起飞阶段,两者在 alpha 频段的脑—脑振荡情况。B.休息阶段,两者在 alpha 频段的脑—脑振荡情况。图片引自 Astolfi 等,2011。

二、游戏范式下合作与竞争的脑—脑机制

目前已有多项超扫描研究充分表明,游戏范式下的合作和竞争都伴随着明显的脑间活动同步。Babiloni 等人(2007)采用基于 EEG 的超扫描技术测量了非对称性任务中的大脑活动。实验采用意大利经典纸牌游戏,共 4 个人,分为两组,采取组内合作、组外竞争的模式。先出牌的人所在的组为第一组,后出牌的人所在的组为第二组。结果显示,开局时首位玩家(出第一张牌的人)在前额叶和前扣带回皮层的不同频段上(theta 和 gamma)均

表现出显著的激活(如图4-20A)。且在感觉运动区发现了beta振荡波幅(与个体身体运动意图表征相关),尽管研究中玩家的出牌是实验助理基于玩家的口头指示完成,玩家在整个过程中并没有身体运动。有意思的是,研究者还发现首位玩家在前扣带回和扣带运动区(cingulate motor area, CMA)的激活水平最大,且他的搭档则在另一队玩家(一名竞争者)出牌后(自己出牌前)的时间段内,在前额叶和顶叶区域表现出了与首位玩家类似的脑间活动同步(如图4-20B)。前扣带回与表征他人行为意图有关(Knobe, 2005),表明个

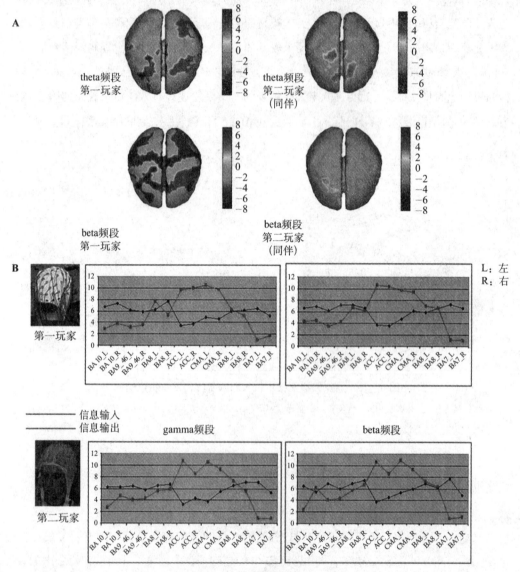

图4-20 纸牌游戏脑—脑联结情况

注:A.玩家1和玩家2神经频谱振荡情况。B.玩家1和玩家2在Gamma和Beta频段的神经振荡情况。横坐标表示为兴趣区的名称,并进一步区分为左半球和右半球,纵坐标表示在兴趣区内,信息输入和信息输出的功能联结的数量。图片引自Babiloni等,2007。

体在游戏中会基于同组搭档的出牌内容调整自己的出牌策略。相比之下,后出牌的一对玩家的脑间活动同步主要集中于右侧前额叶,且没有出现与感觉运动相关的神经活动。说明在该任务中,不同组的玩家采用了不同的合作策略,第一组玩家的组内成员间多采用意图推断的方式配合游戏,神经上表现出自己出牌前与同组搭档的同步脑活动;而第二组玩家之间的合作则基于系列推理的策略。该项研究为采用多 EEG 同步记录日常情境中的合作与竞争行为的脑—脑交互机制做出了有益尝试。

关于非对称性分工任务的超扫描研究,大多还是采用双人互动的形式。Liu,Saito 和 Oi(2015)在实验室中设计了非即时轮流任务范式(turn-taking game)来考察合作与竞争情景下的脑间活动同步(如图 4-21A)。在他们的研究中,被试分别担当游戏的"建构者"和"搭档"。建构者需用黄色圆盘在棋盘中摆放出规定的图案。搭档的任务是使用蓝色圆盘帮助同伴完成目标图案(合作条件)或阻碍同伴达成目标(竞争条件),即游戏的"协助者"或"阻碍者"。结果发现,合作条件下建构者的右侧额下回比协助者有更大的激活,而竞争条件下建构者的右侧额下回激活水平显著低于阻碍者(如图 4-21B)。更有意思的是,他们发现几乎所有被试组在竞争任务中("建构者—阻碍者"情景)右侧额下回均出现显著的脑间活动同步(如图 4-21C),而合作任务中双方却没有出现脑间同步活动。Liu 等人认为,由于竞争情景下搭档的任务是阻碍对方达成目标,因此会根据建构者的操作来积极调整自己的策略,从而在与意图理解和共情能力高度相关的额下回出现了显著的同步激活

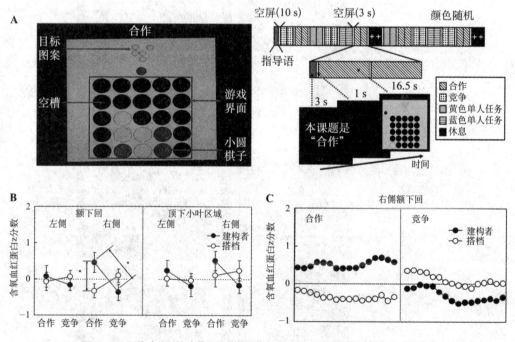

图 4-21 游戏"建构者"以及"搭档"在合作和竞争情景下的脑—脑机制

注:A.非即时轮流任务示意图。B.合作与竞争条件下含氧血红蛋白的平均浓度变化。C.合作与竞争条件下成对被试在右侧额下回脑活动的相关性比较。图片引自 Liu 等,2015。

效应。类似的,以往采用的同时性合作任务中,合作双方同样需要理解并揣测对方的行为意图,从而调整自己的行为。即这两种任务类型有着相似的作用方式,因而均出现显著的脑间活动同步。但在本研究的合作条件下,图案摆放工作主要由建构者完成,协助者在此过程中可能仅是消极地跟从对方的选择,这在一定程度上削弱了协助者的参与动机,导致脑间活动同步更弱。为了消除互动双方在投入度上的差异所带来的影响,Liu 和他的同事在后来的一项研究中对任务要求以及黄蓝圆盘出现的频率进行了改进(Liu 等,2017)。首先,在任务中并不设置建构者/搭档角色分工(如在合作任务中告知双方是协作共同完成一个目标图形的复制),其次每一轮谁先开始的顺序平衡。结果发现,竞争与合作情景下互动双方右后颞上沟均出现显著的脑间活动同步(如图 4-22)。并且,相比合作任务,竞争任务中参与者的右顶下叶区域出现了更大的脑间活动同步(如图4-22A)。右顶下叶区域被认为是与认知功能(观点采择,区分自我—他人)密切相关的脑区(Farrer 和 Frith,2002;Jackson 和 Decety,2004)。由于参与者在竞争情景下的目标不同且下一步的行为也不确定,因而需要更多的心理资源用于理解和预测对方的行动,从而表现为右顶下叶区域的脑间活动同步增强。此外,双侧额下回区域在竞争任务中(对比随机条件)也发现了

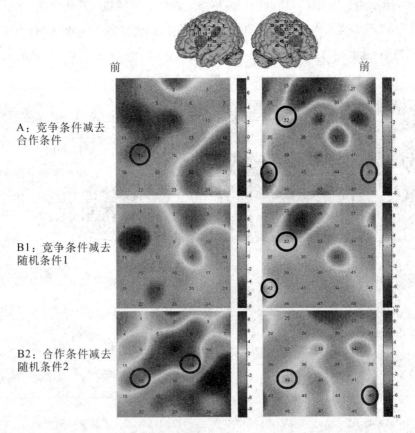

图 4-22 非即时轮流游戏合作与竞争任务下脑间同步 t 检验

注:A.竞争条件减去合作条件的对比结果。B1.竞争条件减去基线条件的对比结果。B2.合作条件减去基线条件的对比结果。图片引自 Liu 等,2007。

显著的脑间活动同步(如图4-22B1),但合作任务在该区域却没有出现此效应(如图4-22B2)。这表明竞争任务引发了个体产生共情相关的认知功能,表现出脑间活动同步。

Liu等人(2016)使用层层叠游戏范式,并采用基于结构节点的空间配准方法对大脑活动进行计算,来探索个体在不同社会互动情景任务中的神经机制。实验共设置3种实验情景以及1个控制条件。合作任务下两名被试需要在给定的时间内尽可能地堆高积木,并在移动积木之前与对方讨论;阻碍任务的目标是让积木在对方的回合中倒塌。两名被试可以在移动积木前讨论,但需要给予对方虚假建议以干扰对方的积木搭建;平行任务中两人依次堆积木,双方无任何言语交流;控制条件为互动双方在休息阶段进行一段简单对话(作为控制被试由口头交流引发神经活动变化)(实验流程如图4-23A)。结果在合作与竞争任务中,互动双方在右侧额中、上回后部(尤其是BA8)均出现了显著的脑间活动同步(如图4-23B1—C),但在平行以及对话任务中均没有发现这种效应。以往研究发现BA8区主要与目标导向行为以及社会决策有关(Fincham等,2002;Volz等,2005)。而在本研究的合作和竞争情景中,个体总是基于对方上一轮的行为以及给出的意见来决定本次移动哪根小木块,因此两种任务情况下主要负责社会决策类行为的BA8区都出现了显著的脑间活动同步。此外,合作任务还单独引发了背内侧前额叶皮质(dorsomedial prefrontal cortex,dmPFC)(主要在BA9)的脑间活动同步(如图4-23D),而其他几种任务类型没有该效应。BA9区被认为是与心理理论相关的脑区,当需要揣测他人在社会加工中的意图时会显著激活BA9(Behrens等,2008)。本研究的合作任务中,互动双方在通过言语沟通并达成一致意见的情况下才移动小木块,也就是说在这个过程中他们必须充分理解对方,来尽可能达成目标。然而在阻碍性任务中,个体最后决定移动哪根小木块不太可能去考虑对方给出的意见(因为很可能对方为了获胜而给出虚假信息),因此在合作任务中BA9区域出现显著的脑间活动同步,而在阻碍性任务中则没有出现脑间活动同步现象。

Piva等人(2017)结合基于fNIRS的超扫描技术,使用改进的双人竞争扑克游戏考察了高生态情境下人际竞争的脑内—脑间神经机制。结果发现,相比人—机互动条件,人—人互动中被试当前的决策很大程度受对手行为的影响(如图4-24A)。进一步考察大脑活动,发现人—人互动情景下,角回(angular gyrus,AG)与背外侧前额叶皮质、左侧中央上区(superior central area,SCA)以及躯体感觉皮层(somatosensory cortex,SSC)存在广泛而又相对分散的脑间活动同步效应(如图4-24B)。角回与梭状回(fusiform gyrus,FG)以及缘上回(supramarginal gyrus,SMG)也存在脑间活动同步(如图4-24C1&C2),背外侧前额叶皮质与缘上回以及躯体感觉区之间表现出显著的脑间活动同步(如图4-24C3&C4)。该项研究表明社会竞争下的脑—脑联结存在多个脑部位,而额顶联合神经复合体(颞顶联合区、角回、缘上回、梭状回、背侧前额叶、体感皮层等脑区)被认为是这一竞争任务中重要的神经网络。

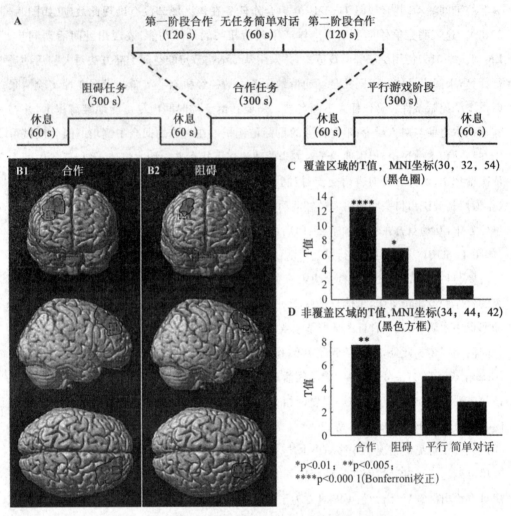

图4-23 层层叠游戏中合作与竞争任务下的脑—脑机制

注：A.实验流程示意图。B1.合作任务中脑间同步区域。B2.竞争条件下脑间同步活动区域。C.各任务类型下BA8区域的脑间活动同步效应量大小。D.各任务类型下BA9区域的脑间活动同步效应量大小。图片引自Liu等，2016。

不难看出，非对称性分工任务明显的一个特征是团体内的成员具有外显或内隐的角色分工，互动双方需要以特定的方式配合才能达到预期目的。相对于对称性合作任务，非对称性分工下的竞争任务情景也同样出现了脑间活动同步效应。这些同步活动主要发生在背外侧前额叶以及颞顶联合区。结合以往研究中对相关脑区功能的定义，研究者认为这可能是由于在较复杂（非对称）的竞争任务中，互动双方仍需对他人的行为意图进行揣测与追踪，来配合完成任务，因此，虽然行为不一致，但认知与思维的同步导致大脑同步运动增强（N. Liu等，2016；T. Liu等，2017；T. Liu等，2015）。

此外，已有研究表明非对称行为中社会合作相关的脑区的激活更为活跃（Newman-

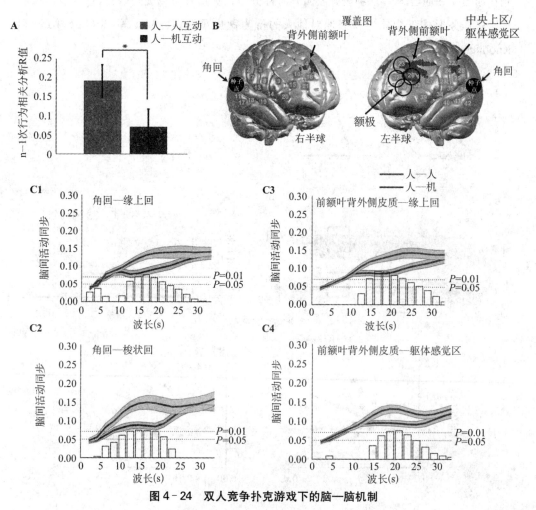

图 4-24 双人竞争扑克游戏下的脑—脑机制

注：A.人—人互动和人—机互动下双方决策的相关系数。B.脑间功能性连接覆盖区。C1.角回和缘上回的脑间相关。C2.角回和梭状回的脑间相关。C3.背外侧前额皮层和缘上回的脑间相关。C4.背外侧前额皮层和躯体感觉区的脑间相关。图片引自 Piva 等，2017。

Norlund 等，2007)，这可能意味着更高程度的互动。为验证非对称分工任务相比对称行动确实存在更多的脑间交互，成晓君(2017)在同一环境中设置了两种图形绘制任务(如图 4-25)。在 1∶1 这类图形中，目标图形中包含的图形斜线斜率为 1，即两名被试的角色以及水平与垂直移动的节律是一致的，这种分工形式为对称分工形式(如图 4-25A 左)。另一类目标图形为非 1∶1 图形(即图形斜线的斜率不为 1)，两名被试的角色和行动均不对称，水平和垂直都以某种不一致的节律相互配合才能画出此斜线，这种分工形式即为非对称分工形式(如图 4-25A 右)。结果发现，非对称分工形式下的脑间活动同步效应显著地高于对称分工模式下的脑间活动同步(如图 4-25B)。进一步对非对称分工形式下的脑间活动同步与合作行为进行检验，发现脑间活动同步与行为表现成正相关(如图 4-25C，分别在通道1和通道3)。该项研究表明非对称分工任务形式可以促进合作,这种效益可能源于该任务形式下个体更积极地对他人的行为做出预测(Bockler 等,2011;Sebanz 和 Knoblich,2009)。

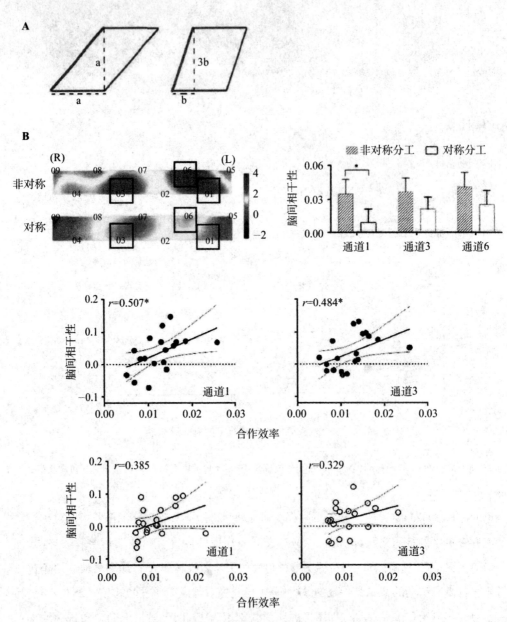

图4-25 任务分工对合作影响的脑—脑机制

注:A.a:对称分工形式;b:非对称分工形式。B.不同分工形式下脑间相干性的 t 值分布图和对比图。C. 不同分工形式下脑间同步与合作行为的相关。图片引自成晓君2017,华东师范大学。

小　　结

合作与竞争是非常重要的社会互动行为,互动双方或多方在行为上往往表现出丰富的同步或一致行为。已有超扫描研究充分表明合作与竞争行为伴随着前额叶皮层、颞顶联合皮层等部位显著的脑间活动同步。进一步的研究发现任务成绩越好,脑间活动同步就越强。这些研究发现提示我们脑间活动同步的变化可以反映合作与竞争任务过程中参与者间互动水平的变化,揭示合作与竞争行为的多脑机制。脑间活动同步指标可能会成为衡量团队合作效率的一种客观证据。

参考文献

Adolphs, R. (1999). Social cognition and the human brain. *Trends in Cognitive Sciences*, 3(12), 469–479.

Astolfi, L., Toppi, J., Borghini, G., Vecchiato, G., He, E. J., Roy, A., ... Babiloni, F. (2012). Cortical activity and functional hyperconnectivity by simultaneous EEG recordings from interacting couples of professional pilots. *Conf Proc IEEE Eng Med Biol Soc*, 2012, 4752–4755.

Astolfi, L., Toppi, J., Borghini, G., Vecchiato, G., Isabella, R., De Vico Fallani, F., ... Babiloni, F. (2011). Study of the functional hyperconnectivity between couples of pilots during flight simulation: an EEG hyperscanning study. *Conf Proc IEEE Eng Med Biol Soc*, 2011, 2338–2341.

Babiloni, C., Buffo, P., Vecchio, F., Marzano, N., Del, P. C., Spada, D., ... Perani, D. (2012). Brains "in concert": frontal oscillatory alpha rhythms and empathy in professional musicians. *Neuroimage*, 60(1), 105–116.

Babiloni, F., Astolfi, L., Cincotti, F., Mattia, D., Tocci, A., Tarantino, A., ... De Vico Fallani, F. (2007). Cortical activity and connectivity of human brain during the prisoner's dilemma: an EEG hyperscanning study. *Conf Proc IEEE Eng Med Biol Soc*, 2007, 4953–4956.

Baker, J. M., Liu, N., Cui, X., Vrticka, P., Saggar, M., Hosseini, S. M. H., & Reiss, A. L. (2016). Sex differences in neural and behavioral signatures of cooperation revealed by fNIRS hyperscanning. *Scientific Reports*, 6.

Balardin, J. B., Zimeo Morais, G. A., Furucho, R. A., Trambaiolli, L., Vanzella, P., Biazoli, C., Jr., & Sato, J. R. (2017). Imaging Brain Function with Functional Near-Infrared Spectroscopy in Unconstrained Environments. *Front Hum Neurosci*, 11, 258.

Balconi, M., Crivelli, D., & Vanutelli, M. E. (2017). Why to cooperate is better than to compete: brain and personality components. *Bmc Neuroscience*, 18.

Balconi, M., Gatti, L., & Vanutelli, M. E. (2017). When cooperation goes wrong: Brain and behavioral correlates of ineffective joint strategies in dyads. *Int J Neurosci*, 1–39.

Balconi, M., & Vanutelli, M. E. (2017a). Brains in Competition: Improved Cognitive Performance and Inter-Brain Coupling by Hyperscanning Paradigm with Functional Near-Infrared Spectroscopy. *Frontiers in Behavioral Neuroscience*, 11.

Balconi, M., & Vanutelli, M. E. (2017b). Interbrains cooperation: Hyperscanning and self-perception in joint actions. *Journal of Clinical and Experimental Neuropsychology*, *39*(6), 607–620.

Behrens, T. E. J., Hunt, L. T., Woolrich, M. W., & Rushworth, M. F. S. (2008). Associative learning of social value. *Nature*, *456*, 245.

Bockler, A., Knoblich, G., & Sebanz, N. (2011). Giving a helping hand: effects of joint attention on mental rotation of body parts. *Exp Brain Res*, *211*(3–4), 531–545.

Borghini, G., Astolfi, L., Vecchiato, G., Mattia, D., & Babiloni, F. (2014). Measuring neurophysiological signals in aircraft pilots and car drivers for the assessment of mental workload, fatigue and drowsiness. *Neuroscience & Biobehavioral Reviews*, *44*, 58–75.

Cheng, X., Li, X., & Hu, Y. (2015). Synchronous brain activity during cooperative exchange depends on gender of partner: A fNIRS-based hyperscanning study. *Hum Brain Mapp*, *36*(6), 2039–2048.

Cui, X., Bryant, D. M., & Reiss, A. L. (2012). NIRS-based hyperscanning reveals increased interpersonal coherence in superior frontal cortex during cooperation. *Neuroimage*, *59*(3), 2430–2437.

Cui, X., Bryant, D. M., & Reiss, A. L. (2012). NIRS-based hyperscanning reveals increased interpersonal coherence in superior frontal cortex during cooperation. *Neuroimage*, *59*(3), 2430–2437.

Decety, J., Jackson, P. L., Sommerville, J. A., Chaminade, T., & Meltzoff, A. N. (2004). The neural bases of cooperation and competition: an fMRI investigation. *NeuroImage*, *23*(2), 744–751.

Di Stasi, L. L., Diaz-Piedra, C., Suarez, J., McCamy, M. B., Martinez-Conde, S., Roca-Dorda, J., & Catena, A. (2015). Task complexity modulates pilot electroencephalographic activity during real flights. *Psychophysiology*, *52*(7), 951–956. doi: 10.1111/psyp.12419

Dommer, L., Jager, N., Scholkmann, F., Wolf, M., & Holper, L. (2012). Between-brain coherence during joint n-back task performance: a two-person functional near-infrared spectroscopy study. *Behav Brain Res*, *234*(2), 212–222.

Dumas, G., Martinerie, J., Soussignan, R., & Nadel, J. (2012). Does the brain know who is at the origin of what in an imitative interaction? *Front Hum Neurosci*, *6*, 128.

Dumas, G., Nadel, J., Soussignan, R., Martinerie, J., & Garnero, L. (2010). Inter-brain synchronization during social interaction. *Plos One*, *5*(8), e12166.

Farrer, C., & Frith, C. D. (2002). Experiencing Oneself vs Another Person as Being the Cause of an Action: The Neural Correlates of the Experience of Agency. *NeuroImage*, *15*(3), 596–603.

Filho, E., Bertollo, M., Tamburro, G., Schinaia, L., Chatel-Goldman, J., di Fronso, S., ... Comani, S. (2016). Hyperbrain features of team mental models within a juggling paradigm: a proof of concept. *PeerJ*, *4*, e2457.

Fincham, J. M., Carter, C. S., van Veen, V., Stenger, V. A., & Anderson, J. R. (2002). Neural mechanisms of planning: a computational analysis using event-related fMRI. *Proc Natl Acad Sci USA*, *99*(5), 3346–3351.

Funane, T., Kiguchi, M., Atsumori, H., Sato, H., Kubota, K., & Koizumi, H. (2011). Synchronous activity of two people's prefrontal cortices during a cooperative task measured by simultaneous near-infrared spectroscopy. *J Biomed Opt*, *16*(7), 077011.

Gallagher, H. L., & Frith, C. D. (2003). Functional imaging of 'theory of mind'. *Trends in Cognitive Sciences*, *7*(2), 77–83.

Geary, D. (2003). Evolution and development of boys' social behavior. *Developmental Review*, 23 (4), 444-470.

Hasson, U., Ghazanfar, A. A., Galantucci, B., Garrod, S., & Keysers, C. (2012). Brain-to-brain coupling: a mechanism for creating and sharing a social world. *Trends Cogn Sci*, 16(2), 114-121.

Jackson, P. L., & Decety, J. (2004). Motor cognition: a new paradigm to study self-other interactions. *Current Opinion in Neurobiology*, 14(2), 259-263.

Kawasaki, M., Yamada, Y., Ushiku, Y., Miyauchi, E., & Yamaguchi, Y. (2013). Inter-brain synchronization during coordination of speech rhythm in human-to-human social interaction. *Sci Rep*, 3, 1692.

Knobe, J. (2005). Theory of mind and moral cognition: exploring the connections. *Trends Cogn Sci*, 9(8), 357-359.

Knyazev, G. G. (2007). Motivation, emotion, and their inhibitory control mirrored in brain oscillations. *Neuroscience & Biobehavioral Reviews*, 31(3), 377-395.

Konvalinka, I., Bauer, M., Stahlhut, C., Hansen, L. K., Roepstorff, A., & Frith, C. D. (2014). Frontal alpha oscillations distinguish leaders from followers: multivariate decoding of mutually interacting brains. *Neuroimage*, 94, 79-88.

Krause, L., Enticott, P. G., Zangen, A., & Fitzgerald, P. B. (2012). The role of medial prefrontal cortex in theory of mind: A deep rTMS study. *Behavioural Brain Research*, 228(1), 87-90.

Lindenberger, U., Li, S. C., Gruber, W., & Müller, V. (2009). Brains swinging in concert: cortical phase synchronization while playing guitar. *BMC Neuroscience*, 10(1), 1-12.

Liu, N., Mok, C., Witt, E. E., Pradhan, A. H., Chen, J. E., & Reiss, A. L. (2016). NIRS-Based Hyperscanning Reveals Inter-brain Neural Synchronization during Cooperative Jenga Game with Face-to-Face Communication. *Front Hum Neurosci*, 10, 82.

Liu, T., Saito, G., Lin, C., & Saito, H. (2017). Inter-brain network underlying turn-based cooperation and competition: A hyperscanning study using near-infrared spectroscopy. *Sci Rep*, 7(1), 8684.

Liu, T., Saito, H., & Oi, M. (2015). Role of the right inferior frontal gyrus in turn-based cooperation and competition: A near-infrared spectroscopy study. *Brain and Cognition*, 99, 17-23.

Mu, Y., Guo, C., & Han, S. (2016). Oxytocin enhances inter-brain synchrony during social coordination in male adults. *Soc Cogn Affect Neurosci*, 11(12), 1882-1893.

Mu, Y., Han, S., & Gelfand, M. J. (2017). The role of gamma interbrain synchrony in social coordination when humans face territorial threats. *Soc Cogn Affect Neurosci*, 12(10), 1614-1623.

Muller, V., Sanger, J., & Lindenberger, U. (2013). Intra- and inter-brain synchronization during musical improvisation on the guitar. *Plos One*, 8(9), e73852.

N, S., G, B., & P, A. (2017). How the Workload impacts on Cognitive Cooperation a Pilot Study. *Engineering in Medicine and Biology Society (EMBC)*, 3961-3964.

Naeem, M., Prasad, G., Watson, D. R., & Kelso, J. A. (2012). Electrophysiological signatures of intentional social coordination in the 10-12 Hz range. *Neuroimage*, 59(2), 1795-1803.

Newman-Norlund, R. D., van Schie, H. T., van Zuijlen, A. M. J., & Bekkering, H. (2007). The mirror neuron system is more active during complementary compared with imitative action. *Nature Neuroscience*, 10, 817.

Novembre, G., Knoblich, G., Dunne, L., & Keller, P. E. (2017). Interpersonal synchrony enhanced through 20 Hz phase-coupled dual brain stimulation. *Soc Cogn Affect Neurosci*, *12*(4), 662–670.

Novembre, G., Sammler, D., & Keller, P. E. (2016). Neural alpha oscillations index the balance between self-other integration and segregation in real-time joint action. *Neuropsychologia*, *89*, 414.

Oberman, L. M., Pineda, J. A., & Ramachandran, V. S. (2007). The human mirror neuron system: a link between action observation and social skills. *Soc Cogn Affect Neurosci*, *2*(1), 62–66.

Osaka, N., Minamoto, T., Yaoi, K., Azuma, M., & Osaka, M. (2014). Neural Synchronization During Cooperated Humming: A Hyperscanning Study Using fNIRS. *Procedia-Social and Behavioral Sciences*, *126*, 241–243.

Osaka, N., Minamoto, T., Yaoi, K., Azuma, M., Shimada, Y. M., & Osaka, M. (2015). How Two Brains Make One Synchronized Mind in the Inferior Frontal Cortex: fNIRS-Based Hyperscanning During Cooperative Singing. *Front Psychol*, *6*, 1811.

Pan, Y., Cheng, X., Zhang, Z., Li, X., & Hu, Y. (2017). Cooperation in lovers: An fNIRS-based hyperscanning study. *Hum Brain Mapp*, *38*(2), 831–841.

Pineda, J. A. (2005). The functional significance of mu rhythms: Translating "seeing" and "hearing" into "doing". *Brain Research Reviews*, *50*(1), 57–68.

Piva, M., Zhang, X., Noah, J. A., Chang, S. W. C., & Hirsch, J. (2017). Distributed Neural Activity Patterns during Human-to-Human Competition. *Front Hum Neurosci*, *11*, 571.

Poortvliet, P. M., Janssen, O., Van Yperen, N. W., & Van de Vliert, E. (2009). Low ranks make the difference: How achievement goals and ranking information affect cooperation intentions. *Journal of Experimental Social Psychology*, *45*(5), 1144–1147.

Sanger, J., Muller, V., & Lindenberger, U. (2012). Intra- and interbrain synchronization and network properties when playing guitar in duets. *Frontiers in Human Neuroscience*, *6*.

Sciaraffa, N., Borghini, G., Aricò, P., Flumeri, G. D., Toppi, J., Colosimo, A., ... Babiloni, F. (2017, 11–15 July 2017). How the workload impacts on cognitive cooperation: A pilot study. Paper presented at the 2017 39th Annual International Conference of the IEEE Engineering in Medicine and Biology Society (EMBC).

Sebanz, N., Bekkering, H., & Knoblich, G. (2006). Joint action: bodies and minds moving together. *Trends Cogn Sci*, *10*(2), 70–76.

Sebanz, N., & Knoblich, G. (2009). Prediction in Joint ActioWhat, When and Where. *Topics in Cognitive Science*, *1*(2), 353–367.

Szymanski, C., Muller, V., Brick, T. R., von Oertzen, T., & Lindenberger, U. (2017). Hyper-Transcranial Alternating Current Stimulation: Experimental Manipulation of Inter-Brain Synchrony. *Front Hum Neurosci*, *11*, 539.

Szymanski, C., Pesquita, A., Brennan, A. A., Perdikis, D., Enns, J. T., Brick, T. R., ... Lindenberger, U. (2017). Teams on the same wavelength perform better: Inter-brain phase synchronization constitutes a neural substrate for social facilitation. *Neuroimage*, *152*, 425–436.

Tognoli, E., Lagarde, J., DeGuzman, G. C., & Kelso, J. A. (2007). The phi complex as a neuromarker of human social coordination. *Proc Natl Acad Sci U S A*, *104*(19), 8190–8195.

Toppi, J., Borghini, G., Petti, M., He, E. J., De, G. V., He, B., ... Babiloni, F. (2016). Investigating Cooperative Behavior in Ecological Settings: An EEG Hyperscanning Study. *Plos One*, *11*(4), e0154236.

Varlet, M., Wade, A., Novembre, G., & Keller, P. E. (2017). Investigation of the effects of transcranial alternating current stimulation (tACS) on self-paced rhythmic movements. *Neuroscience*, *350*, 75–84.

Volz, K. G., Schubotz, R. I., & Cramon, D. Y. v. (2005). Variants of uncertainty in decision-making and their neural correlates. *Brain Research Bulletin*, *67*(5), 403–412.

Yun, K., Watanabe, K., & Shimojo, S. (2012). Interpersonal body and neural synchronization as a marker of implicit social interaction. *Sci Rep*, *2*, 959.

Zhdanov, A., Nurminen, J., Baess, P., Hirvenkari, L., Jousmaki, V., Makela, J. P., ... Parkkonen, L. (2015). An Internet-Based Real-Time Audiovisual Link for Dual MEG Recordings. *Plos One*, *10*(6), e0128485.

Zhou, G., Bourguignon, M., Parkkonen, L., & Hari, R. (2016). Neural signatures of hand kinematics in leaders vs. followers: A dual-MEG study. *Neuroimage*, *125*, 731–738.

第五章 超扫描视角下的人际交流

摘要

人际交流作为社会互动的主要形式之一,体现在日常生活的方方面面。特定形式的信息传递与交流,如言语交流、表情交流和动作交流等,使人们能够很好地相互了解、相互影响。将超扫描技术引入人际交流研究领域,同时记录两个或多个个体在完成人际交流任务时的脑活动,分析脑间活动同步及其与交流任务的行为表现间的关联,从多脑水平揭示人际交流的脑—脑机制。已有多项研究证据表明在人际交流过程中,额叶和颞顶联合区等脑部位出现明显的脑间活动同步,而且该脑间活动同步可以很好地预测人际交流的质量。因此,脑间活动同步可能成为衡量人际交流质量的客观神经标记,从群体脑水平上给予人际交流一种全新的观察视角,促进了对人际交流内在机制的认识。与此同时,也可能为对交流障碍患者进行干预治疗的有效手段的评估提供了新手段。

引　言

人际交流是个体与他人建立关系、维持关系的基本手段,它发生在社会生活的方方面面。繁忙街道上的一次偶遇,教室里一场激烈的辩论,与同事、朋友、家人等面对面的沟通,这些都是人际交流行为。复杂而普遍的人际交流是人类社会性的重要体现。

传统心理学研究从脑损伤和交流障碍患者的角度探讨了社会交流的神经基础(U. Frith 和 Frith,2001;Wood 和 Grafman,2003)。在此基础上与之形成对比的是,研究者采用神经影像学技术研究正常个体,为社会交流的神经基础提供了新的证据(Gallotti 和 Frith,2013)。然而,传统的神经影像学研究具有一定的局限性,即研究者主要关注单个个体在人际交流中的大脑激活和连接模式。但在现实生活中,人类大多数社会行为具有实时互动的特点。所以,不能把社会交流过程中被试间的大脑激活看成是单个大脑效应的简单相加(Hari 和 Kujala,2009;Ivana 和 Andreas,2012)。基于此,采用超扫描技术同时记录人际交流过程中多人的行为和大脑两方面的数据,是合乎逻辑、也是必不可少的。

通常,社交互动行为将言语和非言语线索紧密连接在一起,因此言语、眼神、面部表情、手势动作等信息均可成为人际交流的媒介。本章节将围绕近年来有关人际交流与超扫描的研究进行论述,着重介绍言语交流、表情交流和动作交流三个方面的超扫描研究进展,试图从群体脑这一新视角上阐述人际交流的内在本质。言语交流的研究通常有两种方式,一种是在实验中设置交流组和控制组,其中控制组通常采用不互动的独白形式,比较两组之间在行为和脑间活动同步等水平上的差异,进而探讨言语交流的脑—脑机制。另一种方式是讲述者和倾听者模式,交流的双方分别扮演不同的角色,一方负责讲述,一方负责倾听,探讨不同角色之间的脑间活动同步,以此来阐明交流的本质和神经基础。此类研究得出了较为一致的结论,即面对面的交流可以增强脑间活动同步。表情交流通常采用共同注意范式,一组被试中的一名被试根据线索对目标进行注视,另一名被试通过观察对方的眼动来产生目光追随,注视对方正在看的目标物体。研究发现,当被试进行有目的的眼神交流时,双方之间的大脑活动同步增加。而动作交流形式较为多样,主要涉及手势模仿、运动模仿、符号交流以及亲吻等。研究发现,成功的动作交流同样依赖于脑间活动同步。到目前为止,对人际交流的多脑水平研究已经采用多种超扫描技术参与进来,如基于 EEG 的超扫描技术、基于 MEG 的超扫描技术、基于 fMRI 的超扫描技术以及基于 fNIRS 的超扫描技术等。鉴于超扫描具有的先天优势,该技术必将在考察人际交流行为本质中发挥着重要作用。

第一节 言 语 交 流

人类之所以能够建立高度组织化的文明,原因之一是我们已经具备了社交沟通技巧,其中重要的方式之一就是语言。言语交流是一项需要共同参与的活动,在神经层面上依赖于信息在大脑之间的传递。另外,言语交流和互动在精神障碍的病因和治疗中都起着重要作用。

Baess 等人(2012)发现言语交流过程伴随着个体脑间活动同步性的增加。在该实验中,研究者采用 MEG 超扫描技术,让距离 5 千米的两个实验室内的被试进行同步言语交流(如图 5-1A)。两个被试主要通过实时的音频连接进行互动。分析显示,在言语信息传递的过程中,颞上回皮层的脑间活动同步增强,图 5-1B 展示了听觉刺激下两名被试大脑信号的变化。这种基于 MEG 超扫描的方法可以在世界各地多个 MEG 设备之间进行连接,将多个实验室的 MEG 数据和音频数据同步并进行联合离线分析。与此类似,Tadic 等人(2016)也发现在言语交流中,两名被试的额叶与顶叶间出现了显著的脑间活动同步。

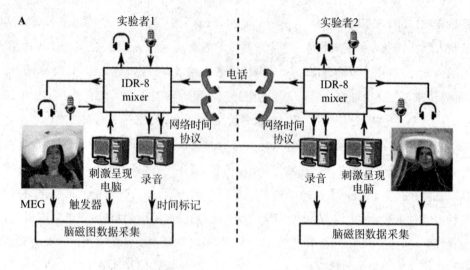

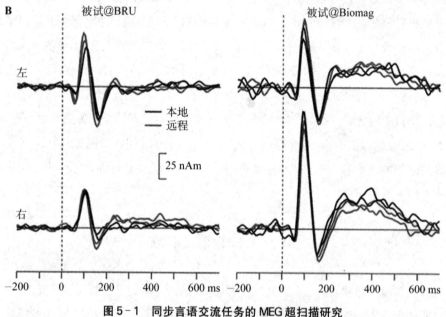

图 5-1 同步言语交流任务的 MEG 超扫描研究

注：A.两台 MEG 之间的连接以及 MEG 信号采集；B.听觉诱发的波形变化，黑色线代表本地的，灰色线代表远距离的，上面是左半球，下面是右半球。图片引自 Baess 等，2012。

Stephens 等人（2010）从讲述者和倾听者的角度来研究言语交流过程的脑间活动同步特点。他们要求讲述者以大一新生感悟为主题即兴地作 15 分钟的讲述并录音，同时在该过程中采用 fMRI 记录被试的大脑激活情况。讲述者分别用母语和俄语来讲述故事（实验中所有倾听者都对俄语一无所知）。随后，研究者将录音重播给被试（即倾听者），并采用 fMRI 记录倾听者的脑活动（如图 5-2A）。在将倾听者的 fMRI 扫描时间序列与讲述者的时间序列实现同步后，两者的脑活动存在明显的功能连接（如图 5-2B）。进一步的分析显示，讲述者和倾听者的脑间活动同步存在一定的时间差，表现在倾听者的脑活动通常比讲述者的脑活动慢1～3秒,即特定脑区的神经耦合存在1～3秒的差异(如图5-2C)。更有趣的是,讲述者和倾听者神经耦合的程度可以预测两者间信息传递的质量,体现在神经耦合越强,则倾听者对讲述者所陈述内容的理解能力就越强(如图5-2D)。然而,当双方无法进行交流时(即倾听者听到的是无法理解的俄语时),上述发现的神经耦合就会消失。由此推断,成功的言语交流需要倾听者的积极参与,言语产生和理解过程中交流双方所产生的脑间活动同步是信息传递的标志。

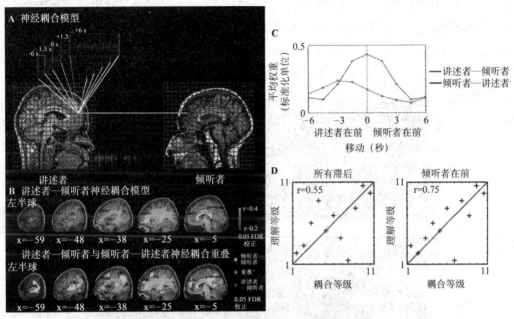

图5-2 讲述者—倾听者间的脑—脑耦合

注：A.讲述者—倾听者在讲故事期间的神经活动记录;B.讲述者和倾听者的神经耦合,其中亮黄色代表讲述者—倾听者和倾听者—讲述者之间神经耦合的重叠;C.讲述者和倾听者之间神经耦合在时间上的不对称性;D.倾听者的理解能力与讲述者—倾听者之间神经耦合程度的相关。图片引自Stephens等,2010。

Spiegelhalder等人(2014)同样采用讲述者和倾听者模式来研究言语交流过程的脑间活动同步特点,并将想象情景作为控制任务,即两个被试均想象相关事件的阶段(如图5-3A)。研究得到了类似的结果,即发现讲述者的相关脑区活动的时间序列与倾听者的听觉皮层活动存在明显的耦合现象(如图5-3B)。在一项基于EEG的超扫描研究中,Perez等人(2017)对讲述者与倾听者之间的脑间活动同步的来源进行了较为深入的探讨。他们提出脑间活动同步可能来源于对话过程中共享的感觉刺激以及言语互动交流本身。在该实验中,两名被试肩并肩而坐,中间放有挡板隔绝非言语信息的传递。两名被试轮流扮演讲述者和倾听者的角色,讲述者对给出的话题进行半结构式的回答,倾听者则认真倾听对方的讲述。实验全程采用EEG同步记录两人的脑活动,采用相位锁定值分析方法计算倾听者和讲述者的脑间活动同步。结果发现在delta、alpha、theta以及beta等多个频段存在显著的脑间活动同步(如图5-4A—D)。为了考察这种脑间活动同步是否由共享的感觉信息所引起,研究者对EEG信号和言语信号进行相似的相位锁定值分析。结果显示该脑—言语信号间的相位锁定值在多个频段中都存在,包括delta、alpha、theta以及beta,尤其是delta和theta频段的脑间活动同步。这表明该频段的活动主要是由共享的感觉刺激(即言语信号)所调节。接下来,研究者们通过多元回归模型排除了上述由共享感觉刺激引起的脑间活动同步的电极后,发现在alpha(如图5-4E)和theta(如图5-4F)频段仍然有非常显著的脑间活动同步,而这些脑间活动同步是由言语交流过程中双方的社会互动所引发的。因此研究者认为,倾听者和讲述者之间的脑间活动同步在某种程度上受到共享的感觉信息(言语信号)所调节,同时也受到互动情景的影响(Pérez等,2017)。

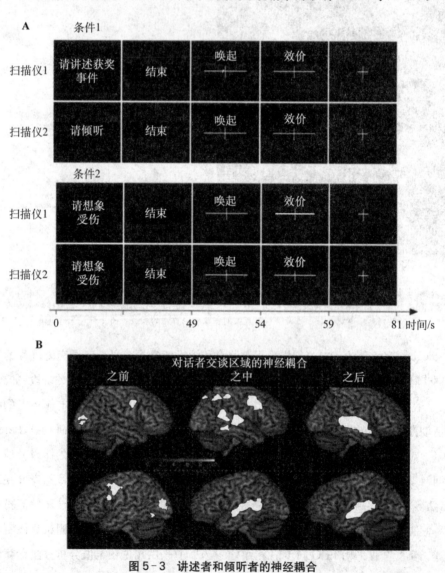

图5-3 讲述者和倾听者的神经耦合

注:A.实验的时间进程;B.脑—脑耦合的结果。图片引自Spiegelhalder等,2014。

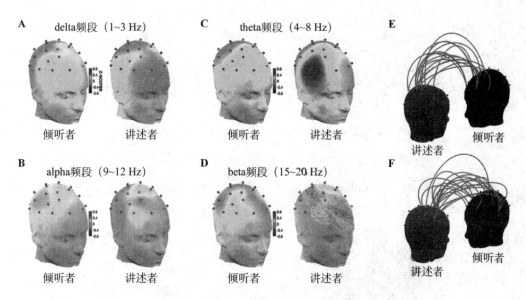

图 5-4 讲述者和倾听者的脑间活动同步

注：A—D.倾听者和讲述者在不同频段的脑间活动同步地形图。E.排除由共享感觉刺激引起的脑间活动同步的电极后，呈现在 alpha 频段的脑间活动同步。F.排除由共享感觉刺激引起的脑间活动同步的电极后，呈现在 theta 频段的脑间活动同步。图片引自 Perez 等，2017。

在 Ahn 等人（2018）的研究中，每组被试分别在相距 100 英里的两地，被要求完成言语互动和非互动任务。在言语互动任务中，一名被试作为发起者首先报数，随后两个被试轮流报数，被试之间通过在线交流软件实现信息实时同步传递。每个被试至多报三个连续的数字，例如，1—2—3。为了使被试双方在报数过程中集中注意力，研究者还设置了一个规则，即搭档报数的个数不能超过发起者所报数的个数。例如，在上述例子上，发起者报数 1—2—3，其搭档只能报 4 或者 4—5，不能报 4—5—6。在非互动的控制任务中，被试只需要单方面报数或倾听，双方之间没有互动。在完成任务期间，采用基于 EEG 和 MEG 的联合超扫描技术，记录两个被试的脑活动。研究结果显示，相对于非互动任务（即单方面报数），被试轮流报数时，两人的左侧颞叶与右侧顶叶中部的 EEG 信号在 alpha 波段出现显著脑间活动同步（如图 5—5A&B），其左侧额—颞叶与右侧顶叶中部的 MEG 信号在 alpha 波段（如图 5-5C）、gamma 波段（如图 5-5D）均出现显著脑间活动同步。研究者使用加权相位滞后指数（weighted phase lag index，WPLI）来估计两个大脑之间的相位同步，发现 EEG 和 MEG 数据存在显著的相位同步。该研究发现了双向互动沟通与单向报数—倾听之间的神经机制差异。这一系列研究证明了双人神经科学（two-person neuroscience）框架对于理解大脑活动的有效性，强调了在倾听与讲述过程中，脑间活动同步并不仅仅是听觉加工的附带现象。

Holper 等人（2013）采用基于 fNIRS 的超扫描技术对完成苏格拉底式对话教学过程

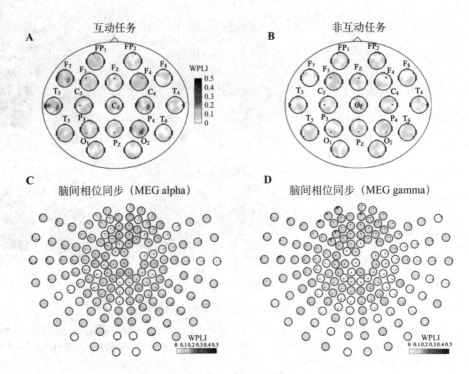

图5-5 轮流报数任务的脑间活动同步

注：A.语言互动时EEG信号alpha频段的脑间活动同步；B.非互动时EEG信号alpha频段的脑间活动同步；C.语言互动时MEG信号alpha频段的脑间活动同步；D.语言互动时MEG信号gamma频段的脑间活动同步。图片引自Ahn等，2018。

中的师生互动进行了研究。苏格拉底式对话是一种经典的教学方法，是指采用"对谈"的方式来教学，经过一连串的提问和陈述，引导学生发现自己的前后矛盾之处，帮助学生澄清自己的理念、想法，使谈论的课题更加清晰(Goldin等，2011)。该研究中，近红外光极放置在左侧的前额叶皮层部位(如图5-6A)。从单个大脑的活动水平来看，成功实现知识迁移的学生与未实现迁移的学生相比，大脑激活更少；而教师的脑活动并不随着学生对信息迁移是否成功而发生变化(如图5-6B)。有趣的是，在通过皮尔逊相关分析方法计算教师和学生的脑活动关联程度时，发现在知识成功迁移的情况下，两者的脑活动呈现显著的正相关，而在知识未成功迁移的情况下，教师和学生的脑活动表现出负相关关系(如图5-6C)。该研究结果表明成功的教学活动要求师生之间的脑活动存在相同或相似的活动模式。该研究首次采用fNIRS技术对师生互动的脑活动进行测量，提示我们学生和教师在前额叶皮层的脑间活动同步可能是衡量成功教学活动的客观基础，为未来涉及复杂教育互动的基础研究铺设了一条新的道路。

上述研究得到了共同的结论，即脑间活动同步指标能在一定程度上反映言语交流的质量，成功的言语交流往往伴随着较强的脑间活动同步的出现。已有研究表明言语交流

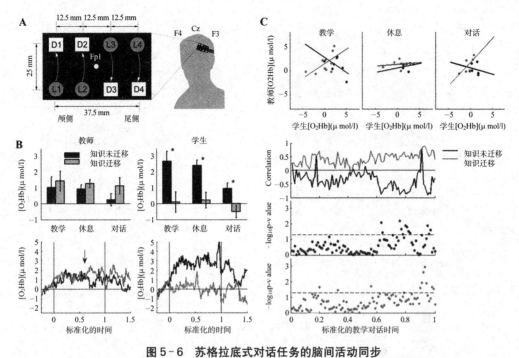

图5-6 苏格拉底式对话任务的脑间活动同步

注:A.光极放置的位置;B.知识迁移与师生单脑活动之间的关系;C.知识迁移与师生脑间活动同步的关系。图片引自Holpe等,2013。

过程中的脑同步性受到许多因素的影响,如互动情景等。Jiang等人(2012)设计了4种沟通方式,即面对面对话、背对背对话、面对面独白以及背对背独白。在对话情景中,两个被试就两条当下的热点新闻话题进行交谈,时长10分钟。在独白情境下,一人陈述自己的生活体验10分钟,另外一人保持沉默,两人之间没有任何非言语交流。他们采用基于fNIRS的超扫描技术,考查了不同交流方式下的脑间活动同步的差异。结果发现,在面对面的对话情景中,被试左侧额下回皮层脑间活动同步显著增加(如图5-7A),而在面对面独白(如图5-7B)、背对背对话(如图5-7C)以及背对背独白(如图5-7D)三种情景中都没有发现显著的脑间活动同步。为了探讨面对面对话条件下被试脑间活动同步性增加的可能原因,研究者对任务期间的视频进行非言语线索和话语轮换等因素进行编码,通过比较在面对面交流与背对背交流两种条件下,有非言语线索和话语轮换的时间点上出现的左侧额下回脑间活动同步(SI)与没有非言语线索和话语轮换时间点上出现的左侧额下回脑间活动同步(SDI),发现在面对面条件中,SI和SDI呈现出显著差异,而背对背条件下则没有差异,这说明左侧额下回皮层脑间活动同步性的增加主要是基于面对面的互动,而不仅仅是简单的言语信息传递(如图5-7E)。随后,将脑间活动同步指标作为分类特征,SI和SDI作为分类标签,使用费舍线性判别分析(Fisher linear discrimination analysis, FLD)探讨脑间活动同步对非言语线索和话语轮换的预测作用。结果发现面对面交流过

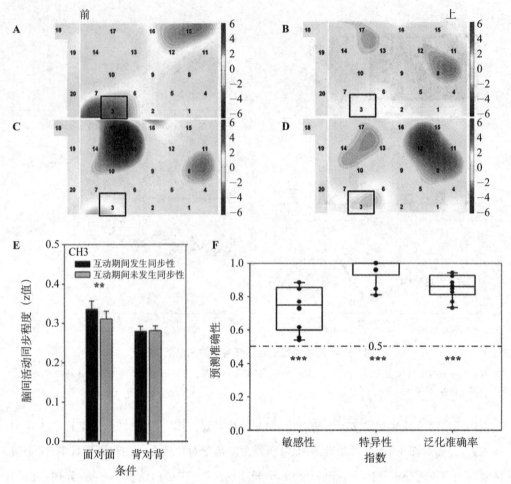

图 5-7 面对面交流的脑—脑机制

注：A—D.不同条件下脑间活动同步性的增加，A代表面对面对话条件，B代表面对面独白条件，C代表背对背对话条件，D代表背对背独白条件；E.互动期间发生同步性和互动期间未发生同步性的统计比较；F.面对面对话条件下，额下回皮层脑间活动同步性对交流行为的预测。图片引自 Jiang 等，2012。

程中的脑间活动同步可以准确预测面对面对话的交流行为（如图5-7F）。因此，与其他交流方式相比，面对面交流具有独特的神经特征，并且面对面交流中的脑间活动同步是基于在动态互动过程中多模态的感觉信息整合以及言语轮换行为。

另外，Osaka等人（2014）发现合作哼唱与言语交流所产生的脑间活动同步具有不同的位置特征。他们让两名被试分别进行对视合作哼唱、非对视合作哼唱和单独哼唱。研究发现在非对视合作哼唱时，两名被试呈现出右侧额下回的脑间活动同步性，而这样的同步性并没有在对视合作哼唱和单独哼唱时呈现出来。该研究揭示了右侧额下回皮层的神经耦合在合作哼唱过程中的重要作用。而对于对视合作哼唱没有脑间活动同步性的现象，研究者认为面对面的眼神注视会分散听觉注意力，从而干扰合作行为。而后，该研究组在2015年采用哼唱和唱歌任务探究两个大脑之间如何完成同步行为。在唱歌任务中，研究

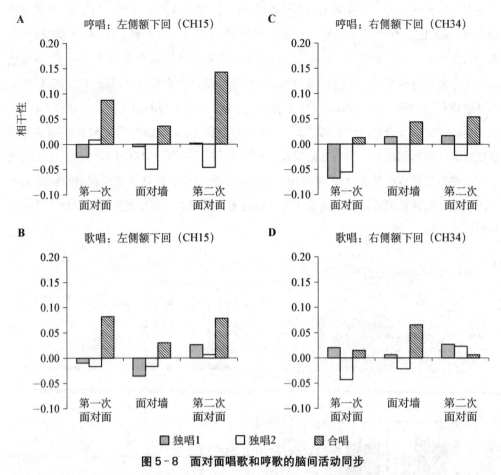

图 5-8 面对面唱歌和哼歌的脑间活动同步

注：A.哼唱条件下被试左侧额下回激活的一致性；B.歌唱条件下被试左侧额下回激活的一致性；C.哼唱条件下被试右侧额下回激活的一致性；D.歌唱条件下被试右侧额下回激活的一致性。图片引自 Osaka 等，2015。

者让被试分别独唱、合唱以及听对方唱日本童谣。被试双方需要依次在面对面、面对墙（在被试之间放上隔板）和再次面对面（拿掉隔板）三种条件下按照随机安排的顺序完成上述三种类型的歌唱。哼唱任务与歌唱任务相同，只是将唱出声改为嘴唇紧闭地哼出旋律。实验采用基于 fNIRS 的超扫描技术，同步记录合唱和哼唱过程中两名被试的大脑活动。研究结果显示，无论是面对面还是面对墙，哼唱还是歌唱，合唱条件下左侧额下回的脑间活动同步相比于独唱都显著升高（如图 5-8A&B），独唱条件下没有发现明显的脑间活动同步。进一步分析发现，只有在合作哼唱条件下，右侧额下回才表现出显著的脑间活动同步（如图 5-8C&D）。该研究揭示了合作哼唱和合唱的脑—脑机制，即从群体脑水平上表明额下回皮层在合唱过程中的重要作用。

语言节律同步影响交流过程产生的脑—脑耦合的研究显示，被试的脑间活动同步与言语节律同步紧密相关。Kawasaki 等人（2013）将交替言语任务作为实验范式，让被试分别在人—人互动和人—机互动条件下与搭档(人/机)交替读出字母表中的字母,并同时采用 EEG 同步记录他们的脑活动。任务顺序为第一次人—人互动、人—机互动、第二次人—人互动。研究结果发现,人—人之间交流的节奏比人—机更容易达到同步,表现在人—人互动时每对被试在颞叶(F7,FC5,T7 和 T8)以及中央和顶叶区域(C3,T7,CP1 和 CP2 电极点)在 theta 或 alpha(6~12 赫兹)频段内出现了更高的脑间活动同步性,并且该脑间活动同步以及合作成绩在第二次人—人合作时明显提高(如图 5-9A&B)。研究表明被试对之间的脑间活动同步与言语同步紧密相连。另外,当被试在观看另外一个人与机器互动进行交替言语任务时,同样表现出观看者和进行任务的被试之间在 theta 和 alpha 频段上的脑间活动同步(如图 5-9C&D)。这说明了脑间活动同步能够反映对他人言语节律的共情。

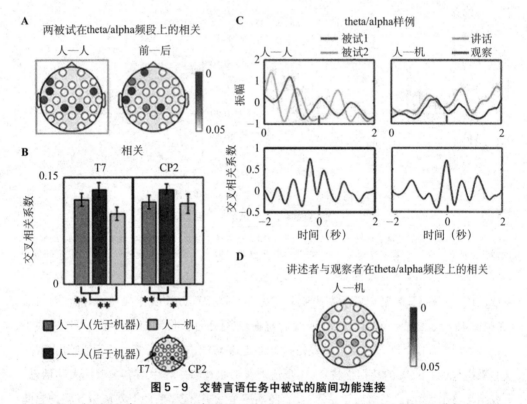

图 5-9 交替言语任务中被试的脑间功能连接

注:A. 头部 p 值图,表现了两名被试在人—人互动(左侧)时 theta 和 alpha 频段上振幅的显著相关,以及人—机互动前后的人—人互动过程中交叉相关系数的差值;B. 在颞叶 T7 电极和侧顶叶 CP2 电极处,人—人互动和人—机互动的被试间交叉相关系数平均值大小比较;C. 两名被试的颞叶电极 T7 在 theta 和 alpha 频段上的振幅,以及在时间进程上人—人互动和人—机互动的交叉相关系数,分别为上行和下行;D. 头部 p 值图,表现了两名被试在人—机互动时 theta 和 alpha 频段上振幅的显著相关。图片引自 Kawasaki 等,2013。

2017 年,有研究者采用基于 EEG 的超扫描方法,将情侣之间和陌生人之间的言语互动行为与脑—脑机制进行对比,发现亲密关系会对脑间活动同步产生影响(Kinreich 等,2017)。在该研究中,一对情侣或异性被试相向而坐,并就某一主题进行 5 分钟的讨论和互动,如"共同讨论如何度过有趣的一天",讨论过程中研究者使用 EEG 同步记录他们的脑活动。结果发现情侣在讨论的过程中位于颞顶区域的 gamma 频段出现了显著的脑间活动同步(如图 5-10A),但是在陌生人被试组合中并没有发现同步性(如图 5-10A)。同时通过对交流过程的非言语信息进行编码分析发现,与陌生人组相比,情侣组凝视的比例更大(如图 5-10B),并且脑间活动同步与该行为存在正相关。该研究将脑间活动同步和互动双方的同步性行为(凝视)联系在一起,强调了社会联结对脑间活动同步的重要作用,表明社会互动过程中亲密关系会显著影响互动相关的脑间活动同步。

上述一系列研究都是双人之间的交流行为,阐明了言语沟通过程中脑间活动同步受到交流方式、交流类型、言语节律以及亲密关系等的影响。另一方面,研究者也开始关注多人交流过程的脑—脑活动。Jiang 等人(2015)让 3 名被试成组完成一个无领导小组讨论的任务,采用 fNIRS 超扫描技术对被试的额叶和颞顶联合区部位的活动进行测量,进而考查多人言语交流互动的脑—脑机制(如图 5-11A&B)。研究结果显示,领导者—追随者之间在左侧颞顶联合区的脑间活动同步明显增强(如图 5-11C),且领导者到追随者脑间信息流向的强度大于追随者到领导者,而这一结果并没有在追随者—追随者之间有所发现(如图 5-11D)。同时,研究者对整个任务期间的视频进行领导力和交流情况的编码。尽管领导者—追随者间的讨论次数大于追随者—追随者间的讨论次数,但领导者发起的讨论和追随者发起的讨论在次数上没有显著差异(如图 5-11E)。与追随者发起的讨论相比,在领导者发起的讨论中脑间活动同步更强,这种脑间活动同步与领导者的交流技巧和能力存在显著的相关关系,而与领导者发起讨论的次数无关(如图 5-11E)。采用 FLD 分析方法,研究者发现脑间活动同步和无领导小组讨论早期的交流次数可以用来预测领导产生的结果(如图 5-11G)。所有的这些研究结果表明,脑间活动同步是衡量无领导小组讨论过程中领导产生的客观指标,该指标的动态性特征提示我们是谈话技巧而不是说话频次才是领导产生的重要决定因素。换句话说,该研究揭示了领导者的出现是因为他们能够在正确的时间说出正确的事情。

Nozawa 等人(2016)要求 12 组被试(每 4 人一组)共同完成单词接龙游戏,即一位玩家说出一个单词,由另一位玩家接上另一个单词,要求该词以前一位玩家所说单词的最后两个音节开头。例如:"SHI—RI—TO—RI"后面可以接"TO—RI—KA—GO"。一位玩家说出单词之后,任何一位玩家都可以接。告知被试要相互配合,使产生的单词链尽可能地长。为了成功地完成这项任务,参与者需要持续猜测其他成员的想法和知识情况。而在独立情景下的控制任务中,参与者只需自己默默思考,避免与其他成员进行口头交流和目光接触。采用基于 fNIRS 的超扫描技术,研究者发现相比于控制任务,被试在合作完成单词接龙游戏时额极区域呈现出明显的脑间活动同步。

以言语沟通任务为主题的超扫描研究,集中体现了脑间活动同步在预测言语沟通是

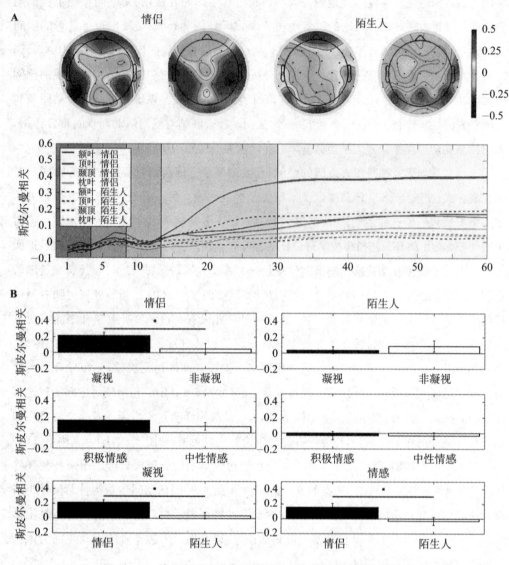

图 5-10 情侣和陌生人在互动任务中的脑间活动同步性对比

注：A. 情侣组和陌生人组在 gamma 频段的脑间活动同步；B. 社会注视和积极情感在情侣组和陌生人组的比较。图片引自 Kinreich 等，2017。

否成功及其沟通质量上的重要作用，此类研究的发现有助于阐明言语互动的脑—脑机制。另外，对人际沟通机制的探索、为沟通障碍的病理机制提供了新的视角。但是，目前以具有沟通障碍的患者作为被试来探究言语互动脑—脑机制的研究相对较少，大多数研究对于沟通质量的操作性定义还集中在"理解"和"不理解"（如选用被试母语的材料和非母语的材料）的层面上，而沟通障碍还可能发生在传递者、接受者和沟通通道等多个方面。因此，从沟通的脑—脑机制出发，通往对沟通障碍的进一步理解和对应治疗还有很长的路，需要借助超扫描技术进行探索。

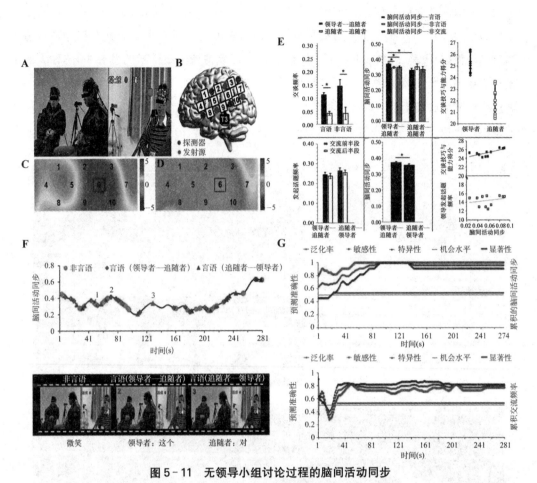

图5-11 无领导小组讨论过程的脑间活动同步

注：A.实验场景示意图；B.光极放置的位置，主要位于左侧额叶、颞叶和顶叶皮层；C.领导者—追随者之间的脑活动同步；D.追随者—追随者之间的脑间活动同步；E.行为指标以及与脑间活动同步的相关；F.左侧颞顶联合区的脑间活动同步与编码的交流行为之间的对应关系；G.预测的准确性随时间进程的变化。图片引自 Jiang 等，2015。

第二节 表情交流

面部表情是肢体语言最为丰富的部分，是人内心情绪的流露，人们的喜怒哀乐都可以通过表情来体现和反映。因此，表情交流是另外一种重要的人际交流方式。多个个体共同完成某一认知任务时，依据简单的面部表情，就可以很快地感受到对方情绪的变化以及可能的心理变化过程。近年来，以表情交流为主题的超扫描研究不断涌现，尤其是眼神交流。此类研究得出了较为一致的结论，即成功的表情交流伴随着交流双方明显的脑间活动同步。

Anders 等人（2011）采用基于 fMRI 的超扫描技术，考查了面部情绪交流的脑—脑机制。研究者邀请了6对情侣参与实验,女性被试负责表演并传递情绪信息,即将自己的情绪状态通过面部表情实时地通过视频传输给她的伴侣。男性被试负责对女性传递的情绪进行感知(如图5-12A)。为了避免冲突情绪的快速切换,实验的每个试次只出现一种情绪(喜悦、愤怒、厌恶、恐惧或悲伤)。研究发现,面部表情情绪在传递的过程中,感知者和发送者在前颞叶、脑岛和躯体运动皮层等部位都产生了明显的脑间活动同步,表现在感知者这些区域的脑活动水平可以根据发送者的脑活动来预测(如图5-12B&C)。这些脑区涉及心理理论过程,参与表征对方的意图(C.D. Frith 和 Frith,2006)。进一步的研究发

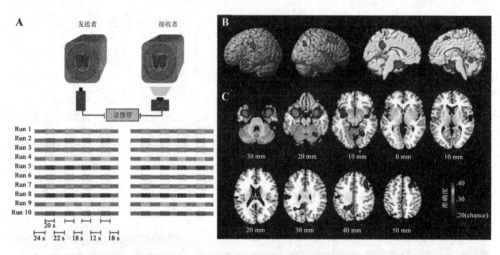

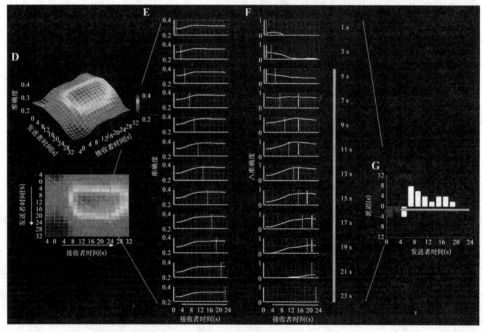

图5-12 面对面情绪交流过程的脑—脑机制

注:A.实验设计;B—C.情绪的共享网络;D—G.动态的信息流动。图片引自 Anders 等,2011。

现,从发送者到感知者之间的情绪信息传递具有明显的时序性(如图5-12D、E、F、G),表现在感知者的脑活动显著延迟于发送者的脑活动,这种延迟随着时间逐渐减小,可能是由于随着时间的推移,发送者和感知者之间的互动越来越协调。

Hirata等(2014)让一位母亲和她的孩子通过实时的视频观看对方的面部表情,同时采用基于MEG的超扫描技术记录双方的脑活动(如图5-13)。该研究中的两台MEG设备共处同一个房间,两名被试肩并肩躺在MEG扫描仪中,是首个将两台MEG放在一个屏蔽房间进行扫描的研究,为在更高生态效度环境下探讨社会互动的脑—脑机制奠定了技术手段。

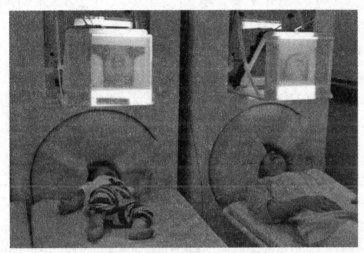

图5-13 母子之间表情交流的超扫描

注:图片引自Hirata等,2014。

眼神作为面部表情的核心,被认为是个体间交流的一个重要标志,能够传递重要的信息。成功的眼神交流依赖于发送者和接收者之间的信息传递和互动质量。联合注意任务(joint attention task)是研究眼神交流的典型实验范式,是指两个或多个个体共同看向同一物体,通常表现为一个被试对另一个被试的注视追随(Materna等,2008;Moore和Dunham,1995)。联合注意能力的形成对社会认知能力的发展具有重要意义,会影响个体的语言学习、社会情感的发展和对他人意图的感知(Morales等,2005)。Saito等人(2010)采用联合注意研究范式发现,右侧额下回的脑间活动同步与共同注意过程有关。他们通过红外摄像机记录每名被试眼睛和眉毛的图像,并通过计算机实时传输到其互动对象面前的液晶屏幕上,屏幕上方呈现互动对象的注视情况,下方呈现注视客体(红色和蓝色的小球)(如图5-14A)。两名被试可以通过实时交换眼睛注视信息来执行共同注意任务。在该任务中,屏幕上半部分呈现参与者同伴的眼睛,下半部分是两个红色球体。实验包含两种条件:一致和不一致条件(如图5-14B)。一致条件下要求被试看向线索指向的目标位置,不一致条件下要求被试看向与线索指向相反的位置,其中线索包括球线索,即小球颜色从红色变为蓝色,以及眼线索,即互动对象的注意指向。每一条件下又包含3种不同的任务类型,一致条件下包含:(1)球线索联合注意(ball-share,BS),要求被试通过注视由红变蓝的小球来发起联合注意;(2)眼线索联合注意(eye-share,ES),要求被试根据互动对象的注意指向将注视点转移至相同位置的小球,从而回应联合注意;(3)一致条件下同步球线索非联合注意(simultaneous ball-non-share during concordant run,SBNc),不同位置的球线索同时呈现给被试双方,要求被试根据线索同时注视相应位置的小球。不一致条件下包含:(1)球线索非联合注意(ball-non-share,BN),要求被试看向与线索指向相反的位置来发起非联合注意;(2)眼线索非联合注意(eye-non-share,EN),要求被试根据互动对象的注意指向看向相反位置的小球,从而回应非联合注意;(3)不一致条件下同步球线索非联合注意(simultaneous ball-non-share during discordant run,SBNd),球线索同时呈现给被试双方,要求被试看向球线索提示的相反位置(如图5-14B)。实验中,被试会轮换发起者和响应者的角色,因此,所有被试均需完成以上所有任务。结果显示,正确率在条件间没有显著的差异,而球线索条件下被试的反应时显著短于眼线索(如图5-14D),这可能是由于个体对不同提示线索进行加工的神经基础不同。单脑激活的结果显示,眼线索条件下被试双侧枕极、右侧颞中回、梭状回、右侧颞上沟后部等脑区的激活程度显著大于球线索条件。另外,研究者也对任务中被试额区的脑间活动同步进行了探究,发现配对组(即任务中真实互动双方)在右侧额下回的脑间活动同步显著高于非配对组(即全部被试随机配对)(如图5-14C),这一结果表明脑间活动同步是互动双方共享心理意图重要的神经基础。

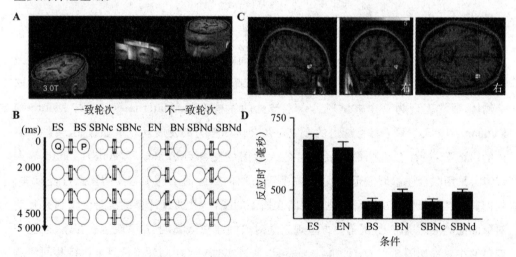

图5-14 共同注意过程的脑间活动同步

注:A.扫描示意图;B.共同注意实验任务;C.每种条件下反应时的比较;D.面对面条件下被试额下回的脑间活动同步性增加。图片引自Saito等,2010。

此后,一系列以眼神交流为主题的超扫描研究得出了类似结果。Koike 等人(2016)让每对被试在 fMRI 扫描仪里完成一个实时的对视任务和一个联合注意任务,并在几天之后回到实验室再次完成对视任务。研究结果发现,联合注意任务提高了被试的眨眼同步,而眨眼同步是共同注意的行为学指标,该行为学指标与被试间右侧额下回的脑间活动同步呈现正相关。而当被试在第二次实验中仅完成对视任务时,被提高的眨眼同步仍然存在,并且该行为与被试右侧额下回的脑间活动同步呈现正相关。右侧额下回是发起和回应联合注意的重要脑区,这个研究结果表明共享的注意表现出被试间右侧额下回的脑间活动同步,并且这样的效应可以持续存在。Tanabe 等人(2012)采用 fMRI 超扫描技术比较了自闭症—正常组和正常—正常组在联合注意中的表现。研究发现,在自闭症—正常组中,自闭症患者和正常同伴的表现都受损,体现在自闭症—正常组被试注视方向识别的正确率低于正常—正常组被试(如图 5-15A),自闭症患者这种眼部线索观察能力的退化可能是与注视早期视觉加工损伤有关。另外,右侧额下回的脑间活动同步在自闭症—正常组明显降低(如图 5-15B&C)。单脑激活结果显示,自闭症患者在注视加工过程中左侧枕叶皮层激活降低,而作为补偿,其正常同伴的双侧枕叶皮层和右侧前额区域激活增

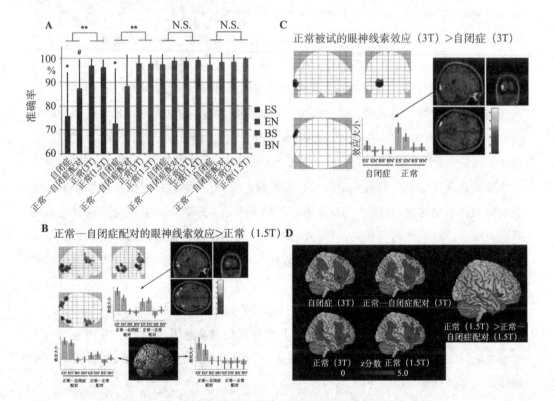

图 5-15　自闭症患者在眼神交流任务中的脑间活动同步性

注:A.任务表现(正确率);B—C.自闭症患者和正常被试以及自闭症—正常组和正常—正常组的大脑活动对比;D.右侧额下回的功能连接。图片引自 Tanabe 等,2012。

加。与正常—正常组相比,自闭症—正常组在右侧额下回和右侧颞上沟之间的脑内功能连接明显减弱(见图5-15D),而这两个脑区之间的功能连接恰好与正常同伴眼部线索觉察能力呈正相关关系。因此,该项研究结果从另外一个侧面证实了Satio等人(2010)所得到的眼神交流与右侧额下回的脑间活动同步增强有关的结论。

Edda等人(2015)的研究则发现,被试脑间活动同步发生在颞顶联合区。该研究分为两种情景:互动情景和独立情景。在互动情景中,信息传递者的屏幕中央是同伴的面孔,上下左右分别是四种图形,只有一个是目标形状(正方形),其他三个是干扰项。信息接收者的屏幕中央是同伴的面孔,面孔周围有四个同样大小的加号。两名被试均需要选择出目标图形的位置,因此,信息传递者需要用眼神方向提示信息接收者目标图形的位置,而信息接收者则根据对方的眼神方向做出选择。在作为对照任务的独立情景中,信息传递者和接收者均能看到目标图形从而做出选择,因此被试间不需要合作,而是独立完成实验。研究发现,发送者和接收者在颞顶联合区存在脑—脑耦合(如图5-16A),这种脑—脑耦合只在社会互动情景中产生,在没有互动的两个被试之间并不存在。Hirsch等人(2017)的研究发现,相对于与照片对视的条件,被试与真人搭档进行眼神交流时,双方在左侧颞上回、中部颞叶、缘上回等区域出现了更高的脑间活动同步(如图5-16B)。此外,Leong等人(2017)用EEG超扫描研究探索了眼神交流在成人与婴儿互动中的作用。在实验一中,婴儿观看一名成人唱歌的视频,视频中的成人分别与婴儿对视、非对视(错开20°)以及倾斜对视(头部倾斜但是眼神对视);实验二则是在现实场景进行的相同实验。采用格兰杰因果分析发现,在成人与婴儿对视(对视、倾斜对视)的实验组中,成人在theta和alpha频段表现出对婴儿脑活动更强的影响作用。在现实场景中,婴儿在直视条件下对成人的脑活动影响强于非直视条件。另外,婴儿还表现出在现实场景中的直视条件下有更多的声音回应,而这样的回应增强了来自于成人的脑间活动同步(如图5-16C&D)。该研究揭示了眼神交流促进成人与婴儿的脑间活动同步。这一系列的研究说明,成功的眼神交流往往伴随着脑内广泛脑区参与的神经网络脑间活动同步,包括左侧额叶、颞叶及顶叶在内的神经网络,在眼神交流过程中发挥着重要作用。

综合以上研究,我们了解到面部表情交流和眼神交流过程都存在脑间活动同步性。右侧额下回和颞顶联合区通过眼神交流参与个体间的共享意图,帮助个体更好地与他人交流。正是这种交流,使双方能完成那些具有共同目标的合作性活动,如看向同一个物体。

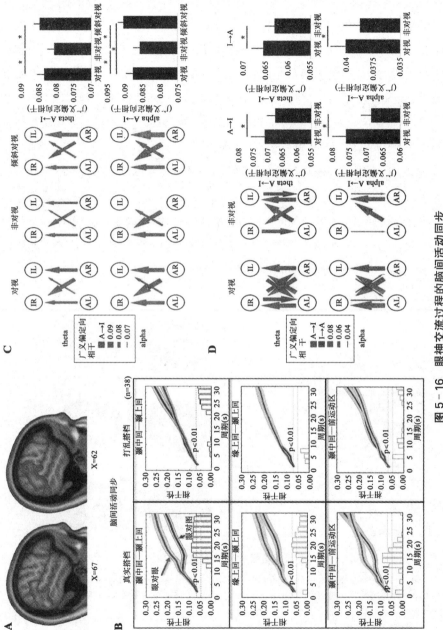

图 5-16 眼神交流过程的脑间活动同步

注：A. 独立成分分析，左图呈现的是发送者和接收者之间右侧颞顶联合区的脑耦合。右图为采用更大的独立样本（25 对健康被试）重复验证的结果。图片引自 Edda 等，2015。B. 脑间活动同步。图片引自 Hirsch 等，2017。C—D. theta（3～6 Hz）和 alpha（6～9 Hz）频段的功能连接，上图呈实验一，下图呈实验二。其中 L 代表左，R 代表右，I 代表婴儿，A 代表成人。图片来自 Leong 等，2017。

第三节 动作交流

在人际交流活动中,动作或肢体活动的协调和模仿等行为可以促进对他人所传递信息和意图的理解。除言语交流和表情交流外,动作交流也是人际交流的一种重要形式之一。Dumas等人(2010)首先通过EEG超扫描技术探究了动作互动相关的脑—脑机制。该实验对9对被试的自发手势模仿行为进行研究,记录模特和模仿者之间的手势互动和相关的脑活动(如图5-17A)。研究结果显示,在模特和模仿者之间的手部动作时间节律一致(即开始和结束时间一致)的时候,在alpha-mu(8~12 Hz)频段上呈现出模特右侧顶叶(CP6,P8)和模仿者右侧顶叶(CP6,P4,P8)的脑间活动同步性(如图5-17B)。进一步的研究发现,脑间活动同步在较高频段变得不对称,具体表现在beta频段上的中央和右侧顶枕皮质及gamma频段上的顶叶中部和顶枕区域的同步性(如图5-17C&D)。这可能与互动过程中的角色转换有关。其中顶叶区域的功能不对称性,反映了社会交互过程中,对模特和模仿者角色的一种自上而下的调节。而右侧中央顶叶皮层主要负责识别和编码他人动作,它的激活使人们更好地实现和他人行为的同步。

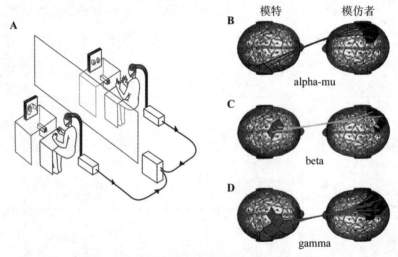

图5-17 手势模仿任务过程中的脑—脑同步

注：A.双视频系统和双EEG记录装置；B.模特和模仿者之间在右侧中央顶叶的alpha-mu频段的脑间活动同步；C.模特顶枕中部和模仿者右侧顶枕叶在beta频段的脑间活动同步；D.模特顶叶中部和模仿者顶枕区域在gamma频段的脑间活动同步。图片引自Dumas等,2010。

Schippers等人(2010)让被试玩手势猜谜游戏,期间采用基于fMRI的超扫描技术测量做手势者和猜测者的脑活动。结果显示,猜测者在涉及运动计划的镜像神经元系统(背侧、腹侧前运动皮层,感觉运动皮层,前下顶叶以及颞中回)和涉及心理理论的腹内侧前额叶皮层与做手势者在相对应脑区活动的时间序列上表现出明显的相似性，并且格兰杰因果分析表明二人之间的脑活动信息从做手势者传向猜测者（如图5-18）。研究者认为，镜像神经元系统和腹内侧前额叶可能在手势交流过程中起到非常重要的作用。

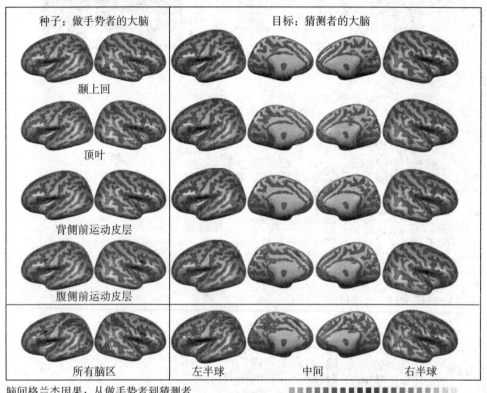

图5-18 看手势猜字谜游戏的 fMRI 超扫描研究

注：在手势猜字谜游戏中，做手势者与猜测者脑间的格兰杰因果分析结果。图片引自 Schippers 等，2010。

Dommer 等人（2012）采用基于 fNIRS 的超扫描技术，研究手指敲击任务中被试的模仿行为以及相应的神经活动。实验中两名被试相对而坐（如图5-19A），模仿条件下模仿者需要模仿模特的手指按键；控制条件下双方各自按键互不影响。两种条件还进一步分为有背景提示音的模仿和没有背景提示音的自发模仿。任务期间记录前运动皮层的脑活动（如图5-19B）。研究发现模仿情景下，两名被试呈现出前运动皮层的脑间活动同步。并且在模仿情景中，无背景声音提示的模仿行为呈现出比有背景声音提示的模仿行为更强的脑间活动同步（如图5-19C）。格兰杰因果分析发现模仿条件下相比于控制条件，被试间呈现出更强的从模特到模仿者的信息流，该信息流存在一定的时间差（如图5-19D&E）。该研究同样展现了动作同步的脑—脑机制，并且伴随动作同步的脑间活动同步会因为角色的不同而产生动态方向性。

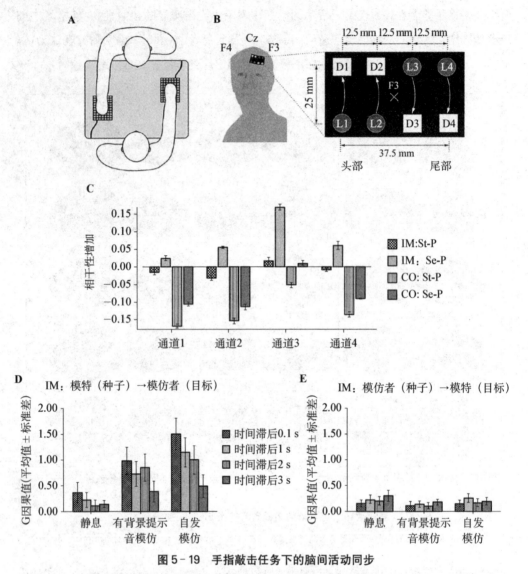

图 5-19 手指敲击任务下的脑间活动同步

注：A.手指敲击模仿任务；B.fNIRS 扫描过程中光极放置的位置（前运动头皮层）；C.不同任务下不同通道的脑间活动同步性比较。其中 IM 代表模仿条件，CO 代表控制条件，Se-P 代表自发模仿，St-P 代表有背景提示音的模仿；D.在静息、有背景提示音模仿、自发模仿条件下，从模特到模仿者的格兰杰因果系数比较；E.在静息、有背景提示音模仿、自发模仿条件下，从模仿者到模特的格兰杰因果系数比较。图片引自 Holper 等，2012。

Stolk 等人（2014）首次采用符号协作游戏作为研究范式，结合基于 fMRI 的超扫描技术探讨了社会沟通系统产生的脑—脑机制。在符号协作游戏中，一方为发送者，另一方为接收者。计算机会分配简单符号代表不同的角色，例如圆形代表发送者，三角形代表接收者。每个试次开始前将互动双方的目标位置和目标朝向仅呈现给发送者。发送者需要进行思考和计划符号的移动轨迹，在达到目标位置的同时，也需通过该种方式告知接收者目标位置和目标朝向。而后接收者根据发送者的移动轨迹对其意图进行猜测，并移动到相应的位置,调整朝向。因此被试在尝试使用符号和得到对方的反馈中逐渐形成两人之间可以理解的信号系统(如图5-20A)。实验共包含3个阶段,前两个是练习阶段,第三个是正式任务阶段。在首次练习阶段,要求被试通过10个试次来熟悉操纵柄的使用以及任务流程。在第二次的练习中,被试两人配对成组,熟悉各自的角色,角色在整个实验阶段保持固定,或担任发送者,或担任接收者。被试双方必须成功交流25个试次且至少连续成功10次才能结束该阶段的练习。正式任务阶段有84个试次,一半试次为旧互动,一半试次为新互动。在旧互动中,被试双方面临的交流情景是先前经过练习的,可以使用已有的交流系统。而在新互动中,代表被试双方的符号、起始位置和终点位置都与练习试次不同,需要被试双方重新协调一致,建立新的沟通系统。对正式任务阶段的数据进行分析的结果显示,旧试次的正确率随着任务的进行始终保持在一个很高的水平,接近100%;而新试次的正确率随着任务的进行不断提高(如图5-20B)。研究者发现无论是发送者还是接收者,其右侧颞上沟前部在新试次中的激活程度的动态变化趋势与行为结果相一致(如图5-20C),这一结果暗示着颞上沟可能存在脑间活动同步,且这种同步性是社会沟通系统产生的神经标记。而后研究者以右侧颞上沟为感兴趣区,以左侧感知运动皮层作为控制区,计算两者的脑间活动同步。结果显示,右侧颞上沟的血氧信号在 $0.01\sim0.04$ Hz($25\sim100$ s)的功率谱密度较大(如图5-20D),且在这个频段下无相位差时,配对组被试(真实互动组)的脑间活动同步强于非配对组(被试随机配对成组)(如图5-10F),进一步的分析发现,配对组在新试次中的脑间活动同步显著强于旧试次,而在非配对组中没有出现这一差异。值得注意的是,这一效应也没有出现在控制脑区——左侧感知运动皮层(如图5-20H)。

以上结果说明,右侧颞上沟的脑间活动同步是社会沟通系统产生的重要神经依据,这种脑间活动同步仅存在于实际交流的被试间,且交流双方无法使用已有的交流系统,而是通过互动协调的方式对移动轨迹的含义逐步达成共识,进而形成一套以移动轨迹为媒介的新的交流沟通系统。因此,脑间活动同步反映了个体间为形成新的沟通系统而对移动轨迹产生的共享意图(Stolk 等,2014)。

Müller 和 Lindenberger(2014)对亲吻这一特殊情形下的人际交流方式进行了研究。他们让被试分别亲自己的手以及相互亲吻彼此,并使用 EEG 同步记录他们的脑活动。研究者采用图论(graph-theory methods)的方法得到了 theta-alpha 的脑网络。研究结果发现相较亲吻自己的手,被试在彼此亲吻时的脑网络强度更高。并且在具有该特征的脑网络中,5 Hz 的脑网络节点之间的相关性与亲吻的满意程度存在正相关,被试自评的亲吻质量与 10 Hz 频段的脑网络节点之间的相关性成正相关。研究结果表明脑间网络联结在人际协作的自愿行为以及社会联结行为中的重要价值。

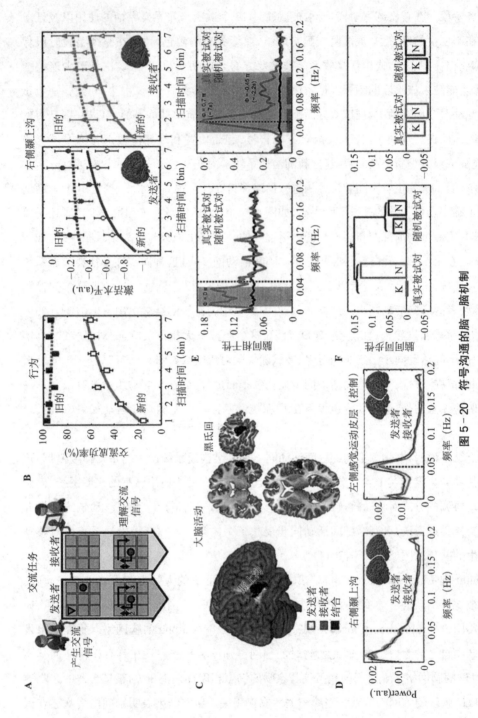

图 5-20 符号沟通的脑—脑机制

注：A．任务流程；B．不同实验条件下交流成功率的动态变化；C．发送者和接收者在不同实验条件下右侧颞上沟激活程度的动态变化；D．发送者和接收者在不同脑区血氧信号的功率谱密度；E．配对组和非配对组在不同脑区的功率谱随着频率的相干性变化；F．配对组和非配对组在不同条件下不同脑区的脑间活动同步。图片引自 Stolk 等，2014。

小 结

目前为止,超扫描技术引入到考察人际交流的脑—脑机制主要涉及言语、面部表情、眼神交流、手势动作、符号信息以及亲吻等方面。研究结果显示,前额叶以及颞顶区域的脑间活动同步在人际交流中起到非常重要的作用。但现有的研究在人际交流的情景、内容等方面都有待于进一步的改善,才能大大促进对人际交流内在本质的理解。与此同时,将超扫描技术应用到社交交流障碍人群上,将有利于阐述患者交流障碍的本质和评估干预手段的有效性,帮助这些人群更好地适应社会。

参考文献

Ahn, S., Cho, H., Kwon, M., Kim, K., Kwon, H., Kim, B. S.,... Jun, S. C. (2018). Interbrain phase synchronization during turn-taking verbal interaction — a hyperscanning study using simultaneous EEG/MEG. *Human Brain Mapping*, *39*.

Anders, S., Heinzle, J., Weiskopf, N., Ethofer, T., & Haynes, J.-D. (2011). Flow of affective information between communicating brains. *Neuroimage*, *54*(1), 439-446.

Baess, P., Zhdanov, A., Mandel, A., Parkkonen, L., Hirvenkari, L., Mäkelä, J. P.,... Hari, R. (2012). MEG dual scanning: a procedure to study real-time auditory interaction between two persons. *Frontiers in Human Neuroscience*, *6*(6), 83.

Dommer, L., Jager, N., Scholkmann, F., Wolf, M., & Holper, L. (2012). Between-brain coherence during joint n-back task performance: a two-person functional near-infrared spectroscopy study. *Behav Brain Res*, *234*(2), 212-222.

Dumas, G., Nadel, J., Soussignan, R., Martinerie, J., & Garnero, L. (2010). Inter-brain synchronization during social interaction. *Plos One*, *5*(8), e12166.

Edda, B., Matthias, R., Axel, S. F., Ceren, A., Calhoun, V. D., Christian, S.,... Andreas, M. L. (2015). Information flow between interacting human brains: Identification, validation, and relationship to social expertise. *Proceedings of the National Academy of Sciences of the United States of America*, *112*(16), 5207.

Frith, C. D., & Frith, U. (2006). The neural basis of mentalizing. *Neuron*, *50*(4), 531-534.

Frith, U., & Frith, C. (2001). The Biological Basis of Social Interaction. *Current Directions in Psychological Science*, *10*(5), 151-155.

Gallotti, M., & Frith, C. D. (2013). Social cognition in the we-mode. *Trends in Cognitive Sciences*, *17*(4), 160-165.

Goldin, A. P., Pezzatti, L., Battro, A. M., & Sigman, M. (2011). From Ancient Greece to Modern Education: Universality and Lack of Generalization of the Socratic Dialogue. *Mind Brain & Education*, *5*(4), 180-185.

Hari, R., & Kujala, M. V. (2009). Brain basis of human social interaction: from concepts to brain imaging. *Physiological Reviews*, *89*(2), 453.

Hirata, M., Ikeda, T., Kikuchi, M., Kimura, T., Hiraishi, H., Yoshimura, Y., & Asada, M.

(2014). Hyperscanning MEG for understanding mother — child cerebral interactions. *Frontiers in Human Neuroscience*, *8*(2),118.

Hirsch, J., Zhang, X., Noah, J. A., & Ono, Y. (2017). Frontal temporal and parietal systems synchronize within and across brains during live eye-to-eye contact. *Neuroimage*, *157*,314.

Holper, L., Goldin, A. P., Shalóm, D. E., Battro, A. M., Wolf, M., & Sigman, M. (2013). The teaching and the learning brain: A cortical hemodynamic marker of teacher — student interactions in the Socratic dialog. *International Journal of Educational Research*, *59*,1-10.

Ivana, K., & Andreas, R. (2012). The two-brain approach: how can mutually interacting brains teach us something about social interaction? *Frontiers in Human Neuroscience*, *6*(6),215.

Jiang, J., Chen, C., Dai, B., Shi, G., Ding, G., Liu, L., & Lu, C. (2015). Leader emergence through interpersonal neural synchronization. *Proc Natl Acad Sci U S A*, *112*(14),4274-4279.

Jiang, J., Dai, B., Peng, D., Zhu, C., Liu, L., & Lu, C. (2012). Neural synchronization during face-to-face communication. *Journal of Neuroscience the Official Journal of the Society for Neuroscience*, *32*(45),16064.

Kawasaki, M., Yamada, Y., Ushiku, Y., Miyauchi, E., & Yamaguchi, Y. (2013). Inter-brain synchronization during coordination of speech rhythm in human-to-human social interaction. *Scientific Reports*, *3*(1),1692.

Kinreich, S., Djalovski, A., Kraus, L., Louzoun, Y., & Feldman, R. (2017). Brain-to-Brain Synchrony during Naturalistic Social Interactions. *Scientific Reports*, *7*(1).

Koike, T., Tanabe, H. C., Okazaki, S., Nakagawa, E., Sasaki, A. T., Shimada, K.,... Boschbayard, J. (2016). Neural substrates of shared attention as social memory: A hyperscanning functional magnetic resonance imaging study. *Neuroimage*, *125*(1),401.

Leong, V., Byrne, E., Clackson, K., Georgieva, S., Lam, S., & Wass, S. (2017). Speaker gaze increases information coupling between infant and adult brains. *Proceedings of the National Academy of Sciences of the United States of America*, *114*(50),13290.

Müller, V., & Lindenberger, U. (2014). Hyper-Brain Networks Support Romantic Kissing in Humans. *Plos One*, *9*(11), e112080.

Materna, S., Dicke, P. W., & Thier, P. (2008). Dissociable Roles of the Superior Temporal Sulcus and the Intraparietal Sulcus in Joint Attention: A Functional Magnetic Resonance Imaging Study. *Journal of Cognitive Neuroscience*, *20*(1),108-119.

Moore, C., & Dunham, P. J. (1995). Joint attention: Its origins and role in development. *Lawrence Erlbaum Associates Inc*.

Morales, M., Mundy, P., Crowson, M. M., Neal, A. R., & Delgado, C. E. F. (2005). Individual differences in infant attention skills, joint attention, and emotion regulation behaviour. *International Journal of Behavioral Development*, *29*(3),259-263.

Nozawa, T., Sasaki, Y., Sakaki, K., Yokoyama, R., & Kawashima, R. (2016). Interpersonal frontopolar neural synchronization in group communication: An exploration toward fNIRS hyperscanning of natural interactions. *Neuroimage*, *133*,484-497.

Osaka, N., Minamoto, T., Yaoi, K., Azuma, M., Shimada, Y. M., & Osaka, M. (2015). How two brains make one synchronized mind in the inferior frontal cortex: fNIRS-based hyperscanning during cooperative singing. *Frontiers in psychology*, *6*,1811.

Pérez, A., Carreiras, M., & Duñabeitia, J. A. (2017). Brain-to-brain entrainment: EEG interbrain synchronization while speaking and listening. *Scientific Reports*, *7*(4190).

Saito, D. N., Tanabe, H. C., Keise, I., Hayashi, M. J., Yusuke, M., Hidetsugu, K.,... Yasuhisa, F. (2010). "Stay Tuned": Inter-Individual Neural Synchronization During Mutual

Gaze and Joint Attention. *Frontiers in Integrative Neuroscience*, 4(127),127.

Schippers, M. B., Roebroeck, A., Renken, R., Nanetti, L., & Keysers, C. (2010). Mapping the information flow from one brain to another during gestural communication. *Proc Natl Acad Sci U S A*, 107(20),9388-9393.

Spiegelhalder, K., Ohlendorf, S., Regen, W., Feige, B., Tebartz, v. E. L., Weiller, C., Tüscher, O. (2014). Interindividual synchronization of brain activity during live verbal communication. *Behavioural Brain Research*, 258(2),75-79.

Stephens, G. J., Silbert, L. J., & Hasson, U. (2010). Speaker-listener neural coupling underlies successful communication. *Proceedings of the National Academy of Sciences of the United States of America*, 107(32),14425.

Stolk, A., Noordzij, M. L., Verhagen, L., Volman, I., Schoffelen, J. M., Oostenveld, R., ... Toni, I. (2014). Cerebral coherence between communicators marks the emergence of meaning. *Proceedings of the National Academy of Sciences of the United States of America*, 111(51),18183-18188.

Tadić, B., Andjelković, M., Boshkoska, B. M., & Levnajić, Z. (2016). Algebraic Topology of Multi-Brain Connectivity Networks Reveals Dissimilarity in Functional Patterns during Spoken Communications. *Plos One*, 11(11), e0166787.

Tanabe, H. C., Kosaka, H., Saito, D. N., Koike, T., Hayashi, M. J., Izuma, K., ... Munesue, T. (2012). Hard to "tune in": neural mechanisms of live face-to-face interaction with high-functioning autistic spectrum disorder. *Frontiers in Human Neuroscience*, 6,268.

Wood, J. N., & Grafman, J. (2003). Human prefrontal cortex: processing and representational perspectives. *Nature Reviews Neuroscience*, 4(2),139.

第六章　超扫描视角下的社会决策

摘要

采用超扫描技术,同时记录社会决策任务中互动双方的脑活动,分析互动双方在不同情境下的脑间活动同步及其与社会决策行为间的关联,可以从群体脑水平上提供社会决策相关的脑—脑机制。迄今为止,有关社会决策的超扫描研究运用了囚徒困境、最后通牒游戏、公共物品博弈等多种社会决策研究领域中经典的研究范式。已有研究一致地显示在经济决策的互动过程中,前额叶皮层、纹状体、颞顶联合区和扣带回等区域的脑间活动同步显著增强,而且脑间活动同步与社会决策行为间存在着显著的相关关系。因此,脑间活动同步可能成为衡量决策者个体间互动的客观指标。同时,基于便携式成像设备的超扫描技术为未来在真实情景下的群体决策行为提供了新的技术手段,为厘清群体决策行为的本质奠定了基础。

引　言

日常生活中,我们需要频繁地面临不同类型的选择,比如,今天早餐吃什么,面条还是粥?下午去图书馆看书还是去体育馆打羽毛球?又或者是选择出国读书还是在国内工作?决策是指决策者对不同备选方案的利弊得失进行权衡,对其主观预期价值进行评估,并最终做出个人主观上最优化选择的过程(Huettel 等,2005;Newsome 等,1989)。与机械的自动化加工不同,决策过程需要消耗认知资源,通常涉及认知、记忆、情绪等多个系统的协同活动(Hastie,2000)。决策对人们的工作、学习、生活,乃至国家与社会都至关重要。人们总是反复思量,慎重决定,力求达到最优的结果。

根据决策选择结果的确定性,可以将决策分为确定型和不确定型两大类,不确定型决策又可以细分为风险决策(risky decision making)和模糊决策(ambiguity decision making)。风险决策是指决策过程伴随一定的风险,存在一定的概率性,并且概率已知。

模糊决策是指在模糊环境下进行决策,对决策结果通常并不了解,所知道的信息非常有限。目前,已有的考查决策行为脑机制的研究大多集中在决策者个体的脑活动水平,通过整合临床脑损伤病人的决策行为特点以及来自决策过程中神经电生理学和神经影像学等方面的证据,进而考查决策行为这一复杂的高级认知活动的心理与脑机制。众多研究发现前额叶皮层、眶额皮层(orbitofrontal cortex,OFC)和前扣带回皮层等可能是与决策行为相关的重要脑区(Stopper 和 Floresco,2014)。

然而,对于两人或多人的决策行为(我们称之为群体决策行为),仅考查群体决策行为中单个个体的行为与脑活动不能客观地刻画群体决策行为的特有规律。首先,决策者自身的决策行为极易受到周围人(即群体决策者、群体成员)的作用和影响,如亲密关系、社会属性等因素可以显著地影响决策者行为。换句话说,群体决策具有明显的互动性特点。已有相关研究的生态效度较低,不能真正反映个体在决策过程中的心理和神经活动并推广到实际生活中(Koike 等,2015;Shimokawa 等,2009)。其次,群体决策反映的是群体成员整体的决策行为,而不仅仅是单个个体的总和,单个个体的脑活动与群体决策行为间存在着非常明显的差异。因此,近年来许多研究工作者以基于 fNIRS、EEG、fMRI 以及 MEG 等的超扫描技术为研究手段,选用经典的决策行为范式作为实验任务,在群体成员共同完成的社会决策行为过程中,同时记录所有成员的脑活动情况,分析他们在决策互动过程中的脑间活动同步及其与决策行为表现间的关联(Hasson 等,2012),从群体脑角度提供群体决策行为相关的脑—脑互动规律,更为客观地阐述了群体决策行为的内在本质。

本章将对近年来有关社会决策行为的超扫描研究进行阐述,为了更好、更全面地理解社会决策行为的机制,我们首先介绍了决策行为相关的单脑水平的研究。然后,重点探讨超扫描视角下多种经典的社会决策行为(包括纸牌博弈、囚徒困境、斗鸡博弈、最后通牒游戏以及公共物品博弈等任务)相关的脑间活动同步指标的特点,试图从群体脑水平上阐述社会决策行为的脑—脑机制。

第一节 决策行为与决策者自身的脑活动

多数人所熟知的关于社会决策的研究,通常是基于脑损伤病人或功能性磁共振成像、正电子发射断层扫描(positron emission tomography,PET)等神经影像学技术,对单个被试在决策过程中的脑区激活情况进行探讨(Gold 和 Shadlen,2007)。比如,Bechara 等人(1994)采用爱荷华赌博任务范式考察了脑损伤病人的决策能力。他们发现腹内侧前额叶皮层(ventromedial prefrontal cortex,VMPFC)损伤的病人在完成爱荷华赌博任务时成绩显著下降,表现在与正常对照被试相比(如图 6-1A),VMPFC 受损病人更多地选择不利纸牌(即 A 和 B 纸牌),而更少地选择有利纸牌(即 C 和 D 纸牌)(如图 6-1B)。这表明

VMPFC受损病人不能通过观察学会如何使自身利益最大化。在另外一项研究中，Bechara等人(1996)考察了VMPFC受损病人在完成整个IGT任务过程中的皮肤电活动情况。他们发现在整个任务的最后阶段，正常对照被试更加趋向于选择有利纸牌，而VMPFC受损病人则在不利和有利纸牌间随机选择。更为重要的是，正常对照被试在选择不利纸牌时，会伴随着较高程度的皮肤电活动(如图6-1C)，VMPFC受损病人则表现出这种效应的缺失(如图6-1D)。进一步分析显示，患者皮肤电活动的缺失程度与对未来奖赏的敏感性之间存在相关关系。这些研究表明VMPFC在决策行为以及决策行为所伴随的生理活动中起重要作用。

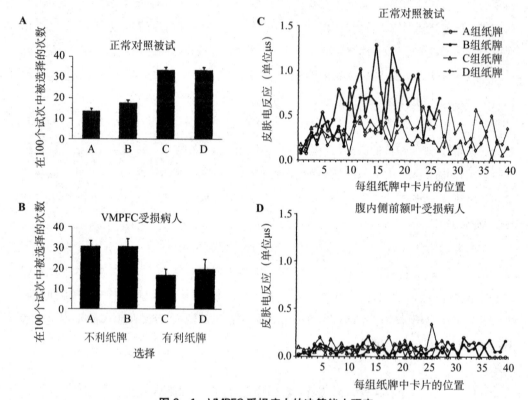

图6-1　VMPFC受损病人的决策能力研究

注：A.正常被试在爱荷华赌博测验中对A、B、C、D四组纸牌的选择情况；B.脑损伤患者在爱荷华赌博测验中对A、B、C、D四组纸牌的选择情况。图片引自Bechara等，1994。C.正常被试在爱荷华赌博测验过程中的皮肤电信号；D.脑损伤患者在爱荷华赌博测验中的皮肤电信号。图片引自Bechara等，1996。

Rogers等人(1999)采用正电子发射断层扫描技术，考察了被试在完成决策任务过程中的脑激活情况。实验选用图6-2A的风险决策任务，在该任务中，较大的奖赏/惩罚与较小的可能性相关联，较小的奖赏/惩罚与较大的可能性相关联。实验者告知被试有一枚黄色代币隐藏在屏幕上方的六个方格中，方格有红色和蓝色两种颜色。被试需要去猜测黄色的代币是隐藏在红色方格后面还是蓝色方格后面，并进行按键选择。屏幕下方会显示选择红色和蓝色方格所对应的金钱数额。如果被试选择红色方格,并且选择正确,被试将获得 30 点;如果选择错误,被试将失去 30 点。同理,如果选择蓝色方格,选择正确则可以获得 70 点,选择错误则失去 70 点。每个试次的累加结果会在屏幕中央显示。与决策条件相对应,控制条件中屏幕上的方格全是黄色或全是蓝色,并且明确告知被试黄色代币隐藏的位置。结果显示,决策过程涉及多个脑区组成的神经环路的激活,包括前额叶皮层的下部和眶额皮层(如图 6-2B)。前额叶皮层下部主要负责接收来自各种皮质和边缘系统输入的信息,眶额皮层主要参与奖赏相关信息的加工。Ernst 等人(2002)采用 PET 技术,考察了被试在完成爱荷华赌博任务中的脑活动情况。在该研究中,研究者将四叠输赢概率相同的纸牌作为控制任务,在该任务下,被试只需要按照 A—B—C—D—A—B—C—D 的顺序选择纸牌即可。结果发现决策过程涉及右侧眶额皮层、右侧背外侧前额叶、右侧脑岛、海马、前部扣带回以及纹状体等脑内广泛的神经网络(如图 6-2C)。

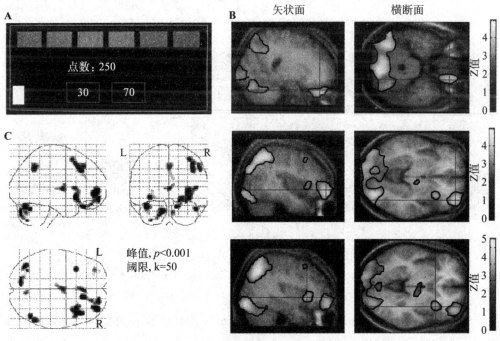

图 6-2 决策行为的 PET 研究结果

注:A.决策研究范式。图片引自 Rogers 等,1999。B.与控制任务相比,被试在决策任务中相关的脑区激活图。图片引自 Rogers 等,1999。C.决策任务过程中被试的脑区激活图(爱荷华赌博测验任务减去控制任务)。图片引自 Ernst 等,2002。

跨期决策是指决策者需要在获益大小和获益时间两个方面进行权衡后,继而做出最优化选择的心理过程。Kable 和 Glimcher(2007)在一项 fMRI 研究中,发现腹侧纹状体、内侧前额叶和后扣带回的神经活动与延迟奖赏的主观价值存在显著相关(如图 6-3A),同时这些区域的活动会随着奖赏延迟时间的延长而显著降低(如图 6-3B),表明这些脑区可以表征奖赏的获益时间变化而导致的主观价值的变化。Sanfey等人（2003）比较了最后通牒游戏中对公平提议或不公平提议做出反应时的脑活动，试图对个体在社会决策过程中认知和情绪加工的神经机制进行解释。研究发现相对于公平提议，不公平的提议导致与情绪（前脑岛）和认知（背外侧前额叶）加工相关脑区更高水平的激活（如图6-3C），尤其是在拒绝不公平提议时，右侧前脑岛的激活水平显著提高（如图6-3D）。这些研究发现表明跨期决策涉及情绪与认知加工的神经网络。与此同时，从侧面证明了情绪在决策中的作用。

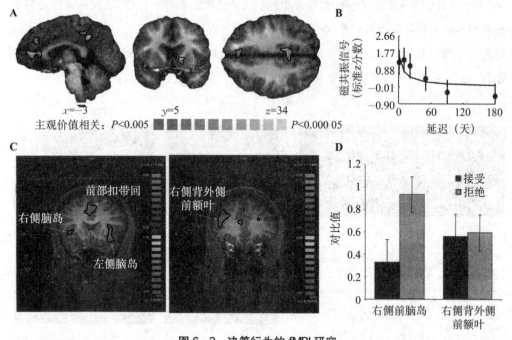

图6-3 决策行为的fMRI研究

注：A.跨期选择过程中，与延迟奖赏主观价值显著相关的激活脑区。B.神经活动与延迟时间的关系。图片引自Kable和Gimcher，2007。C.与不公平提议相关的脑区。D.前脑岛和背外侧前额叶在接受和拒绝条件下的激活对比。图片引自Sanfey等，2003。

综上所述，决策过程通常涉及杏仁核（Bechara等，2003）、前额叶（Bechara等，1994；Bechara等，1996）、外侧眶额皮层（Elliott等，2000；Rogers等，1999）以及海马和纹状体（Ernst等，2002）等脑内广泛分布的神经网络。

第二节 纸牌博弈

Babiloni等人（2007）是将基于EEG的超扫描技术运用到社会决策研究领域的先行者。2007年，他们首次展开以纸牌游戏为主题的EEG超扫描研究，为研究接近真实情境下群体决策行为相关的脑—脑互动开辟了新思路。实验选用的是意大利流行的纸牌游戏扑克牌大师。要求两对被试共同参与,南北相对的被试为一队,东西相对的被试为另一队。同队之间是合作关系,两队之间是竞争关系。实验开始时,发牌员左边的玩家首先出牌,随后玩家之间按照顺时针轮流出牌,只要有同花色的牌就必须跟牌,每轮同花色牌面最大者为胜。在纸牌游戏过程中,研究者通过高分辨率的 EEG 设备,同时测量四个被试的大脑活动(如图 6-4A)。研究者将同队的两名玩家中首先出牌的一方称作第一玩家,将另一方称作第二玩家。通过对第一玩家组和第二玩家组大脑功率谱的分布情况进行分析发现,与静息态相比,第一玩家在纸牌任务过程中 theta 和 beta 频段的前额叶皮层和前扣带回显著激活,beta 频段的感觉运动皮层显著激活(如图 6-4B 左列),而第二玩家在两个频段的右侧前额叶皮层均显著激活,但感觉运动皮层没有明显激活(如图 6-4B 右列)。通过对比两被试组的激活情况发现,第一玩家在前额叶皮层和前部扣带回皮层的激活比第二玩家更强,表明同队的两名玩家在纸牌游戏过程中的神经激活模式存在差异。

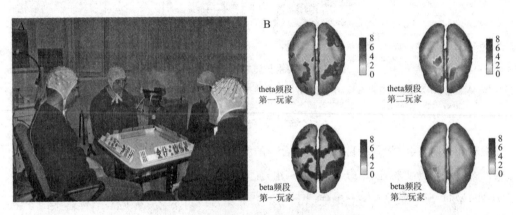

图 6-4 扑克牌大师游戏的 EEG 超扫描

注:A.扑克牌实验场景示意图;B.第一玩家组和第二玩家组功率谱分布的显著差异(静息态作为基线水平)。图片引自 Balioni 等,2007。

Astolfi 等人(2010b,2010c)采用同样的纸牌游戏,运用偏定向相干方法对不同玩家在纸牌任务期间大脑的不同感兴趣区域的功能连接进行分析,发现只有同队的两名玩家之间存在显著的功能连接,主要表现在 beta 和 gamma 频段(见图 6-5A&B),而不属于同一队的两名玩家的大脑皮层功能连接未能达到显著水平。进一步的格兰杰因果分析显示,功能连接具有方向性,表现为从第一玩家的前额叶皮层到第二玩家的前部扣带回皮层的显著功能连接(见图 6-5)。前部扣带回是心理理论的重要脑区(Knobe,2005;Stam,2004),主要负责对他人意图的表征。据此推测,同队成员中的第一玩家,即首先出牌的玩家,在纸牌游戏中可能起着主导作用,第二玩家主要负责猜测和理解同伴的意图,并进行跟随和配合。

Zhang 等人(2017)采用基于近红外光谱成像的超扫描技术,在成对被试完成纸牌赌

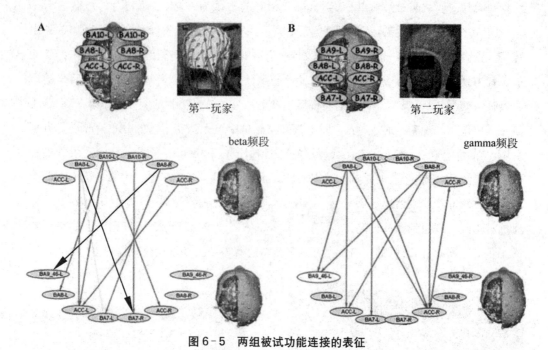

图6-5 两组被试功能连接的表征

注：A. beta频段的脑间功能连接；B. gamma频段的脑间功能连接。箭头代表两组玩家中不同感兴趣区之间的功能连接。粗箭头代表功能连接在两组中都具有统计显著性，而细箭头代表该功能连接只在一组中具有统计显著性。L＝左半球，R＝右半球，ACC＝前部扣带回，BA＝布鲁德曼脑区。图片引自Astolfi等，2010c。

博游戏任务时，同时记录各自的颞顶联合区的脑激活情况。该研究选用"stud poker"风格的纸牌游戏作为实验任务。玩家两人一组，面对面坐下，发牌员给每位玩家50元人民币。实验开始时，玩家面前有一叠纸牌，共5张。每轮给每位玩家发1张牌。两位玩家一方作为庄家，另一方作为跟随者，庄家检查自己的牌后开始押注，赌注为1元、3元或5元，限时5秒。紧接着，跟随者在不看自己牌的情况下决定是否叫牌，限时5秒。如果跟随者不叫牌，则庄家自动获胜，赢得赌注。如果跟随者叫牌，则需要下注，赌注必须大于或者等于庄家的赌注。双方都押注后，由发牌员揭开两人的牌，谁的牌面大谁就获胜，胜者赢得所有赌注。随后发牌员重新洗牌开始下一轮。首轮通过猜拳游戏来决定角色分配，随后每轮交换角色。实验共30轮，游戏结束后，被试赢得的钱即为实验的报酬。在该研究中，根据庄家下注和跟随者下注的行为，将决策行为分为三种类型：风险寻求、风险规避和中性（如图6-6A）。

首先，他们对不同类型的决策行为诱发的决策者脑活动情况进行分析，发现在高风险情景（即风险寻求）下，额极的下部、中部以及颞顶联合区的激活显著高于低风险（即风险规避）情景，而且没有表现出明显的性别效应（如图6-6B）。这与前人研究中发现的心智化网络在决策任务中的重要性是一致的（Polezzi等，2008）。接下来，对互动被试间的脑信号关联进行分析，研究者将"脑间活动同步增加"定义为风险寻求条件下脑间活动同步减

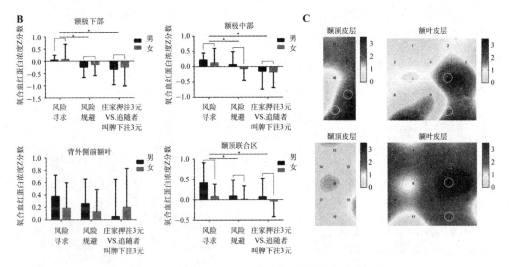

图 6-6 有关"stud poker"游戏的 fNIRS 超扫描研究

注：A.三种决策行为的定义；B.三种决策情景下跟随者的单脑水平分析；C.脑间活动同步的独立样本 t 检验结果。上半部分是女性，下半部分是男性。图片引自 Zhang 等，2017。

去风险规避条件下的脑间活动同步，发现男性被试对和女性被试对在内侧前额叶皮层和背外侧前额叶皮层部位的脑间活动同步都显著增加。但是，只在女性被试的左侧颞顶联合区发现脑间活动同步增加，在男性被试身上没有发现类似的结果（如图 6-6C）。因此，风险决策过程中，互动被试的颞顶联合区的脑间活动同步体现出明显的性别差异。研究者推测在风险决策过程中，男性可能主要依赖非社会认知能力，而女性则会结合社会和非社会认知能力（Zhang 等，2017）。

采用相同的纸牌赌博游戏，Zhang 等人（2017）考察了自发的欺骗行为及其背后的脑间活动同步的变化规律。该研究中，庄家可以根据自己的赌注和所抽到的纸牌来决定是否使用欺骗手段，而跟随者在叫牌过程中需要去评估他们是否被欺骗。例如，如果庄家手中持有低级牌，赢的机会很小，为了获得最大的利益，他有两种策略可以选择：(1) 诚实行为，即冒着被叫牌和失败的风险，选用较低的赌注（1元）来使损失最小化；(2) 欺骗行为，即通过选用高赌注来说服对方不要叫牌，赢得赌注。如果庄家手中持有高级牌，他们可以通过使用高筹码（3元）来获得最大的奖金，同时期望另一玩家不要叫牌。或者选用较低的赌注促使对方叫牌，同时加大筹码，这样庄家的奖金就很可能增加一倍。研究者通过单脑活动的分析发现,与诚实行为相比,欺骗行为诱发了颞顶联合区更强的激活。脑间活动同步分析显示,女性玩家组的颞上沟存在显著的脑间活动同步(如图6-7A),而在男性被试组上就没有发现该现象。进一步分析发现在欺骗条件下,女性玩家组在颞上沟的脑间活动同步与眼神交流的次数存在相关关系(如图6-7B)。格兰杰因果分析表明,脑间活动同步的方向是从庄家到跟随者(如图6-7C),只有女性被试组在欺骗条件下的格兰杰因果值显著高于诚实条件,而男性被试组则不存在该结果(如图6-7D)。因此,研究者认为颞上沟的激活与欺骗行为有关,这种激活模式的特异性在女性被试身上更为显著。这项研究是第一次在真实的面对面交互中研究人们欺骗行为的脑间活动同步,揭示了颞上沟在自发欺骗过程中的关键作用,为未来复杂社会行为的研究提供了一条新的途径。

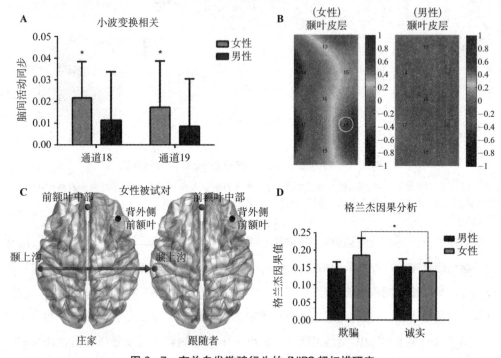

图6-7 有关自发欺骗行为的fNIRS超扫描研究

注:A.通道18和19的脑间活动同步的独立样本t检验结果,通道18和19主要位于颞上沟;B.欺骗条件下脑间活动同步和行为(眼神交流的次数)的皮尔逊相关分析;C.女性玩家组脑间活动同步的方向性,实线代表格兰杰因果分析显著($p<0.05$,FDR校正);D.两种条件和不同性别下平均格兰杰因果的值。图片引自Zhang等,2017。

Piva等(2017)运用基于fNIRS的超扫描技术,研究纸牌游戏过程中面对面竞争行为背后的神经基础,发现额顶网络(主要包括颞顶联合区、背外侧前额叶、中央下区、躯体感觉区和梭状回)在真实的人际交互中,脑内的功能连接和脑间同步性都显著增强。该研究中的纸牌游戏与Zhang等人(2017)的实验范式有所不同,体现在:(1)该研究设计了人—人互动和人—机互动两种条件;(2)庄家可以选择下注,也可以选择退出游戏。如果庄家退出,则此轮游戏结束,双方均不赢不输。该研究将角回作为种子点来测量脑内的功能连接。结果表明,在人—人交互过程中,角回和背外侧前额叶皮层间,及角回和神经网络(包括左侧中央下区和躯体感觉区)之间的连接都显著增强(如图6-8A)。另外,真实互动情景下,被试除了角回、梭状回和缘上回之间的脑间活动同步之外,背外侧前额叶、缘上回以及躯体感觉皮层也表现出明显的脑间活动同步(如图6-8B)。此项研究证明了额顶神经网络在真实互动的竞争行为中的重要作用,同时强调人—人互动和人—机互动具有不同的脑激活模式。

功能连接

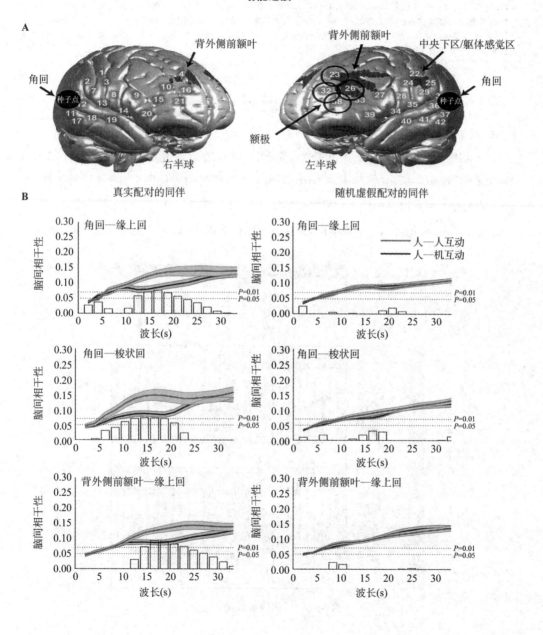

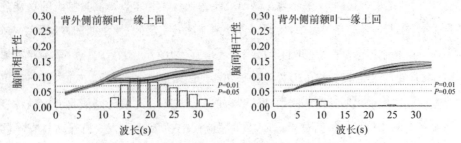

图 6-8 有关纸牌游戏中面对面竞争行为的 fNIRS 研究

注：A.不同条件下角回的功能连接和观察到的对比效应。带数字的圆表示通道的位置；黑色实心圆代表种子点（双侧角回）；黑色区域代表，与人—机互动相比，该区域在人—人互动条件下与种子点存在较高的功能连接；黑色空心圆表示该通道在人—人互动比人—机互动条件下的激活增加。B.脑间活动同步效应。灰色代表人—人互动，黑色代表人—机互动，左列代表真实配对互动的被试组，右列是随机选取不同组的两个人配对，两人间没有真正的互动。图片引自 Piva 等，2017。

第三节 囚徒困境博弈

囚徒困境是一种特殊的博弈任务（如图 6-9），最初是由 Merrill Flood 和 Melvin Dresher 于 1950 年提出的，后来 Albert Tucker 将其命名为囚徒困境，并做了相关解释。经典的囚徒困境可以描述如下：警察逮捕了甲乙两名嫌疑犯，但没有足够证据将二人定罪。于是，警察将甲乙二人单独审问，并告诉他们以下选择，如果二人均认罪，那么两人都

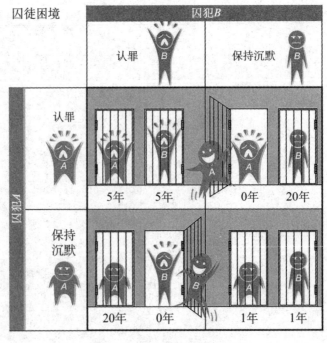

图 6-9 囚徒困境范式示意图

将接受5年的有期徒刑。如果其中一方认罪,而另一方不认罪,那么认罪的一方将会得到释放,而不认罪方将要接受20年有期徒刑。如果双方都不认罪,那么每人都将接受1年有期徒刑(Sally,1995)。

囚徒困境游戏博弈中,被试拥有合作(即不认罪)和背叛(即认罪)两种决策行为,最终目标是利益最大化。如果被试相互合作,双方都可以从中获得较小的利益。如果一方合作,另一方背叛,则合作的一方会遭受巨大的损失,背叛的一方会获得巨大的利益。如果被试相互背叛,则双方均会遭受较少的损失。在大多数囚徒困境范式中,被试选择背叛比选择合作获得的利益更大(Bone等,2015;Christensen等,2014)。

目前关于囚徒困境的超扫描研究结果存在较大争议,Babiloni等人(2007)采用基于EEG的超扫描技术,研究囚徒困境情景中被试间脑活动的关联情况。他们将被试的决策行为归为三类策略(合作、背叛和以牙还牙)来分析,合作策略是指被试选择不认罪,背叛策略是指被试选择认罪,以牙还牙策略是指被试下一轮的选择是模仿对手本轮的选择。研究发现,在做出背叛选择时,被试内侧前额皮层出现较强的脑间活动同步(如图6-10A)。而Astolfi等人运用相同范式研究发现,背叛行为与眶额皮层的脑间活动同步有关(如图6-10B)(Astolfi等,2009;Astolfi等,2010b)。综合这些研究证据可以看出在囚徒困境博弈过程中,互动双方的前额叶区域存在显著的脑—脑耦合。

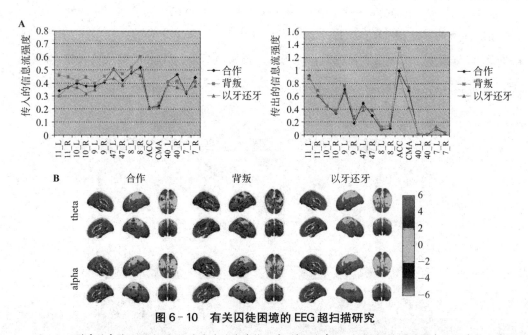

图6-10 有关囚徒困境的EEG超扫描研究

注:A.三种实验条件下alpha频段的平均功能连接强度;横轴代表16个ROI,传入的信息流强度即从其他ROI到该ROI的功能连接强度值,传出的信息流强度即从该ROI到其他ROI的功能连接强度值。图片引自Babiloni等,2007。B.三种实验条件下,大脑功率谱分布的显著性差异。图片引自Astolfi等,2009。

此外，Babiloni等人(2007)的研究还证实前部扣带回皮层的激活水平可以作为背叛态度的鉴别指标，即前部扣带回皮层的激活水平可以预测被试的背叛行为。这与前扣带回在心理理论中的作用相一致(Vogeley等,2001)。同样的，Fallani等人(2010)对多回合的重复囚徒困境任务进行超扫描研究也得出了一致的结论，即在采取背叛策略的被试组，被试双方的脑间活动同步显著弱于采取合作或以牙还牙策略的被试组。

Jahng等人(2017)研究发现非言语线索对重复囚徒困境博弈中被试的选择产生影响。在该研究中，被试在面对面或面部阻隔情景下进行重复囚徒困境博弈，同样采用EEG超扫描方法记录成对被试的脑活动。首先，通过对不同条件下的合作表现进行分析，发现面对面交流增加了被试的合作行为，为社会决策过程中非言语线索的使用提供了行为学的证据。接下来，研究者对不同实验条件(面对面 vs. 面部阻隔)下，采用不同策略(合作、背叛)被试的事件相关频谱扰动(event-related spectral perturbations, ERSP)进行分析。ERSP分析测量的是EEG信号的频率谱中，每个频段的振幅在时间上的相对变化，体现了与实验相关的特定频段大脑活动的增加或减弱。图6-11A上下两图分别展示了不同条件和不同策略下被试在颞顶区域ERSP的大小。结果显示，被试在颞顶区域的激活存在时间动态性，面对面和面部阻隔两种条件下，被试ERSP的显著差异表现在0~0.5 s和0.5~1 s(如图6-11A上)，面对面条件下，合作和背叛之间ERSP的差异主要表现在0~0.5 s和1~1.5 s(如图6-11A下)。最后，研究者对被试的脑间活动同步的分析发现，在面对面条件下，两种策略(合作—合作策略和背叛—背叛策略)下被试的脑间活动同步在alpha频段0~0.5 s存在显著差异(如图6-11B)，主要位置包括右侧颞顶区域、右侧顶叶、右侧枕叶、额中区域以及额叶。

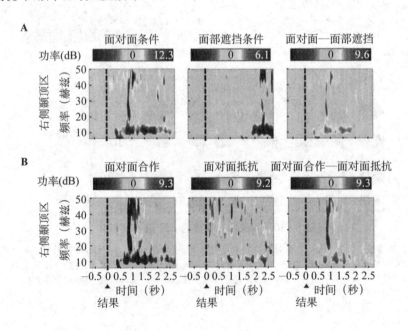

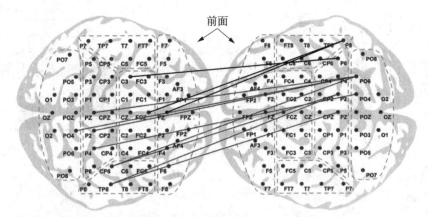

图 6-11 重复囚徒困境博弈过程中被试的脑间活动同步

注：A.右侧颞顶区域的时频分析结果；B.脑活动同步结果。粗线代表面对面条件下，合作—合作策略下的脑间活动同步显著大于背叛—背叛策略下的同步，细线正好相反。图片引自 Jahng 等，2017。

Hu 等人(2018)为了考查合作指数对决策行为的影响，引入了两个新的被试内变量，合作指数(高合作指数和低合作指数)和合作背景(人—人互动和人—机互动)。合作指数是衡量囚徒困境博弈中合作程度的指标(Rapoport 和 Chammah，1965；Vlaev 等，2011)。而所谓的人—机互动只是在实验前告知被试游戏的另一方是计算机，让被试认为是人—机交互，实际还是由人充当另一方。研究结果显示，人—人互动决策的合作率与 theta 波段(如图 6-12A)和 alpha 波段(如图 6-12B)的脑间活动同步显著高于人—机合作。在人—人合作中，高合作指数下被试额中回 theta 波段和顶叶中部 alpha 波段的脑间活动同步显著高于低合作指数下被试的脑间活动同步(如图 6-12A&B)，脑间活动同步的增加与合作选择增多有关(如图 6-12C)。为了进一步探究被试在决策过程中的主观感知对脑间活动同步与合作行为的影响，研究者在囚徒困境博弈结束后，测量被试对实验过程中合作的主观感受(例如，你觉得你和同伴的合作程度如何？)。分析发现，被试对于合作的感知作为中介变量可以调节合作行为和脑间同步性的关系(如图 6-12D)。该研究为互动决策过程中合作对脑间活动同步的影响提供了依据。

第四节 斗鸡博弈

斗鸡博弈，又称懦夫游戏。在该游戏中，两名司机在单线行车道上相向行驶，最先转弯的一方被称作"懦夫"。但如果双方都没有转弯，则双方都将面临严重的车祸。该博弈范式的本质是：没有人想要转弯，但是双方都不转弯却会导致最糟糕的结局。与囚徒困境博弈的区别在于，斗鸡博弈中如果参与双方都选择背叛(即直行)，则双方都会遭受巨大的

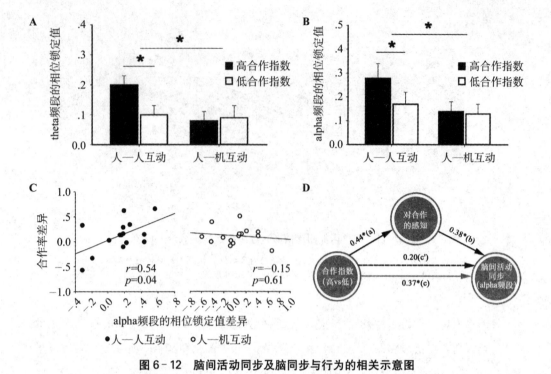

图6-12 脑间活动同步及脑同步与行为的相关示意图

注：A.额中回区域在theta频段的平均相位锁定值；B.顶叶中部在alpha频段的相位锁定值；C.脑间活动同步与行为的相关；D.中介效应。图片引自Hu等，2018。

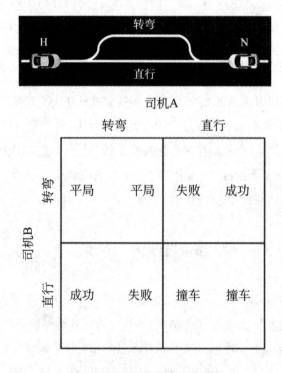

图6-13 斗鸡博弈示意图

损失。而囚徒困境中,如果双方均被背叛,双方都会遭受较少的损失。

采用基于 EEG 的超扫描技术,Astolfi 等人(2010a)让两个被试共同完成斗鸡博弈游戏,分析博弈任务过程中,不同条件(合作、背叛、以牙还牙)下被试大脑功率谱的分布情况,研究者发现与静息态相比,合作条件下被试的左侧眶额皮层、左右侧前额叶皮层出现显著激活(如图 6-14A);背叛条件下,被试的左侧眶额皮层和左侧颞额区域激活显著(如图6-14B);以牙还牙条件下,被试大脑的激活情况与背叛条件基本相同(如图 6-14C)。接下来,研究者通过偏定向相干方法对特定感兴趣区(前部扣带回、扣带运动区、布鲁德曼第 7 区和第 10 区)之间的功能连接进行分析,发现在合作条件下,左右半球的眶额皮层与左半球布鲁德曼第 7 区及扣带运动区存在显著联结(如图 6-14D)。

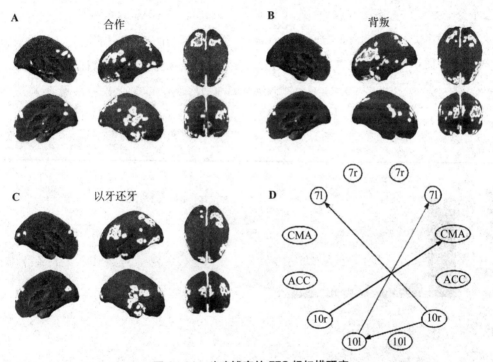

图 6-14 斗鸡博弈的 EEG 超扫描研究

注:A.合作条件下的大脑激活图;B.背叛条件下的大脑激活图;C.以牙还牙条件下的大脑激活图;D.功能连接图。l=左半球,r=右半球,CMA=扣带运动区,ACC=前部扣带回,7 和 10 分别表示布鲁德曼第 7 区和第 10 区。图片引自 Astolfi 等,2010a。

第五节 最后通牒博弈

在最后通牒游戏中,两名参与者分别扮演提议者和响应者,共同决定金钱的分配。提议者提出分配方案,并将该方案告知响应者,由响应者来做最终的决定。如果响应者赞同

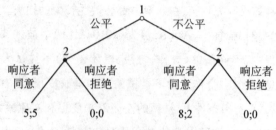

图 6-15 最后通牒游戏博弈

此方案,那么就按照该方案来分配。如果响应者拒绝,则双方都得不到钱。

Yun 等人(2008)采用最后通牒游戏博弈作为实验任务,探讨了前额叶皮层在这种社会决策过程中的作用。在行为层面上,提议者对5∶5分配方案的选择显著大于对其他不公平分配方案的选择(6∶4、7∶3、8∶2以及9∶1,如图6-16A)。在单个个体脑活动层面上,被试做出决策的过程伴随 beta 和 gamma 频段大脑活动的显著增加,尤其是在右侧额中区域(如图6-16B)。在群体脑活动层面上,通过非线性相互依赖预测误差(nonlinear interdependence prediction error)来评估被试脑间功能连接的方向和强度,通道 X 到 Y

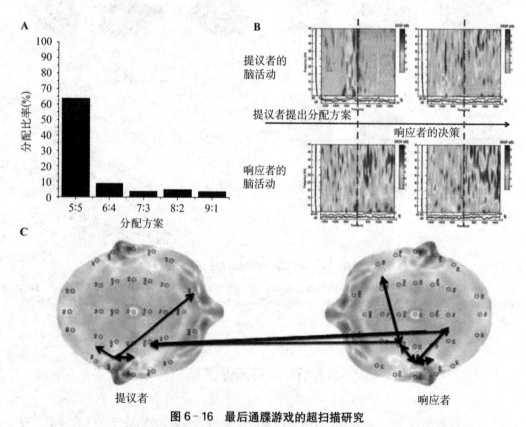

图 6-16 最后通牒游戏的超扫描研究

注:A.每种比例分配方案的分布图;B.提议者和响应者在额中回区域大脑活动的时间频率分析图。图中虚线分别代表提议者提出分配方案的时间和响应者做出决策的时间;C.最后通牒游戏博弈过程中被试的脑间活动同步。左图代表提议者的大脑,右图代表响应者的大脑。图片引自 Yun 等,2008。

的预测误差越小,代表 X 到 Y 的依赖性越强,意味着从 Y 到 X 有较强的信息流。研究发现了从响应者的左侧额中区域到提议者的右侧额中区域的显著功能连接(如图 6-16C),表明额中回皮层在最后通牒游戏博弈过程中起重要作用。

Tang 等人(2016)对经典的最后通牒游戏博弈任务进行了改编,提议者需要首先向响应者呈现用于分配的总金额,既可以呈现真实金额(即诚实行为)也可以呈现虚假金额(即欺骗行为)。随后给出分配方案。响应者获得分配方案信息后,提议者主观报告自己觉得响应者是否愿意接受该分配方案,而响应者则主观判断提议者在呈现用于分配的总金额时是否存在欺骗行为。最后,响应者决定是否接受该分配方案。该研究还设置了面对面和面部阻隔两种条件。在面对面的情景中,游戏双方可以看到彼此,而面部阻隔情景中,双方之间通过挡板隔开,信息只能通过声音传递(如图 6-17A)。实验期间也收集了其他的主观测量信息,如共享意图等,同时采用基于近红外成像的超扫描技术记录两个被试的颞顶联合区的脑活动。行为层面的分析显示,面对面情景增强了被试间的共享意图,以及响应者给出更小的拒绝率,表明面对面情景导致更多的合作决策行为,进而可能带来更大的收益(如图 6-17C)。研究者推测这可能是因为面对面互动情景提供了非言语性线索,如面部表情、肢体语言等,促进了共享意图,降低了不确定性,增强了实际合作行为。在脑活动层面上,研究者发现在面对面情景下的决策过程在右侧颞顶联合区产生了显著的脑间活动同步(如图 6-17B)。而且,该部位的脑间活动同步与被试的共享意图程度呈现显著的正相关关系,即被试双方共享意图越强,右侧颞顶联合区的脑间活动同步程度越高。但是,这种效应只出现在面对面互动情景中,在面部阻隔情景下的决策过程中不存在该效应(如图 6-17D)。该研究发现提示我们面对面情景所能提供的非言语性线索有利于积极的互动行为,这可能是通过增强与心理理论过程相关的颞顶联合区的脑间活动同步实现的。

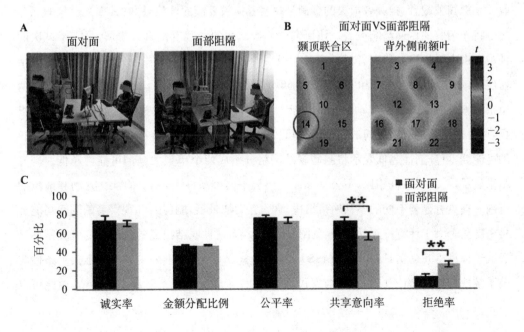

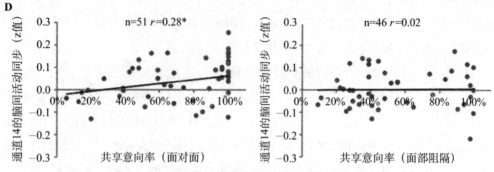

图6-17 关于最后通牒游戏的fNIRS超扫描研究结果

注：A.面对面情景（左）和面部阻隔情景（右）；B.fNIRS结果。两种条件下被试脑间活动同步的对比。面对面条件下被试在通道14（颞顶联合区）的脑间活动同步显著高于面部阻隔条件下；C.行为结果。面对面和面部阻隔两种条件下被试的决策互动行为，仅仅在共享意向率和拒绝率上存在显著差异。共享意向率是指双方都对对方的行为给予积极猜测的试次比例，也就是说提议者认为响应者会接受分配方案，并且响应者也认为提议者对自己诚实的试次所占的比例。拒绝率是指响应者拒绝试次所占的比例；D.相关分析结果。面对面条件下，颞顶联合区的脑间活动同步与共享意图率存在显著正相关。图片引自Tang等，2016。

Astolfi等人（2015）基于EEG的超扫描研究中，在独裁者博弈范式基础上，引入了第三方（即观察者），考察观察者和响应者间共情能力的相关及其背后的群体脑连接模式特点。独裁者博弈是最后通牒博弈的变形，它与最后通牒游戏唯一的不同之处在于响应者没有拒绝的权利，只能被动地接受提议者提出的分配方案，这里的提议者又被称作独裁者（Hoffman等，1996）。在Astolfi等人的研究中，首先由独裁者给出分配方案，包含公平方案（即金钱在独裁者和响应者间平均分配）、不公平方案（即独裁者所得金额稍多于响应者）以及高度不公平方案（即独裁者所得金额远远高于响应者）。研究者通过创设这三种不同公平程度的分配方案来诱发不同强度水平的共情。随后观察者可以选择捐赠自己的收益来惩罚独裁者，独裁者损失的金额是观察者捐赠金额的3倍，同时其损失金额的三分之一将作为收益传递给响应者。该研究中一半试次的独裁者由真人扮演，另一半试次的独裁者由电脑扮演。研究者对响应者和观察者之间的共情互动进行分析，通过脑间联结密度（inter-brain density）和多脑网络的可分割性（multiple brains network divisibility）两个指标来反应被试脑间互动的情况。脑间联结密度是用来衡量显著脑间联结数量的指标，可分割性是指双脑之间的联结网络可以被分割成两个单独节点（即两个单独的大脑）的可能性，可分割性越低表示将脑间联结网络分割成两个单独大脑的可能性越低。研究结果显示，与公平条件相比，不公平和高度不公平两种条件下，真实的社会互动和虚拟的电脑互动具有显著不同的多脑网络结构，真人互动情景下，响应者和观察者的脑间功能连接密度显著大于计算机互动情景（见图6-18A），而这种联结组成的脑网络的可分割性显著低于计算机互动情景（如图6-18B）。通过上述结果可知，不公平或高度不公平条件与公平条件相比，具有不同的脑联结模式，而这三种条件反映了不同程度的共情，由此可以推测,被试的脑间联结可能与共情水平有关,但不公平和高度不公平条件下,被试的脑间联结特征没有显著差异,所以共情水平对脑间活动同步的影响还需要进一步的研究来证实。

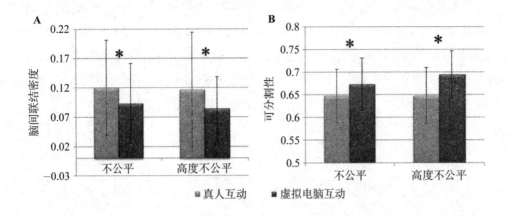

图 6-18 有关第三方惩罚范式的 EEG 超扫描研究

注：A. 不同条件下,被试在 alpha 频段的脑间联结的密度对比;B. 不同条件下被试在 alpha 频段的脑间联结网络的可分割性对比。* 代表真实人际互动和虚拟的电脑互动存在显著差异。图片引自 Astolfi 等,2015。

上述研究通过最后通牒实验证明,经济交换过程中提议者和响应者在特定脑区(如颞顶联合区等)存在显著的脑间活动同步,这种同步性可能与共情水平有关。后续的研究可以在此类研究的基础上,运用超扫描技术研究脑损伤的个体,比如自闭症患者、精神分裂症患者等,从另外一个方面阐述最后通牒游戏博弈相关的脑活动基础。

第六节 信任游戏

信任游戏通常需要两人共同参与,游戏双方分别扮演投资者和受托人的角色。投资者选择拿出一定比例的金钱给受托人,受托人可以获得投资者投资数额的三倍资金,同时选择返还一定金额给投资者。信任博弈和独裁者博弈、最后通牒博弈非常类似。后两者与前者的不同在于,独裁者博弈中接受者只能被动地接受提议者的分配方案,最后通牒博弈中响应者对于提议者的分配方案有拒绝的权利。

Kingcasas 等人(2005)运用基于 fMRI 的超扫描技术,同步记录了两被试在完成多轮信任游戏中的脑活动。研究者将实验任务分为早期、中期和晚期三个阶段,分析了投资者和受托人的脑间活动同步随时间的变化,结果显示,投资者和受托人的脑间活动相关在整个信任游戏的进程中并没有显著地变化,但是峰值出现的时间随着游戏进程发生改变,即在信任游戏后期,投资者的中部扣带回(the middle cingulate cortex，MCC)和受托人的尾状核(caudate)相关系数的峰值提前了 14 s(如图 6-19A)。研究者进一步对受托人的脑活动进行分析,发现受托人的前部扣带回和尾状核活动的相关同样也提前了 14 s(如图 6-19B)。这表明投资者扣带回的活动与受托人尾状核的活动的相关,随着游戏过程中两者之间信誉的逐渐建立而发生改变。在游戏初期,双方对彼此都没有任何了解,受托人的尾状核活动的峰值出现在投资者的决策方案被揭晓之后(如图 6-19C 上);而随着游戏的进行,到游戏后期双方逐渐建立信誉,受托人的尾状核活动的峰值提前到投资者的决策方案被揭晓之前(如图 6-19C 下)。这表明尾状核活动峰值的变化可能反映了受托人对投资者分配方案的预测。

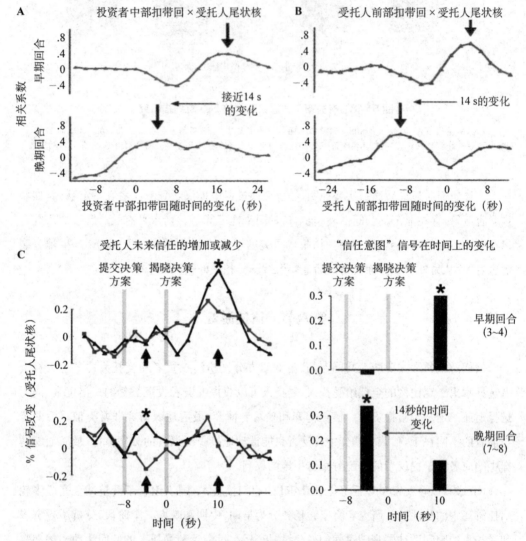

图 6-19 合作双方在重复信任游戏中的脑活动

注:A.投资者和受托人的脑间功能连接随时间的变化;B.受托人脑内功能连接随时间的变化;C.受托人的尾状核活动的时间序列和柱状图。图片引自 King-casas 等,2005。

Tomlin等人(2006)试图考察被试双方在任务前是否见过面对信任游戏行为的影响及其相关的脑活动情况。他们让一半被试对在实验前互相见过面,而另一半被试对在实验前未曾谋面。结果显示被试自己做出决策时,扣带回中部出现显著激活;而在观看搭档的决策结果时,扣带回前部和后部出现显著激活。这表明扣带回在自我决策和观察他人决策时分别具有特定的反应模式。同时研究者还发现,在实验任务前见过面和未曾见过面的两组被试在完成信任游戏时,脑激活模式基本相同。由此,研究者推测在社会互动中与信任行为相关的脑区主要位于扣带回,并且扣带回的激活和被试对之前的社会交流无关。Chiu等人(2008)对自闭症的研究从反面证明了扣带回在信任行为中的重要作用。他们同样采用fMRI同步记录对重复信任游戏进行研究,投资者是正常个体,受托人分为自闭症患者和正常个体两种(如图6-20A)。研究发现自闭症患者在观看他人决策的结果时,扣带回的激活与正常被试一致,但是在自己进行决策时扣带回并无显著激活(如图6-20B),这表明自闭症患者的自我反应模式存在缺失。换句话说,自闭症患者的扣带回皮层表征

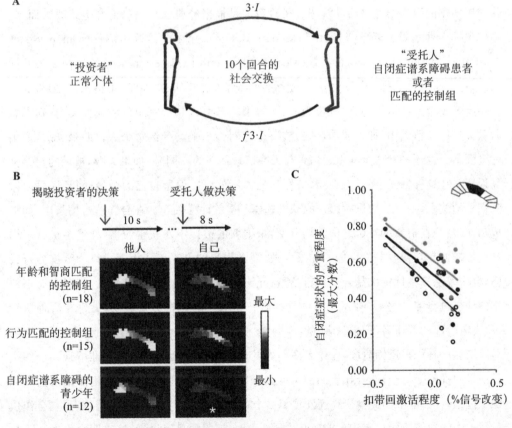

图6-20 自闭症患者信任游戏的fMRI超扫描

注:A.重复信任游戏示意图;B.自闭症患者的扣带回自我意图表征模式的缺失;C.扣带回自我表征模式的缺失与自闭症症状的严重程度存在相关。黑色实心圆代表孤独症诊断访谈量表(autism diagnostic interview, ADI)的总分,灰色实心圆代表ADI社会分量表的分数,空心圆代表ADI交流分量表的分数。图片引自Chiu等,2008。

自己行为意图的能力受损,但仍能编码他人的行为。进一步的相关分析显示,自闭症患者扣带回皮层自我表征模式的缺失与自闭症症状的严重程度存在相关(如图6-20C)。

第七节 公共物品博弈

公共物品博弈是一种社会两难范式,在现实生活中我们经常会遇到这种公共财产分配问题(Smith等,2007)。该游戏通常由多人参与,实验者给每人一定数额相等的金钱。每位被试都可以选择捐出一定数额(从0到全部金额不等)的金钱,所有人捐出的钱加在一起作为公共资产。公共资产越多,奖励越多。最后,公共资产连同奖励平均分给每个人。在这个任务中,如果每个人都将全部金钱捐出,就可以做到每个人的利益最大化。但如果被试不愿意捐出或者捐出很少的钱,那么就可以不用付出多少努力而获得公共资产的那一部分,达到自己利益的最大化。

Chung等人(2008)采用基于EEG的超扫描技术,考察了公共物品博弈过程中个体合作和搭便车的行为及其脑活动规律。实验范式是根据经典公共物品博弈范式改编而来,主要包括三种情景:标准情景(the standard design)、允诺金钱返还情景(a money-back guaranteed design)和合作执行情景(a cooperation enforced design)。该游戏由5人共同参与,每人有两种选择:合作(捐出一定数额的金钱)和背叛/搭便车(不捐款)。如果5个人中超过3个人进行了捐款,则视为成功,每个人都可以获得一定的收益。反之,则没有收益。在标准情景中,如果成功,则公共资产连同奖励平均分给每个人。如果失败,捐出的金额不予返还。允诺金钱返还情景与标准情景唯一的不同是,如果失败,被试的捐款全额返还。在这种情景下,如果成功,搭便车的人不仅可以保留自己的金钱,而且还可以得到额外的奖励。所以,被试有很强的动机选择不捐款而搭便车。在合作执行情景中,如果成功,收益只在捐款的被试之中平均分配,未捐款被试不能获得收益,杜绝了被试不捐款还想搭便车获得收益的可能。如果失败,被试捐出的金额不予返还。行为数据分析表明,合作率从高到低依次是合作执行情景、允诺金钱返还情景和标准情景,表明在对搭便车的动机进行控制之后,被试更多的选择合作行为。脑数据分析表明,无论在哪种情景下,决策阶段的合作者(即捐款者)的前额叶皮层在beta和gamma频段的脑活动同步性都显著增加。在结果反馈阶段,合作者间前额叶皮层的脑间活动同步在标准情景和合作执行情景中都降低,这表明合作者间前额叶的脑间活动同步可能与被试做出决策前的决策加工过程有关。此外,此项研究还发现了一个有趣的现象,背叛者(即不捐款者)在合作执行情景中的决策阶段也表现出前额叶皮层在beta频段的显著激活,这表明合作者和背叛者在合作执行情景中具有相似的EEG激活模式,具体原因有待进一步的研究分析。综上,此项研究证实了前额叶皮层在决策过程中的重要作用。

第八节 其他类型的博弈

Montague 等人(2002)开展了一项关于欺骗游戏的 fMRI 超扫描研究(如图 6-21A)。在实验中,发送者会在屏幕上看到红色或绿色的色块,在屏幕的下方有红色和绿色两种选择,发送者需要把看到的颜色通过按键发送给接收者。此过程可以发送真实信息也可以欺骗接收者。接收者需要根据收到的信息猜测发送者所看到色块的颜色。如果猜测正确,则接收者获得果汁奖励,否则,发送者获得奖励(如图 6-21B)。每个试次持续 25 s,fMRI 扫描的每个轮次包含 13 个试次。13 个试次之后,两个被试交换角色。研究发现,发送者和接收者在 0.04 Hz 频段上存在脑间活动同步,尤其是在辅助运动区,且发送者比接收者的激活更强(如图 6-21C)。该研究第一次证实了 fMRI 超扫描技术的可行性,以及欺骗互动过程中被试脑间活动同步的存在。虽然实验只研究了 6 名被试,但却开创了使用 fMRI 技术同时测量双脑活动的先河。

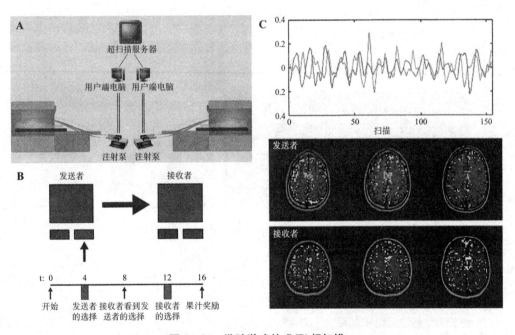

图 6-21 欺骗游戏的 fMRI 超扫描

注:A.fMRI 超扫描设备示意图;B.欺骗任务;C.发送者和接收者大脑活动激活图,黑色曲线代表发送者,灰色曲线代表接收者。图片引自 Montague 等,2002。

Fliessbach 等人(2007)采用相同的基于 fMRI 的超扫描技术,证实了社会比较会影响奖赏相关脑区的活动。该研究中,被试两人一组参与实验,实验者通过连接两台 fMRI 设备实现超扫描,记录每组被试完成一项简单评估任务时的大脑活动。屏幕上首先会呈现一定数量的蓝色点,随后蓝色点消失,屏幕上出现一个数字,被试需要判断之前出现蓝色点的个数是大于还是小于这个数字。被试选择完成后,屏幕上会出现反馈信息,告知被试自己和对方选择的正确性以及所得的金钱数额。金钱数额的分配共有 11 种条件,C1 到 C5 表示至少有一个人猜测正确,C6 到 C11 表示两人都猜测正确。两人都猜测正确时,两人收入比例有 1∶2、1∶1 和 2∶1 三种(如图 6-22A)。为了分析相对收入对被试脑活动的影响,研究者分别对每组单个被试的大脑激活情况进行分析,他们发现腹侧纹状体的激

A 准确性	相对奖赏水平(A:B)	绝对奖赏水平	报酬(被试A—被试B)	条件	出现的比例
两名被试都猜测错误			0—0	C1	6.5
被试A猜测正确		高	60—0	C2	14.3
		低	30—0	C3	
被试B猜测正确		高	0—60	C4	13.3
		低	0—30	C5	
两名被试都猜测正确(感兴趣的条件)	1∶2	高	60—120	C6	65.9
		低	30—60	C7	
	1∶1	高	60—60	C8	
		低	30—30	C9	
	2∶1	高	120—60	C10	
		低	60—30	C11	

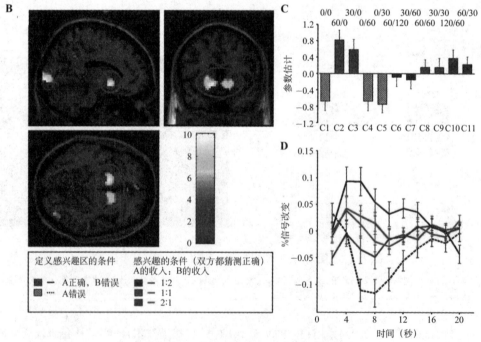

图 6-22 社会比较对奖赏加工的影响研究

注:A.不同条件下的相对收入;B.C2、C3 条件与 C1、C4、C5 条件相比,在腹侧纹状体的激活增加;C.腹侧纹状体激活与相对奖赏水平相关;D.腹侧纹状体事件相关的信号改变。B、C、D 图都是针对被试A的分析。图片引自 Fliessbach 等,2007。

活与个体间的相对收入有关(如图6-22B)。当自己的收入少于对方时,腹侧纹状体的激活降低(如图6-22)。由此可知,社会比较在奖赏加工过程中具有重要作用,它会影响腹侧纹状体的激活水平。

也有研究者运用超扫描技术来研究经济学中价格泡沫的形成和破裂。Smith(2014)通过多台fMRI设备同时测量被试在实验模拟的资产市场中彼此之间进行交易时的脑活动,试图去探究被试的神经反应和资产交易行为之间的关联。每名被试在实验开始时拥有一定数额的现金和股票。现金具有固定的利率($r=5\%$),属于没有风险的资产。而股票的股息有两种(高1.00或低0.40),每轮实验试次中股息的高低随机出现,所以股票属于风险资产。在每轮实验中,被试可以选择用现金买进股票、将股票卖出换取现金或者不买不卖维持现状。被试做出选择后,本轮所得金钱数额 = 现金 * 利率 + 股票 * 本轮的股息。被试需要去权衡什么时候买进和什么时候卖出可以使自己的利益最大化。在经济学领域,资产价格泡沫是指资产价格偏离其内在价值的快速上涨,当价格上涨到一定程度就会出现暴跌,也就是价格泡沫破裂。本研究中的价格泡沫是指买进股票所得的利润高于购买股票所花费的现金。研究者发现,伏隔核的神经活动可以预测未来的价格变化。伏隔核激活水平较低,未来价格暴跌的可能性较小,利润较高。伏隔核激活水平较高,未来价格暴跌的可能性较大,利润较少。同时,研究者还发现在价格暴跌之前,高收入者的前脑岛皮层激活显著增加,这种增加与高收入者随后更多的股票卖出行为相关,由此推测前脑岛皮层激活的增加可能是一种预警信号,提醒被试及时售出风险资产。该研究表明,伏隔核参与价格泡沫的形成,风险投资者在应对价格泡沫的过程中,前脑岛皮层出现激活。

小 结

目前与社会决策有关的超扫描研究,主要涉及合作与欺骗、策略博弈以及信任与背叛等多个方面。已有研究表明特定脑区的脑间活动同步可以解释和预测互动的被试在完成社会决策任务过程中的行为,从群体脑活动层面上提供了社会决策行为本质的科学依据。然而,已有的关于社会决策行为的超扫描研究大都聚焦在双人决策行为上,社会决策任务发生的群体成员较少,而在真实情景中,很多社会决策行为的成员数量较多。其次,已有大多研究都是在严格的实验室控制环境下进行的,生态效度较低,其研究发现是否可以解释真实情景中的社会决策行为有待进一步的考究。最后,已有关于社会决策的超扫描研究主要以正常个体为研究对象,多项研究表明某些心理或精神异常个体(如自闭症患者、精神分裂症患者等)的社会决策能力显著降低,甚至出现严重的缺陷。以这些特殊人群为研究对象,可以从另一个侧面了解社会决策行为的内在本质。同时,也可以对这些特殊人群的各种干预手段的评估提供技术和方法上的支持,未来研究者可以将超扫描技术和经颅直流电刺激(transcranial direct current stimulation，tDCS)、皮肤电等技术相结合，探讨精神障碍个体治疗的新方法。

参考文献

Astolfi, L., Cincotti, F., Mattia, D., Fallani, F. D. V., Salinari, S., Vecchiato, G., ... He, B. (2010a). Imaging the social brain: multi-subjects EEG recordings during the "Chicken's game". *Proceedings of the International Conference of the IEEE in Engineering in Medicine and Biology Society*, 1734–1737.

Astolfi, L., Cincotti, F., Mattia, D., Fallani, F. D. V., Salinari, S., Marciani, M. G., ... Babiloni, F. (2009). Estimation of the cortical activity from simultaneous multi-subject recordings during the prisoner's dilemma. *Proceedings of the International Conference of the IEEE in Engineering in Medicine and Biology Society*, 1937–1939.

Astolfi, L., Cincotti, F., Mattia, D., Fallani, F. D. V., Salinari, S., Vecchiato, G., ... He, B. (2010b). Simultaneous estimation of cortical activity during social interactions by using EEG hyperscannings. *Proceedings of the International Conference of the IEEE in Engineering in Medicine and Biology Society*, 2814–2817.

Astolfi, L., Toppi, J., Casper, C., Freitag, C., Mattia, D., Babiloni, F., ... Siniatchkin, M. (2015). Investigating the neural basis of empathy by EEG hyperscanning during a Third Party Punishment. *Proceedings of the International Conference of the IEEE in Engineering in Medicine and Biology Society*, 5384–5387.

Astolfi, L., Toppi, J., Fallani, F. D. V., Vecchiato, G., Salinari, S., Mattia, D., ... Babiloni, F. (2010c). Neuroelectrical hyperscanning measures simultaneous brain activity in humans. *Brain Topography*, 23(3), 243–256.

Babiloni, F., Astolfi, L., Cincotti, F., Mattia, D., Tocci, A., Tarantino, A., ... Fallani, F. D. V. (2007). Cortical activity and connectivity of human brain during the prisoner's dilemma: an EEG hyperscanning study. *Proceedings of the International Conference of the IEEE in Engineering in Medicine and Biology Society*, 4953–4956.

Babiloni, F., Cincotti, F., Mattia, D., De, V. F., F, Tocci, A., Bianchi, L., ... Astolfi, L. (2007). High resolution EEG hyperscanning during a card game, *Proceedings of the International Conference of the IEEE in Engineering in Medicine and Biology Society*, 4957–4960.

Bechara, A., Damasio, A. R., Damasio, H., & Anderson, S. W. (1994). Insensitivity to future consequences following damage to human prefrontal cortex. *Cognition*, 50(1–3), 7–15.

Bechara, A., Damasio, H., & Damasio, A. R. (2003). Role of the amygdala in decision-making. *Annals of the New York Academy of Sciences*, 985(1), 356–369.

Bechara, A., Tranel, D., Damasio, H., & Damasio, A. R. (1996). Failure to respond autonomically to anticipated future outcomes following damage to prefrontal cortex. *Cerebral Cortex*, 6(2), 215–225.

Bone, J. E., Wallace, B., Bshary, R., & Raihani, N. J. (2015). The effect of power asymmetries on cooperation and punishment in a prisoner's dilemma game. *Plos One*, 10(1), e0117183.

Chiu, P. H., Kayali, M. A., Kishida, K. T., Tomlin, D., Klinger, L. G., Klinger, M. R., & Montague, P. R. (2008). Self responses along cingulate cortex reveal quantitative neural phenotype for high-functioning autism. *Neuron*, 57(3), 463–473.

Christensen, J. C., Shiyanov, P. A., Estepp, J. R., & Schlager, J. J. (2014). Lack of association between human plasma oxytocin and interpersonal trust in a prisoner's dilemma paradigm. *Plos One*, *9*(12), e116172.

Chung, D., Yun, K., & Jeong, J. (2008). Neural mechanisms of free-riding and cooperation in a public goods game: an EEG hyperscanning study. *International Conference of Cognitive Science*.

Elliott, R., Dolan, R. J., & Frith, C. D. (2000). Dissociable functions in the medial and lateral orbitofrontal cortex: evidence from human neuroimaging studies. *Cerebral Cortex*, *10*(3), 308.

Ernst, M., Bolla, K., Mouratidis, M., Contoreggi, C., Matochik, J. A., Kurian, V., ... London, E. D. (2002). Decision-making in a risk-taking task: a PET study. *Neuropsychopharmacology*, *26*(5), 682-691.

Fallani, F. D. V., Nicosia, V., Sinatra, R., Astolfi, L., Cincotti, F., Mattia, D., ... Doud, A. (2010). Defecting or not defecting: how to "read" human behavior during cooperative games by EEG measurements. *Plos One*, *5*(12), e14187.

Fliessbach, K., Weber, B., Trautner, P., Dohmen, T., Sunde, U., Elger, C. E., & Falk, A. (2007). Social comparison affects reward-related brain activity in the human ventral striatum. *Science*, *318*(5854), 1305-1308.

Gold, J. I., & Shadlen, M. N. (2007). The neural basis of decision making. *Annual Review of Neuroscience*, *30*(1), 535-574.

Hasson, U., Ghazanfar, A. A., Galantucci, B., Garrod, S., & Keysers, C. (2012). Brain-to-brain coupling: a mechanism for creating and sharing a social world. *Trends in Cognitive Sciences*, *16*(2), 114-121.

Hastie, R. (2000). Problems for judgment and decision making. *Annual Review of Psychology*, *52*(1), 653.

Hoffman, E., Mccabe, K., & Smith, V. L. (1996). Social distance and other-regarding behavior in dictator games. *American Economic Review*, *86*(3), 653-660.

Hu, Y., Pan, Y., Shi, X., Cai, Q., Li, X., & Cheng, X. (2018). Inter-brain synchrony and cooperation context in interactive decision making. *Biological Psychology*, *133*, 54-62.

Huettel, S. A., Song, A. W., & Mccarthy, G. (2005). Decisions under uncertainty: probabilistic context influences activation of prefrontal and parietal cortices. *Journal of Neuroscience*, *25*(13), 3304-3311.

Jahng, J., Kralik, J. D., Hwang, D. U., & Jeong, J. (2017). Neural dynamics of two players when using nonverbal cues to gauge intentions to cooperate during the prisoner's dilemma game. *Neuroimage*, *157*, 263-274.

Kable, J. W., & Glimcher, P. W. (2007). The neural correlates of subjective value during intertemporal choice. *Nature Neuroscience*, *10*(12), 1625-1633.

King-Casas, B., Tomlin, D., Anen, C., Camerer, C. F., Quartz, S. R., & Montague, P. R. (2005). Getting to know you: reputation and trust in a two-person economic exchange. *Science*, *308*(5718), 78-83.

Knobe, J. (2005). Theory of mind and moral cognition: exploring the connections. *Trends in Cognitive Sciences*, *9*(8), 357-359.

Koike, T., Tanabe, H. C., & Sadato, N. (2015). Hyperscanning neuroimaging technique to reveal the "two-in-one" system in social interactions. *Neuroscience Research*, *90*, 25-32.

Montague, P. R., Berns, G. S., Cohen, J. D., Mcclure, S. M., Pagnoni, G., Dhamala, M., ... Apple, N. (2002). Hyperscanning: simultaneous fMRI during linked social interactions. *Neuroimage*, *16*(4), 1159.

Newsome, W. T., Britten, K. H., & Movshon, J. A. (1989). Neuronal correlates of a perceptual decision. *Nature*, *341*(6237), 52–54.

Piva, M., Zhang, X., Noah, A., Chang, S. W. C., & Hirsch, J. (2017). Distributed neural activity patterns during human-to-human competition. *Frontiers in Human Neuroscience*, *11*, 571.

Polezzi, D., Daum, I., Rubaltelli, E., Lotto, L., Civai, C., Sartori, G., & Rumiati, R. (2008). Mentalizing in economic decision-making. *Behavioural Brain Research*, *190*(2), 218–223.

Rapoport, A., & Chammah, A. M. (1965). Prisoner's dilemma: a Study in conflict and cooperation. *University of Michigan press*.

Rogers, R. D., Owen, A. M., Middleton, H. C., Williams, E. J., Pickard, J. D., Sahakian, B. J., & Robbins, T. W. (1999). Choosing between small, likely rewards and large, unlikely rewards activates inferior and orbital prefrontal cortex. *Journal of Neuroscience*, *19*(20), 9029.

Sally, D. (1995). Conversation and cooperation in social dilemmas. *Rationality & Society*, *7*(1), 58–92.

Sanfey, A. G., Rilling, J. K., Aronson, J. A., Nystrom, L. E., & Cohen, J. D. (2003). The neural basis of economic decision-making in the ultimatum game. *Science*, *300*(5626), 1755–1758.

Shimokawa, T., Suzuki, K., Misawa, T., & Miyagawa, K. (2009). Predictability of investment behavior from brain information measured by functional near-infrared spectroscopy: a bayesian neural network model. *Neuroscience*, *161*(2), 347–358.

Smith, A., Lohrenz, T., King, J., Montague, P. R., & Camerer, C. F. (2014). Irrational exuberance and neural crash warning signals during endogenous experimental market bubbles. *Proceedings of the National Academy of Sciences of the United States of America*, *111*(29), 10503–10508.

Smith, V. L., Kurzban, R., Mccabe, K., & Wilson, B. J. (2007). Incremental commitment and reciprocity in a real time public goods game. *Personality & Social Psychology Bulletin*, *27*(12), 1662–1673.

Stam, C. J. (2004). Functional connectivity patterns of human magnetoencephalographic recordings: a "small-world" network? *Neuroscience Letters*, *355*(1), 25–28.

Stopper, C. M., & Floresco, S. B. (2014). Dopaminergic circuitry and risk/reward decision making: implications for schizophrenia. *Schizophrenia Bulletin*, *41*(1), 9–14.

Tang, H., Mai, X., Wang, S., Zhu, C., Krueger, F., & Liu, C. (2016). Interpersonal brain synchronization in the right temporo-parietal junction during face-to-face economic exchange. *Social Cognitive & Affective Neuroscience*, *11*(1), 23–32.

Tomlin, D., Kayali, M. A., King-Casas, B., Anen, C., Camerer, C. F., Quartz, S. R., & Montague, P. R. (2006). Agent-specific responses in the cingulate cortex during economic exchanges. *Science*, *312*(5776), 1047–1050.

Vlaev, I., Chater, N., Stewart, N., & Brown, G. D. (2011). Does the brain calculate value? *Trends in Cognitive Sciences*, *15*(11), 546–554.

Vogeley, K., Bussfeld, P., Newen, A., Herrmann, S., Happé, F., Falkai, P., ... Zilles, K. (2001). Mind reading: neural mechanisms of theory of mind and self-perspective. *Neuroimage*, *14*(1), 170–181.

Yun, K., Chung, D., & Jeong, J. (2008). Emotional interactions in human decision making using EEG hyperscanning. *International Conference of Cognitive Science*.

Zhang, M., Liu, T., Pelowski, M., Jia, H., & Yu, D. (2017). Social risky decision-making reveals gender differences in the TPJ: A hyperscanning study using functional near-infrared spectroscopy. *Brain & Cognition*, *119*, 54.

Zhang, M., Tao, L., Pelowski, M., & Yu, D. (2017). Gender difference in spontaneous deception: A hyperscanning study using functional near-infrared spectroscopy. *Scientific Reports*, *7*(1), 7508.

第七章　超扫描视角下的人际互动与亲社会行为

摘要

人际互动,尤其是人际同步(动作一致性、协调行为等)会促进亲社会行为的产生。先前的研究主要集中在行为或单脑活动层面上探讨人际互动对亲社会的积极作用以及相关的神经基础。目前,随着超扫描技术的兴起,研究者开始关注脑间活动同步在人际互动促进亲社会行为中的作用。目前的研究证据表明人际互动过程增强了脑间活动同步,同时也提高了人际互动之后的亲社会行为,脑间活动同步程度与亲社会行为指标间呈现显著的正相关关系,甚至有研究表明脑间活动同步在人际互动促进亲社会行为中起到明显的中介作用。所有的这些研究都从群体脑活动水平上支持了人际互动对亲社会行为的促进效应。目前有关这方面的研究取得了一定进展,但是研究相对较少,未来的研究者还需要在该领域继续探索。

引　言

人际互动是人类正常生活的基础。人们通过人际互动和交流来获取信息、缓解压力、互相了解等。日常生活中,军队、教堂、组织和社区经常举办各种活动,例如行军、歌唱和跳舞等,这些活动需要团体成员动作一致,彼此同步。人类学家和社会学家曾推测,涉及同步活动的行为可能产生积极的情绪,这种积极的情绪会削弱自我与群体之间的心理边界,促进助人行为。那么,人与人之间的同步活动究竟会不会对亲社会行为产生影响呢?

已有多项研究表明人际互动(如动作同步等)可以明显提高随后的亲社会行为的发生概率。近年来,迅速发展的超扫描技术为探讨人际互动影响亲社会行为的机制开辟了一条全新的路径,从群体脑活动层面上为其提供相关的科学依据。研究工作者运用超扫描技术发现,人际互动,尤其是人际动作同步/一致性与亲社会行为存在相关关系,这种关系可能与互动双方脑间活动同步有关。当个体的行为与他人同步时,他们的脑活动也存在明显的相互作用,这种脑—脑互动进一步影响个体间的亲社会倾向和行为。下面,我们将从人际互动对亲社会行为的影响、人际互动增强脑间活动同步、脑间活动同步在人际互动亲社会效应中的作用以及人际互动促进亲社会行为的理论基础等 4 个方面来做介绍。在这类研究中,人际同步的范式通常有同步敲鼓、同步跳动、协作弹奏、同步散步、同步按键等。总体而言,目前有关这方面的研究取得了一定进展,但是研究相对较少,未来的研究者还需要继续努力。

第一节　人际互动促进亲社会行为

我们的日常生活充满了多种人际互动,比如个体间表现出不同程度同步或一致的动作(Nessler 和 Gilliland,2009；Richardson 等,2007)。这种动作同步行为在建立和促进社会凝聚力方面起着核心作用(Mcneill,1995)。多项研究表明与他人同步互动可以促进彼此间的亲社会性,增加亲社会倾向或行为(Endedijk 等,2015；Reddish 等,2013)。

Wiltermuth 和 Heath(2009)研究同步活动对合作行为的影响,发现同步活动可以增加合作行为。即使合作会使个人利益受损,动作同步发生后,个体依然表现出更多的合作行为。他们首先通过同步调的散步行为来证实同步动作对合作行为的增强作用。被试 3 人一组在校园内散步,步调同步组被试在散步时需要保持 3 人步调一致,而对控制组被试的步调不做要求。散步结束后,被试需要完成弱链协调任务(Weak Link Coordination Exercise)。在该任务中,每名被试需要在 1～7 之间选择一个数值,并且彼此之间不能有交流。组内成员选择的最小数值越大,被试所得报酬越高。同时,被试的选择与组内成员选择的最小数值之差越大,被试所得报酬越低(见图 7-1A)。如果组内所有被试都选择数字 7,则利益最大。但是也可能存在这样一种情况,即被试担心组内的某个成员不选择数值大的数字,所以被试会理性的选择一个数值较小的数字。研究结果显示,步调同步组在弱链协调任务的第一回合选择的数字显著大于控制组,表明步调同步促进了合作行为。随后,研究者试图弄清促进合作的同步行为是否仅限于大肌肉运动(gross motor movement)。实验者设计了杯子—音乐任务(cups-and-music task),通过控制唱歌(小肌肉运动)和移动(大肌肉运动)两个变量,来观察小肌肉运动和大肌肉运动同步后被试合作表现的差异。研究者将被试随机分为四组:不唱歌—不移动组、同步唱歌组、同步唱歌—同步移动组和不同步唱歌—不同步移动组。四组被试均可以通过耳机收听歌曲,不唱歌—不移动组的被试只需要听歌曲即可；同步唱歌组的被试需要边听歌曲边唱出来；同步唱歌—同步移动组被试在唱歌的同时需要根据歌曲的节奏移动杯子；而不同步唱歌—不同步移动组的每个被试听到的歌曲节奏不同,所以每个人唱歌的时间和移动杯子的速度都不相同。杯子—音乐任务完成后,被试同样完成弱链协调任务。研究结果显示,同步组

(同步唱歌组和同步唱歌—同步移动组)选择的数字显著大于不同步组(不同步唱歌—不同步移动组)和控制组(不唱歌—不移动),而同步唱歌组和同步唱歌—同步移动组的合作表现没有明显差异。这表明同步活动增强了被试随后的合作行为,但大肌肉运动同步与小肌肉运动同步的增强效果相同,即促进合作的同步行为不局限于大肌肉运动(如图7-1B)。最后,研究者用公共物品博弈任务代替弱链协调任务,试图考察当合作行为与被试自身利益冲突时,同步活动是否能促进合作行为。研究结果显示,非同步组被试最后一轮捐款的数额显著低于第一轮,而同步组的捐款数额一直维持在恒定的水平(如图7-1C)。前人的研究表明,公共物品博弈的正常模式是被试的捐款数额随着时间的推移逐渐降低(Andreoni, 1995)。由此可以推断相比于非同步组,同步组表现出更多的合作行为。该结果表明在自身利益受损时,个体间动作同步仍然可以增强随后的合作行为。进一步的分析发现,同步唱歌组和同步唱歌—同步移动组的合作表现没有明显差异(如图7-1C),进一步证实了动作同步的亲社会效应不仅限于大肌肉运动。

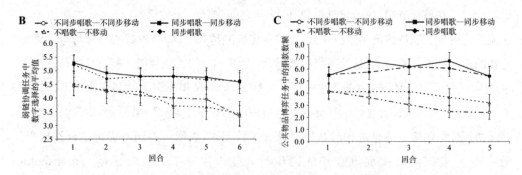

图7-1 同步散步和合唱对合作行为的影响研究

注:A.弱链协调任务中被试的选择所对应的报酬;B.被试选择数字的平均值与实验试次的关系;C.不同组被试在公共物品博弈任务中捐款数额的对比。图片引自 Wiltermuth 和 Heath, 2009。

Kirschner 和 Tomasello(2010)探讨共同音乐创作(joint music making)对4岁儿童亲社会行为的影响。实验者采用玩具青蛙作为工具,设置了有音乐和没有音乐两种条件来控制音乐创作这个自变量。在音乐条件中,儿童跟随背景音乐唱青蛙歌(一首简单易学的歌曲,歌词包含动作提示信息),并在唱到特定歌词时,把青蛙当做一种乐器进行敲击,敲击青蛙发出声音的过程被看做是音乐创作过程。在非音乐条件下,儿童不需要唱歌,只需要念出歌词,并在特定歌词处,让青蛙上下跳动。非音乐条件下的青蛙仅仅被当做普通的玩具使用,该过程不存在音乐创作。之后,研究者通过助人任务(一名儿童遇到困难,观察另一位儿童是否愿意提供帮助)和合作任务(两名儿童共同完成一项任务,分析其合作表现)测量儿童的合作性和助人行为。通过将音乐和非音乐两种不同条件进行对比,他们发现共同音乐创作可以增强儿童随后的合作和助人行为。Cirell 等人(2014)以 48 个月大的幼儿为被试,设计了单变量(动作:同步/非同步)被试间实验,考察动作同步对幼儿亲社会行为的影响。研究中,实验助手抱着幼儿,与实验者面对面站着。实验者和实验助手跟随音乐做下蹲或站立动作。动作同步条件下,实验者的动作节奏与幼儿的动作节奏完全同步,非同步条件下动作节奏有一定的时间延迟(如图 7-2A)。动作任务完成之后,通过助人情景对幼儿的亲社会行为进行评估。在该情景中,实验者的东西突然掉落,观察幼儿是否会帮助实验者捡起掉落的物品。若幼儿将物品成功交还给实验者,则本轮实验结束。如果在 30 秒内幼儿未能成功帮助实验者捡起物品,本轮实验也自动结束。研究者根据助人行为的时间将助人行为分为及时助人行为(在 10 秒内帮助实验者)和延迟助人行为(时间大于 10 秒)。分别比较总体助人行为(30 秒内)、及时助人行为和延迟助人行为的组间差异,他们发现与动作非同步相比,动作同步组幼儿会更及时、更多地帮助实验者捡起掉落的物品(如图 7-2B),这表明动作同步可以显著增加婴儿及时助人行为和总体助人行为。而在延迟助人水平上,不存在明显的组间差异(如图 7-2B)。上述研究表明动作同步对亲社会行为具有明显的促进作用。在此研究的基础上,研究者又考察了运动同步的对称性对助人行为的影响。研究中设置了反向跳动与同向跳动两种动作,两者在跳动节奏和方式上完全一致,同向运动中动作是对称的,而反向运动中动作是交替的,即当一个人处于跳动的最低部分时,另一个人处于最高部分,反之亦然。研究发现反向运动同步和同向运动同步一样,也可以增加助人行为(如图 7-2B)。这表明亲社会行为的增加是基于个体间的动作节奏和方式同步,而不是动作的对称性。

Hove 和 Risen(2009)将同步敲鼓游戏作为实验范式,考察动作同步对亲密关系形成和维持的影响。研究者采用单变量被试间实验设计,将被试随机分为三组,一组被试与实验者同步敲鼓,尽可能保持节奏一致,另一组被试与实验者敲鼓节奏非同步,第三组中被试和实验者单独敲鼓,不存在互动。敲击任务结束后,研究者通过主观报告的方式对被试和实验者之间的亲密关系进行评定(题目举例:你觉得实验者有多讨人喜欢?),问卷采用 9 点评分制。分析结果表明,在同步敲鼓条件下,被试会更喜欢实验者,认为实验者更加友好(见图 7-3)。而且,被试与实验者之间敲鼓的同步性程度可以预测随后的亲密关系等级。

Launay 等人(2013)采用计算机来代替同步互动中真实的合作伙伴,以此来研究虚拟同步互动对信任行为的影响。被试需要与 4 名同伴(计算机充当)一起参与敲击游戏任务。在敲击游戏中,被试通过耳机可以听到同伴敲击的声音,但需要与其中两名同伴同步

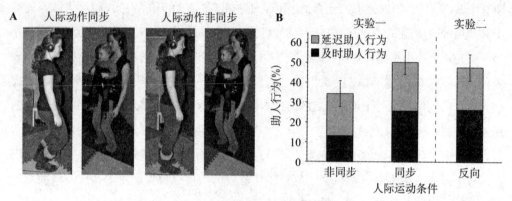

图 7-2 音乐同步对幼儿亲社会行为的影响研究

注：A.幼儿与实验者跳动的方式；B.不同条件下幼儿的助人行为。图片引自 Cirelli 等，2014。

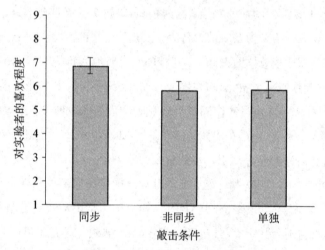

图 7-3 敲击条件与亲密关系等级之间的关系

注：图片引自 Hove 和 Risen，2009。

敲击，即与耳机中听到的敲击节奏保持一致；随后，与另外两名同伴非同步敲击，即听到敲击声后不要同时敲击，但要尽量保持规律。敲击任务结束后，被试与同伴一起完成信任游戏。研究发现，同步敲击条件下，被试在信任游戏中的投资金额显著大于非同步敲击条件。该研究表明消除了互动过程中同伴的外表、与同伴的共同注意等因素对亲社会行为的影响后，虚拟同步互动仍然可以增强信任行为。

Valdesolo 和 Desteno（2011）探讨了同情和感知相似性在动作同步影响利他行为中所起到的作用。被试需要跟其他两名参与者一起参加实验。首先，研究者要求被试跟其中一个人（以下简称为参与者 A）一起完成敲击任务，另一个人不需要参加（以下简称参与者 B），研究者会将他带到另外一个房间等待。被试和参与者 A 将听到一段音频，并跟随听到的节奏敲击面前的感应器,同步敲击组的被试和参与者 A 听到的音频片段相同,非同步敲击组的被试和参与者 A 听到的是不同的音频片段,所以两者敲击的节奏不一致。敲击任务结束后,被试需要对参与者 A 进行评价,评估自己与参与者 A 的相似性以及对 A 的喜欢程度。紧接着,实验者把参与者 B 带回,告知 B 现在有两项任务(绿色任务和红色任务)需要他和 A 来完成,每人做一项。为了排除实验者偏好的影响,由 B 来选择谁做绿色任务,谁做红色任务。绿色任务是一项 10 分钟的照片搜索任务,相对简单。红色任务是一项关于复杂心理旋转的推理题,时间 45 分钟,相对较难。B 可以选择让电脑随机分配,也可以按照自己的意愿来选择。被试在此任务中作为旁观者偷偷观察 B 的选择,但 A 和 B 对此并不知情。当 B 选择自己做图片搜索任务,A 做心理旋转任务后,实验者测量被试对 A 的同情感,并询问被试是否要匿名帮助 A,如果被试选择帮助 A 分担部分心理旋转任务,分担多少都可以。如果被试选择不帮忙,可自行离去。研究者发现,与非同步敲击相比,同步敲击不仅使被试感觉自己与同伴更加相似(即感知相似性更高),而且在同伴遭受到不公平的待遇时唤起了更多的同情,表现出更多的助人行为。进一步分析显示,感知相似性在动作同步促进亲社会行为中起到部分中介的作用(如图 7-4),即动作同步可以通过提高感知相似性来增强同情,进而促进助人行为,同时动作同步也可以直接增强同情来增加助人行为。研究者推断,动作同步的主要功能是将他人标记为与自我相似的人,减少人际距离感,促进亲密关系,从而增加利他行为。

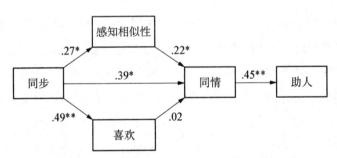

图 7-4　动作同步促进利他行为的中介模型

注:图片引自 Valdesolo 和 Desteno,2011。

Koehne 等人(2016)考察了动作同步对自闭症谱系障碍患者共情能力的影响,他们发现相比非同步模仿,同步动作模仿会增强正常个体的认知共情和情感共情,但对自闭症谱系障碍患者的共情能力没有显著的影响(如图 7-5,左为认知共情,右为情感共情)。情感共情指个体能够对他人的情绪感受产生共鸣(Dziobek 等,2008),而认知共情是指个体对他人心理状态的理解能力,包括想法、意图和情绪等(Baron-Cohen 等,2001;Dziobek 等,2006)。因此,该研究从动作同步促进亲社会行为的角度,提供了自闭症患者社会功能缺失的研究证据。

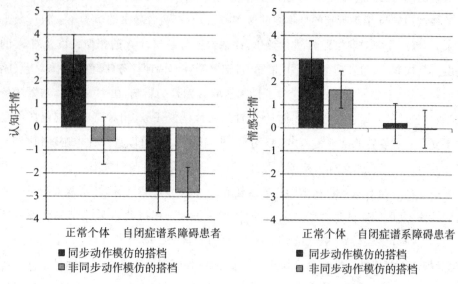

图 7-5 正常个体和自闭症谱系障碍个体在不同条件下的共情水平

注：图片引自 Koehne 等，2016。

第二节 人际互动增强脑间活动同步

超扫描技术致力于揭示人际互动过程中个体间的脑—脑互动规律，开辟了人际互动脑机制研究的新视角和新方向。目前，有关人际互动的超扫描研究表明，当两个人的行为同步时，他们的大脑活动存在非常明显的脑—脑耦合现象，即两个人存在脑间活动同步（Hasson 等，2012）。而且，脑间活动同步的强弱可预测个体间动作同步的程度。在已有相关研究中，实验任务主要涉及手指运动、同步行走、动作模仿和吉他演奏等。

生活中常有这样的经历：(1)当你和同伴一起散步时，步调会无意识地和她/他慢慢地趋近直至完全同步；(2)集体鼓掌时，通常都会很自然地保持同一个稳定的节奏。Yun 等人（2012）运用基于脑电的超扫描技术，探究社会互动对个体无意识的身体运动同步以及相关的脑—脑互动规律的影响。实验设置了训练前、训练和训练后三个阶段，在训练阶段，两名被试中的一人作为领导者自由移动手指（移动范围大约在 20×20 cm 的区域内），另一人作为追随者模仿领导者的动作。在训练前和训练后两个阶段，被试手臂伸直，食指指向对方，眼睛注视对方的指尖（如图 7-6A）。研究者采用 Vicon 运动追踪系统（Vicon motion tracking system）记录被试在这两个阶段的无意识手指运动，通过对比手指运动同步情况，量化模仿训练对个体无意识运动同步的影响。在训练的三个阶段中，被试手的方向与对方始终呈镜面，例如一名被试使用右手，另一名被试需要使用左手。交叉相关分析结果显示,在训练后阶段,两被试手指运动的相关显著大于训练前(如图7-6B),这一结果表明训练阶段有意图的模仿行为显著增加了两被试间无意识的手指运动同步,该结果表明社会互动促进了随后无意识的身体运动同步。采用PLV方法计算训练前和训练后两个阶段的脑—脑耦合,研究者发现训练后的被试脑间连接的数量显著增加(如图7-6C),分布于额下回、前部扣带回、海马旁回和中央后回等部位(如图7-6D),而脑内连接没有显著变化(如图7-6C)。该研究结果表明,训练增加无意识的手指运动同步可能与个体间多个脑部位的脑间活动同步增加有关。该研究将EEG超扫描和运动追踪系统相结合,证实了社会互动可以促进个体无意识的身体运动同步及其过程中伴随的脑间活动同步。

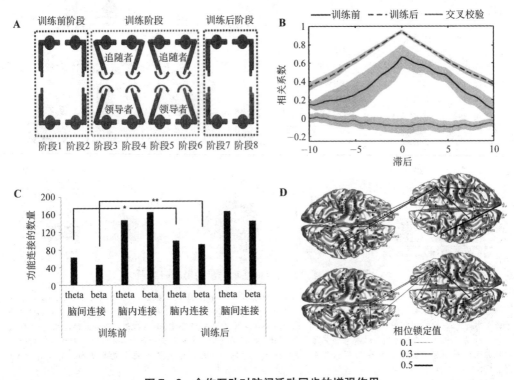

图7-6 合作互动对脑间活动同步的增强作用

注:A.不同阶段被试动作示意图;B.不同条件下个体之间手指运动的平均相关系数;C.不同阶段被试脑间和脑内功能连接的数量;D.功能连接示意图,上图代表theta频段(4~7.5 Hz),下图代表beta频段(12~30 Hz),左侧是领导者的大脑,右侧是追随者的大脑。图片引自Yun等,2012。

Mu等人(2016)采用基于脑电的超扫描技术探讨了个体动作协同相关的脑间活动同步情况。研究采用2(任务:社会协同任务/控制任务)×2(性别:男/女)的被试间实验设计。在社会协同任务(即同步倒数任务)中,两名被试面对面坐着,电脑屏幕上首先会呈现一个整数(例如数字8),随后数字消失,屏幕上出现注视点,此时两名被试需要在心里默数

8秒,然后立刻按键。按键结束后,屏幕上会出现反馈信息,分别用红、绿色块来展示两名被试的默数时间,以此帮助被试更好的调整自己默数的节奏,进而使得两名被试的默数节奏与对方保持一致(如图7-7A)。

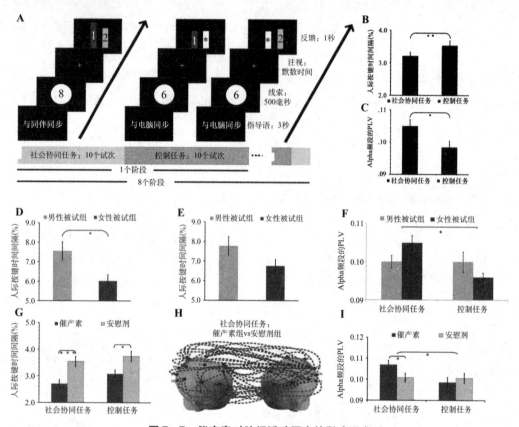

图7-7 催产素对脑间活动同步的影响研究

注:A.社会协同任务和控制任务示意图;B.社会协同任务组和控制组被试按键时间间隔的不同;C.社会协同任务组和控制组被试脑间活动同步的差异;D.男性和女性被试组在社会协同任务中按键时间间隔的不同;E.男性和女性被试组在控制任务中按键时间间隔没有明显差异;F.在社会协同任务中,女性被试组alpha频段脑间的PLV显著高于男性被试组;G.男性被试鼻喷催产素后按键时间间隔显著降低;H.社会协同任务中,催产素组男性被试的脑间活动同步增加示意图;I.社会协同任务中,男性被试鼻喷催产素后的脑间活动同步显著增加。图片引自Mu等,2016。

在整个任务中,被试均带有耳塞且中间通过隔板隔开,避免被试获得视觉和听觉信息,确保被试之间不存在任何言语和手势交流,只能通过反馈信息来判断和调整默数的节奏。控制任务与协同任务唯一的不同点是控制任务中的另一方由电脑充当,电脑默数时间的反馈信息通过带有星号的白色色块表示。研究发现,社会协同任务组的两名被试按键的时间间隔显著小于控制任务组(如图7-7B),表明在真实的社会协同互动(人—人互动)中,个体间的动作一致性显著大于人—机互动。研究者采用PLV分析方法,计算被试之间的脑间活动同步。他们发现社会协同任务组的被试在alpha频段的脑间活动同步显著大于控制组(如图7-7C),这表明在真实的社会协同互动过程中产生了明显的脑间活动同步。进一步的分析发现,女性被试在完成社会协同任务时,按键的时间间隔显著小于男性被试(如图7-7D)。而在控制任务中,男性被试组和女性被试组在按键延迟时间上没有明显差异(如图7-7E)。采用PLV方法分析发现,只有女性被试在协同任务中alpha频段的脑间活动同步显著增加,在男性被试组没有发现类似结果(如图7-7F)。这些研究结果表明在社会协同任务中,女性被试与男性被试相比,表现出更好的动作一致性和更强的alpha频段的脑间活动同步。

以往的多项研究充分表明催产素能显著提高社会互动以及亲社会行为,所以Mu等人进一步考察了催产素对男性个体动作同步以及脑间活动同步的影响。研究采用双盲的2(试剂:催产素/安慰剂)×2(任务:社会协同任务/控制任务)的被试间实验设计,对男性被试鼻喷催产素或安慰剂,试剂喷完40分钟后,让被试完成社会协同任务或控制任务,在任务过程中同时记录被试的脑电活动。结果显示,对男性被试而言,无论是在协同任务还是控制任务中,催产素都显著提高了动作一致性(如图7-7G)。但只有在协同任务中,催产素显著增强了alpha频段的脑间活动同步(如图7-7H&I),这表明催产素增加了真实的社会协同互动任务过程中个体间的脑—脑耦合。Mu等人的研究首次证明了催产素可以增强男性被试的脑间活动同步,从而促进动作一致性。

Dumas等人(2010)通过EEG超扫描技术同时记录了9对被试的自发手动模仿过程的脑活动,他们发现右侧中央顶叶皮层的脑间活动同步在人际动作同步过程中具有关键作用。实验中,两名被试通过屏幕观看对方的手势动作,进行自发的手势模仿,即两名被试可以按照自己的意愿来决定在什么时间做什么动作,决定是否模仿对方等,其行为完全是自发的。研究者将被试在自发手势模仿过程中的行为分为手势同步和非同步来进行分析,手势同步是指两人动作开始和结束的时间相同,并且动作一致。手势非同步是指虽然动作开始和结束的时间相同,但是动作不一致。通过计算PLV发现,与手势非同步时相比,手势同步时被试在右侧中央顶叶皮层的alpha-mu(8~12 Hz)频段的脑间活动同步显著增加。这表明右侧中央顶叶皮层的脑间活动同步可能是人际动作同步行为的重要神经标记。

Lindenberger等人(2009)采用基于EEG的超扫描技术,记录了八对吉他手合奏时的大脑活动,并考察了动作同步过程中的脑间活动同步。实验开始时,要求吉他手根据节拍器发出的节拍进行合奏。他们采用锁相指数和脑间相位一致性对吉他手的脑间活动同步进行分析,发现吉他手在前额叶皮层的脑间活动同步显著增加,这种增加不仅出现在合奏期间(如图7-8A),而且在两名吉他手合奏之前的节拍器设置阶段也存在(如图7-8B)。据此研究者推测,前额叶皮层的脑间活动同步是动作同步的脑基础,并且这种脑间活动同步是先于并伴随人际动作同步产生的。然而,脑间活动同步与人际动作同步之间的因果

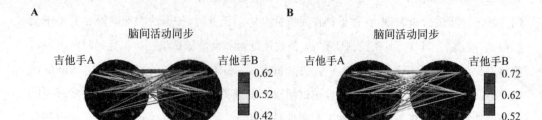

图 7-8 吉他弹奏过程中个体的脑间活动同步

注：A.吉他弹奏阶段两名吉他手在 theta 频段(3.3 Hz)的脑间活动同步；B.节拍器设置阶段两名吉他手在 theta 频段(4.95 Hz)的脑间活动同步。图片引自 Lindenberger 等,2009。

关系还需要进一步的研究来证明。

　　Müller 等人(2013)试图研究吉他手在即兴合奏过程的脑—脑互动。该实验共包含三个阶段,第一阶段是一名吉他手即兴独奏,另一名吉他手倾听；第二阶段与第一阶段相同,只是两名吉他手角色互换；第三阶段是两名吉他手即兴合奏。研究者通过 EEG 超扫描设备记录了八对吉他手在实验期间的脑电信号,发现吉他手在即兴合奏期间,脑内 beta 频段和脑间 delta、theta 频段都出现显著连接(如图 7-9A),这一现象在一名吉他手独奏,另一名吉他手倾听阶段也存在(如图 7-9B&C)。该研究拓展了 Lindenberger 等人(2009)的研究工作,证实了吉他弹奏过程中的脑间活动同步不仅仅伴随动作同步产生,在没有动作同步的倾听条件下也会出现。

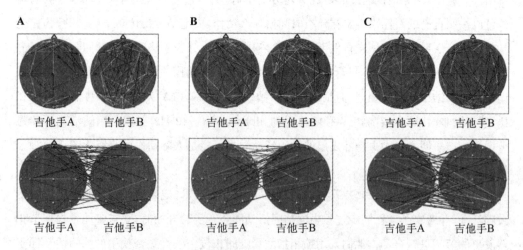

图 7-9 吉他手在即兴演奏过程中的脑间联结

注：A.两名吉他手在合奏时显著的脑内和脑间联结,上面一行代表脑内联结的脑图谱,下面一行代表脑间联结的脑图谱；B.一名吉他手独奏,另一名吉他手倾听时,两名吉他手显著的脑内和脑间联结；C.与 B 图相同,只是两名吉他手独奏和倾听角色互换。图片引自 Müller 等,2013。

Funane等人(2011)采用基于fNIRS的超扫描技术和单变量(实验任务:社会协同任务和控制任务)被试内实验设计,来探讨被试完成社会协同任务(即同步倒数任务)过程中的脑间活动同步情况。社会协同任务实验要求被试2人(用被试A和被试B来表示)一组合作完成,即被试在获得听觉线索之后默数10秒然后按键,按键之后立刻给予反馈信息。反馈信息以声音形式呈现,并且两名被试按键后的反馈声音有所不同,其中被试A按键后伴随1 600 Hz的声音反馈,被试B按键后伴随800 Hz的声音反馈,声音反馈持续50毫秒。反馈声音的不同是为了区分不同被试的按键。被试可以通过反馈声音出现的先后顺序以及时间间隔来判断两人按键的先后顺序和时间间隔。例如,如果被试A按键20秒后被试B按键,则在A按键后呈现1 600 Hz的声音50毫秒,20秒后再呈现800 Hz的声音50毫秒,被试通过判断声音出现的顺序就可以推测出两人按键的顺序,通过比较两种声音出现的时间间隔可以推测出两人按键的时间差。基于此反馈信息,要求被试调整自己按键的时间,使按键尽可能地与同伴保持同步(如图7-10A)。在控制任务中,不存在声音反馈信息,每名被试只需要在听觉刺激之后默数10秒,然后独立按键即可。研究者将fNIRS设备的光极放置在被试的前额叶皮层,在实验期间同步记录被试前额叶的脑活动(如图7-10B)。通过对两种任务中单个被试的大脑活动进行对比分析,研究者发现在社会协同任务期间,被试额中区域的激活显著大于控制任务(如图7-10C),这表明在社会协同任务过程中,个体额中区域的激活显著增加。研究者使用两名被试的大脑激活值的协方差来表征脑间活动同步,将协方差大于0的被试对归为高协方差组,代表被试之间在前额叶皮层存在脑间活动同步,将协方差小于0的被试对归为低协方差组,代表被试之间的脑间活动非同步。在对两组被试按键的时间间隔进行分析时,研究者发现高协方差组在社会协同任务中的按键时间间隔显著小于低协方差组(如图7-10D)。本研究表明个体在执行合作任务时需要额中区域的参与,同时个体间的合作表现与前额叶皮层的脑间活动同步有关。

Holper等人(2012)发现在被试进行手指敲击的模仿任务时,左背外侧前额叶在0.25~0.5 Hz和2.5~1 Hz两个频段出现了明显的脑间活动同步。在两人共同哼唱同一首歌曲时,右侧额下回皮层部位也出现了显著的脑间活动同步(Osaka等,2014;Osaka等,2015)。Ikeda等人(2017)试图去探究稳定的节拍声对集体同步行走行为以及个体脑间活动同步的影响,他们发现稳定的节拍声可以促进集体行走时的步调同步,并增强个体在额极的脑间活动同步。研究采用2(行走/原地踏步)×2(有节拍声/无节拍声)的被试内实验设计,将招募的97名被试随机分为四组,每组被试都要完成四种任务:伴随节拍声行走、无节拍声行走、伴随节拍声原地踏步以及无节拍声原地踏步。在伴随节拍声行走任务中,被试彼此围成一个圆圈(内外半径分别为1.8和2.3米),跟随节拍器发出的节拍逆时针转圈(如图7-11A&B),每个人行走的步调尽可能与节拍同步;无节拍声行走任务中,被

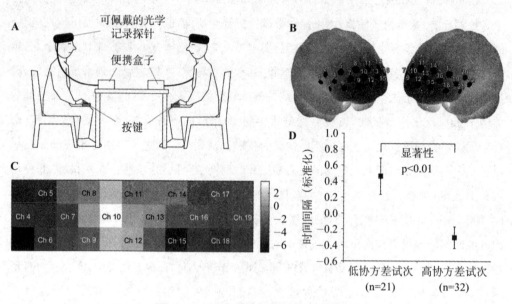

图 7-10 同步按键任务的脑间活动同步

注：A.实验场景示意图；B.近红外光极放置的位置：前额叶皮层；C.每个通道激活的灰度图：合作按键任务减去控制任务；D.低协方差组和高协方差组按键时间间隔的对比。图片引自 Funane 等，2011。

试按照自己的节奏逆时针转圈；伴随节拍声原地踏步与伴随节拍声行走任务的区别在于，被试不需要移动位置，只需要跟随节拍声进行原地踏步（如图 7-11C）；无节拍声原地踏步任务中，被试只需要按照自己的节奏原地踏步。实验者在每组参与者中随机挑选 10 人佩戴便携式超小型近红外设备，记录参与者额极的大脑活动。此外，为了监控实验过程中参与者的行为，实验室放有三台录像机进行录像（如图 7-11A）。研究者对伴随节拍声行走和无节拍声行走两种任务下环境的拥挤状况（用单位时间内通过某处的人数来表示）进行对比分析，发现在有节拍声存在时，拥挤状况明显改善，单位时间内通过的人数增多（如图 7-11D）。这表明稳定的节拍声促使群体在行走时井然有序，步调更加协调一致。在运用小波变换相干对被试的脑间活动同步进行分析时，他们发现在第 25～26 秒（对应 0.038～0.04 Hz）间，伴随节拍声行走任务中个体的脑间活动同步显著大于无节拍声行走，而伴随节拍声踏步和无节拍声踏步两种任务之间的脑间活动同步没有明显差异（如图 7-11E）。这表明稳定的节拍声增强了群体同步行走过程中额极的脑—脑间同步。此外，为了进一步对脑间活动同步的空间扩散性质进行分析，研究者将集体行走条件（包含伴随节拍声行走和无节拍声行走）下的被试划分为近距离组和远距离组。近距离组是指两个人的距离在 1～4 之间（相邻的两人之间的距离定义为 1）；远距离组是指两个人的距离在 5～9 之间。采用两因素（远距离/近距离；有节拍/无节拍）重复测量方差分析显示，脑间活动同步不只出现在近距离组的被试之间，在远距离组也存在。并且在有稳定节拍声时，远距离组的脑间活动同步也显著增加（如图 7-11F）。该结果表明集体同步行走过程中个体间的脑间活动同步具有扩散性，即可以从近距离的行人扩展到远距离的行人。综上所述，此项研究表明稳定的节拍声可以增强群体同步行走行为以及额极的脑间活动同步，并且这种同步具有扩散性质。

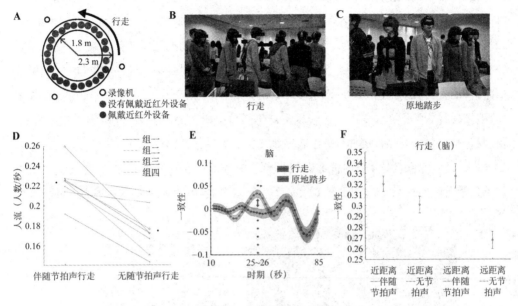

图 7-11 群体散步期间的脑间活动同步研究

注：A.被试所围成圈子的大小示意图；B.集体行走场景示意图；C.集体踏步场景示意图；D.伴随节拍声行走和无节拍声行走两种任务中的人流状况，纵坐标人流代表单位时间内通过某处的人数；E.行走和踏步两种条件下，被试脑间活动同步（有节拍声减去无节拍声）的对比；F.行人之间的距离以及节拍声对脑间活动同步的影响。图片引自 Ikeda 等，2017。

第三节 脑间活动同步在人际互动的亲社会效应中的作用

已有研究表明，亲社会性与多个脑部位的激活水平升高有关。Masten 等人（2011）发现额中回和前脑岛的激活水平与随后的助人和安慰倾向有关。在共同完成公共物品博弈任务时，后颞上沟的激活水平可以预测个体对他人的信任行为（Fahrenfort 等，2012）。Kokal 等人（2011）研究发现在群体同步击鼓时，尾状核的活动与帮助同伴的行为存在相关关系。

Hu 等人（2017）采用基于 fNIRS 的超扫描技术，探讨两人在完成社会协同任务（即同步倒数任务）过程中产生的脑间活动同步在影响亲社会性行为中的作用。研究者将被试随机分为两组：社会协同组和独立组。每组被试均需要参与两个阶段的任务，第一阶段为协同任务阶段，被试完成社会协同任务或控制任务（如图 7-12B）。协同任务中被试根据屏幕上呈现的数字线索进行默数(例如,图7-12B屏幕上呈现数字12,则被试需要在心里默数12秒),并在默数结束后立刻按键,之后屏幕上呈现反馈信息。反馈信息以色块形式呈现,与Mu等人(2016)的研究范式相同,不同颜色和数字分别代表不同被试的按键时间,任务要求被试根据反馈信息调整按键时间,尽可能保持两人按键同步。控制任务与协同任务相同,唯一的区别是协同任务是真实的人—人互动,而控制任务是人—机互动。在被试完成任务的过程中,采用fNIRS同时记录两名被试在额中区域的大脑活动(如图7-12A&C)。第二阶段为亲社会性的主观测量阶段。社会协同或控制任务结束后,被试需要完成亲社会行为测量。测量方式是给被试呈现一段故事材料:一个下午,你正在去电影院的路上,准备去看期待已久的一部电影。这时,你的同伴由于找不到去教室的路而向你求助,她表现得非常担心和焦虑。这个教室离你们目前所在的位置很远,路线又很复杂,你很难给她讲清楚,同伴希望你可以亲自带她过去。如果你帮助她,就会错过这部期待已久的电影。请问你愿意花多长时间来帮助同伴?时间范围在0分钟到50分钟之间。研究结果显示,社会协同任务组被试的动作一致性程度更高(如图7-13A),同时在亲社会行为

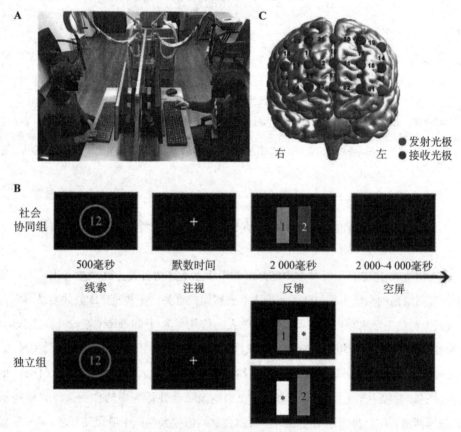

图7-12 人际互动与亲社会行为超扫描研究的实验流程

注:A.实验场景示意图;B.实验流程;C.光极放置的位置。图片引自Hu等,2017。

测试任务中亲社会倾向也更强(如图7-13B)。这表明动作一致性行为可以显著增强互动被试的亲社会行为。进一步地分析发现,相对于独立任务组,社会协同任务组被试在左侧额中回(即Ch5通道处)部位产生更强的脑间活动同步(如图7-13C&D),并且该脑间活动同步强度与亲社会行为间存在显著的正相关关系(如图7-13E)。研究者采用中介效应分析显示,脑间活动同步在共同完成社会协同任务(即动作一致性)促进亲社会行为中起到中介作用(如图7-13F)。这表明动作同步通过增强个体间的脑—脑耦合来促进亲社会行为。为了探讨共享意图假说和感知相似性假说在动作一致性促进亲社会行为中的作用,研究者采用主观报告法测量了被试的共享意图(shared intentionality)和感知相似性(perceived similarity),结果发现社会协同任务组被试的脑间活动同步与共享意图得分间呈现明显的正相关关系(如图7-13I),而与感知相似性没有明显的相关关系。这些研究

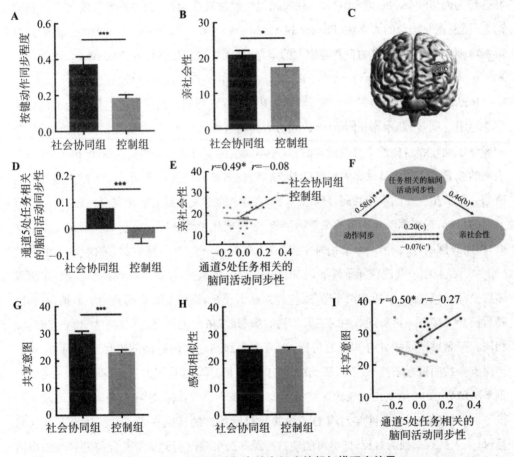

图7-13 人际互动与亲社会行为的超扫描研究结果

注：A.两组被试的按键同步程度；协同任务组被试在Ch5通道(左侧额中区域)的脑间活动同步显著高于独立任务组；B.两组被试亲社会倾向的差异：协同任务组被试的亲社会倾向显著高于独立任务组；C&D.两组被试在Ch5通道的脑间活动同步的差异；E.两组被试在Ch5通道的脑间活动同步与亲社会行为的相关关系；F.中介效应：脑间活动同步是中介变量；G.两组被试共享意图的差异；H.两组被试感知相似性的差异；I.两组被试在Ch5通道的脑间活动同步与共享意图之间的相关关系。r=相关系数。图片引自Hu等,2017。

结果表明,共享意图而非感知相似性在动作一致性促进亲社会倾向中起到重要的作用。该项研究首次在群体脑水平上为同步行为促进亲社会效应提供了科学依据,为采用超扫描技术探讨人际互动促进亲社会行为机制提供了新的研究视角和技术手段。

第四节 人际互动的亲社会效应可能的理论解释

共享意图假设和感知相似性假设被证实可以解释人际同步的亲社会效应。共享意图假设认为当人们在执行人际同步任务时,往往具有共同的意图和目标,需要他们同时考虑自己和他人的联合行动(Kirschner 和 Tomasello,2010)。群体之间的共享意图与人际同步相结合共同增强亲社会行为(Reddish 等,2013),也就是说,共享意图促进人际同步对亲社会行为的影响(Keller 等,2014)。感知相似性假说则认为,人们倾向于帮助与自己相似的人,更愿意与相似的人交往(Fessler 和 Holbrook,2014;Lumsden 等,2014)。人际同步可能增强人际相似感,模糊自我与他人的差异,从而促进亲社会行为(Mazzurega 等,2011;Rabinowitch 和 Knafonoam,2015;Reddish 等,2016;Tarr 等,2014)。

Reddish 等人(2013)研究发现,共享意图和人际动作同步共同促进信任行为。他们采用 3(动作:同步、顺序和非同步)×2(目标:共同目标和个人目标)的被试间实验设计,分别操纵了动作和目标两个自变量,探讨 6 种不同条件下被试在猎鹿博弈(stag hunt)任务上表现的差异。实验中被试 3 人一组(用被试 A、被试 B 和被试 C 表示),每人都会通过耳机听到一段节拍。在同步—共同目标条件下,小组中的三人听到的节拍完全一致,他们具有共同的目标,即根据听到的节拍来踩脚踏板,尽可能保持踩踏同步。被试在听到一个节拍时,用左脚踩踏,听到下一个节拍时左脚松开,在下一个节拍时,换右脚,依次循环,时长共 6 分钟。在顺序—共同目标条件下,节拍间隔出现,即被试 A 首先听到两个节拍,左脚踩踏后松开,然后被试 B 听到两个节拍,左脚踩踏后松开,最后被试 C 听到两个节拍,左脚踩踏后松开。接下来再听到节拍时三人均换右脚踩踏,依次循环,每个节拍之间的时间间隔相同。三名被试同样具有共同的目标,即两个人踩踏之间的时间间隔尽可能保持一致。不同步—共同目标条件下,三人听到的节拍不同,但是具有共同的目标,即根据听到的节拍来踩踏板,尽可能使三个人的踩踏不同步。同步—个人目标、顺序—个人目标以及非同步—个人目标这三种条件与对应的三种共同目标条件的区别在于三名被试没有共同目标,每个人具有单独的目标,即尽可能使自己踩踏的节奏与听到的节拍保持同步。猎鹿博弈是一种信任游戏,该任务包含两种选择:X 和 Y。选 X 意味着无论其他两人选择什么,被试自己都可以获得 7 美元。如果被试选择 Y,其他两人也选择 Y,那么被试可以获得 10 美元,但如果其他两人中有一人选择 X,则被试将获得 0 美元。研究者对比了 6 种不同条件下的被试在猎鹿博弈任务中的选择,发现相比其他 5 种条件,在同步—共同目标条件下的被试更加愿意相信同伴也会选择 Y 选项使两人利益更大化，他们更加信任同伴（如图 7-14）。本研究表明，同步和共享意图共同促进信任行为，支持了共享意图假说。

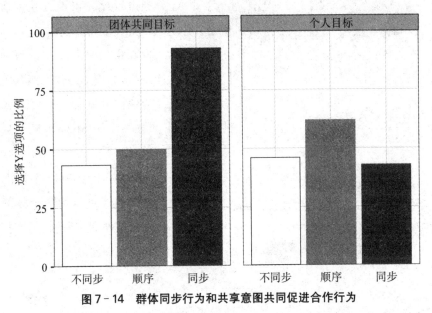

图 7-14 群体同步行为和共享意图共同促进合作行为

注：图片引自 Reddish 等，2013。

Lumsden 等人（2014）采用单变量（2 个水平：手臂动作同步和手臂动作不同步）被试间实验设计，考察动作同步对感知相似性的影响。研究者将被试随机分为两组，一组执行手臂同步动作任务，即被试需要让自己手臂收缩和伸直的动作与面前屏幕上另一被试的动作一致，另一组被试执行手臂动作不同步任务，即视频中另一名被试的手臂收缩时，被试自己的手臂伸直，反之则被试自己的手臂收缩。手臂动作任务结束后，被试填写自我包含他人量表（the inclusion of other in the self scale）。研究发现，手臂动作同步组被试认为自己与同伴之间重合的部分更多。这表明人际动作同步可以模糊自我与他人的差异，增强感知相似性。Rabinowitch 和 Knafonoam（2015）对 8~9 岁儿童的研究也发现人际同步会增加互动个体间的感知相似性和亲密关系。在该研究中，研究者采用敲击任务作为实验材料（如图 7-15A），设计了单变量（3 个水平：同步敲击、非同步敲击和不敲击）的被试间实验，将招募的 74 对被试随机分为同步敲击组、非同步敲击组和不敲击组。三组被试首先需要完成敲击任务，之后再填写相似性和亲密关系问卷。实验中，两名被试面向屏幕紧挨着彼此坐下，屏幕从中间隔开，每人只能看到靠近自己的那部分。屏幕上会出现一个弹力球，当弹力球弹到天花板时，天花板变成红色，此时被试需要立刻敲击面前的击打器。同步敲击任务组中，两名被试所看到的弹力球总是同时出现，他们需要尽可能同步敲击；而非同步敲击任务组，弹力球出现的时间点不同，他们需要尽可能使敲击不同步；

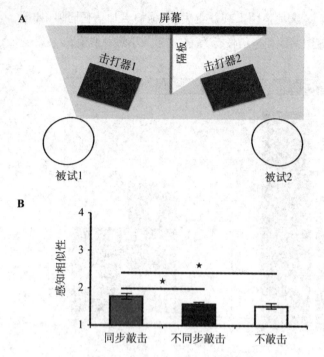

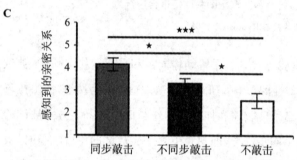

图7-15 同步敲击任务下被试感知相似性和亲密关系的研究

注：A.实验场景示意图；B.不同实验条件下感知相似性的分数；C.不同实验条件下感知到的亲密关系。图片引自Rabinowitch和Knafonoam, 2015。

不敲击任务组，被试只需直接完成相似性问卷，不用进行敲击。通过对比三组被试在相似性和亲密关系问卷上的得分，研究者发现相比非同步敲击组和不敲击组，同步敲击任务组的儿童认为他们的同伴与自己更加相似（如图7-15B），并且更加亲密（如图7-15C）。该研究揭示了人际动作同步的积极作用，表明动作同步可以增强个体间的感知相似性和亲密关系，支持了感知相似性假说。

小 结

人类的大脑通过感知觉和运动加工过程与这个世界产生互动。两人或多人的同步目标导向行为是这些互动的重要部分。综合上述研究可知，人际互动可以促进亲社会行为，其背后的神经机制可能是由人际同步诱发的脑间活动同步的增加。虽然目前已经有一些研究得到了相似的结论，但有关人际互动与亲社会行为的超扫描研究还很少，而且存在一些局限。现有的研究中，对亲社会行为的测量大多采用主观报告法，这可能会存在一定偏差。未来的研究可以考虑通过实验任务来准确测量亲社会倾向。此外，人际互动对亲社会行为的影响可以持续多长时间，到目前为止还是一个未解决的问题，这有待于未来的研究者去探究。总之，对人际互动的亲社会效应进行持续的研究，对个人、国家乃至全人类都具有重要的意义。

参考文献

Andreoni, J. (1995). Cooperation in public-goods experiments: kindness or confusion?. *American Economic Review*, 85(4), 891-904.

Baron-Cohen, S., Wheelwright, S., Hill, J., Raste, Y., & Plumb, I. (2001). The "Reading the Mind in the Eyes" Test revised version: a study with normal adults, and adults with Asperger syndrome or high-functioning autism. *The Journal of Child Psychology and Psychiatry and Allied Disciplines*, 42(2), 241-251.

Cirelli, L. K., Einarson, K. M., & Trainor, L. J. (2014). Interpersonal synchrony increases prosocial behavior in infants. *Developmental Science*, 17(6), 1003-1011.

Dumas, G., Nadel, J., Soussignan, R., Martinerie, J., & Garnero, L. (2010). Inter-brain synchronization during social interaction. *Plos One*, 5(8), e12166.

Dziobek, I., Fleck, S., Kalbe, E., Rogers, K., Hassenstab, J., Brand, M., ... Convit, A. (2006). Introducing MASC: a movie for the assessment of social cognition. *Journal of Autism and Developmental Disorders*, 36(5), 623-636.

Dziobek, I., Rogers, K., Fleck, S., Bahnemann, M., Heekeren, H. R., Wolf, O. T., & Convit, A. (2008). Dissociation of cognitive and emotional empathy in adults with Asperger syndrome using the Multifaceted Empathy Test (MET). *Journal of Autism and Developmental Disorders*, 38(3), 464-473.

Endedijk, H. M., Ramenzoni, V. C., Cox, R. F., Cillessen, A. H., Bekkering, H., & Hunnius, S. (2015). Development of interpersonal coordination between peers during a drumming task. *Developmental psychology*, 51(5), 714-721.

Fahrenfort, J. J., van Winden, F. A., Pelloux, B., Stallen, M., & Ridderinkhof, K. R. (2012). Neural correlates of dynamically evolving interpersonal ties predict prosocial behavior. *Frontiers in Neuroscience*, 6, 28.

Fessler, D. M., & Holbrook, C. (2014). Marching into battle: synchronized walking diminishes the conceptualized formidability of an antagonist in men. *Biology Letters*, 10(8), 63-74.

Funane, T., Kiguchi, M., Atsumori, H., Sato, H., Kubota, K., & Koizumi, H. (2011). Synchronous activity of two people's prefrontal cortices during a cooperative task measured by simultaneous near-infrared spectroscopy. *Journal of Biomedical Optics*, 16(7), 077011.

Hasson, U., Ghazanfar, A. A., Galantucci, B., Garrod, S., & Keysers, C. (2012). Brain-to-brain coupling: a mechanism for creating and sharing a social world. *Trends in Cognitive Sciences*, 16(2), 114-121.

Holper, L., Scholkmann, F., & Wolf, M. (2012). Between-brain connectivity during imitation measured by fNIRS. *Neuroimage*, 63(1), 212-222.

Hove, M. J., & Risen, J. L. (2009). It's all in the timing: Interpersonal synchrony increases affiliation. *Social Cognition*, 27(6), 949-960.

Hu, Y., Hu, Y., Li, X., Pan, Y., & Cheng, X. (2017). Brain-to-brain synchronization across two persons predicts mutual prosociality. *Social Cognitive and Affective Neuroscience*, 12(12), 1835-1844.

Ikeda, S., Nozawa, T., Yokoyama, R., Miyazaki, A., Sasaki, Y., Sakaki, K., & Kawashima, R. (2017). Steady beat sound facilitates both coordinated group walking and inter-subject neural synchrony. *Frontiers in Human Neuroscience*, 11, 147.

Keller, P. E., Novembre, G., & Hove, M. J. (2014). Rhythm in joint action: psychological and neurophysiological mechanisms for real-time interpersonal coordination. *Philosophical Transactions of the Royal Society B-Biological Sciences*, 369(1658), 1-12.

Kirschner, Sebastian, & Tomasello, Michael. (2010). Joint music making promotes prosocial behavior in 4-year-old children. *Evolution & Human Behavior*, 31(5), 354-364.

Koehne, S., Hatri, A., Cacioppo, J. T., & Dziobek, I. (2016). Perceived interpersonal synchrony increases empathy: insights from autism spectrum disorder. *Cognition*, 146, 8-15.

Kokal, I., Engel, A., Kirschner, S., & Keysers, C. (2011). Synchronized drumming enhances activity in the caudate and facilitates prosocial commitment-if the rhythm comes easily. *Plos One*, 6(11), e27272.

Launay, J., Dean, R. T., & Bailes, F. (2013). Synchronization can influence trust following virtual interaction. *Experimental Psychology*, 60(1), 53.

Lindenberger, U., Li, S. C., Gruber, W., & Müller, V. (2009). Brains swinging in concert: cortical phase synchronization while playing guitar. *BMC Neuroscience*, 10(1), 22.

Lumsden, J., Miles, L. K., & Macrae, C. N. (2014). Sync or sink? Interpersonal synchrony impacts self-esteem. *Frontiers in Psychology*, 5, 1064.

Masten, C. L., Morelli, S. A., & Eisenberger, N. I. (2011). An fMRI investigation of empathy for 'social pain' and subsequent prosocial behavior. *Neuroimage*, 55(1), 381-388.

Mazzurega, M., Pavani, F., Paladino, M. P., & Schubert, T. W. (2011). Self-other bodily merging in the context of synchronous but arbitrary-related multisensory inputs. *Experimental Brain Research*, 213(2-3), 213-221.

McNeill, W. H. (1997). Keeping together in time. *Harvard University Press*.

Mu, Y., Guo, C., & Han, S. (2016). Oxytocin enhances inter-brain synchrony during social coordination in male adults. *Social Cognitive and Affective Neuroscience*, 11(12), 1882-1893.

Müller, V., Sänger, J., & Lindenberger, U. (2013). Intra- and inter-brain synchronization during musical improvisation on the guitar. *PloS One*, 8(9), e73852.

Nessler, J. A., & Gilliland, S. J. (2009). Interpersonal synchronization during side by side treadmill walking is influenced by leg length differential and altered sensory feedback. *Human Movement Science*, 28(6), 772-785.

Osaka, N., Minamoto, T., Yaoi, K., Azuma, M., & Osaka, M. (2014). Neural synchronization during cooperated humming: a hyperscanning study using fNIRS. *Procedia-Social and Behavioral Sciences*, 126, 241-243.

Osaka, N., Minamoto, T., Yaoi, K., Azuma, M., Shimada, Y. M., & Osaka, M. (2015). How two brains make one synchronized mind in the inferior frontal cortex: fNIRS-based hyperscanning during cooperative singing. Frontiers in Psychology, 6, 1811.

Rabinowitch, T. C., & Knafo-Noam, A. (2015). Synchronous rhythmic interaction enhances children's perceived similarity and closeness towards each other. *Plos One*, 10(4), e0120878.

Reddish, P., Fischer, R., & Bulbulia, J. (2013). Let's dance together: synchrony, shared intentionality and cooperation. *Plos One*, 8(8), e71182.

Reddish, P., Tong, E. M., Jong, J., Lanman, J. A., & Whitehouse, H. (2016). Collective synchrony increases prosociality towards non-performers and outgroup members. *British Journal of Social Psychology*, 55(4), 722-738.

Richardson, M. J., Marsh, K. L., Isenhower, R. W., Goodman, J. R., & Schmidt, R. C. (2007). Rocking together: Dynamics of intentional and unintentional interpersonal coordination. *Human Movement Science*, 26(6), 867-891.

Tarr, B. , Launay, J. , & Dunbar, R. I. (2014). Music and social bonding: "self-other" merging and neurohormonal mechanisms. *Frontiers in Psychology*, 5, 1096.

Valdesolo, P. , & DeSteno, D. (2011). Synchrony and the social tuning of compassion. *Emotion*, 11(2), 262.

Valdesolo, P. , Ouyang, J. , & DeSteno, D. (2010). The rhythm of joint action: Synchrony promotes cooperative ability. *Journal of Experimental Social Psychology*, 46(4), 693–695.

Wiltermuth, S. S. , & Heath, C. (2009). Synchrony and cooperation. *Psychological Science*, 20(1), 1–5.

Yun, K. , Watanabe, K. , & Shimojo, S. (2012). Interpersonal body and neural synchronization as a marker of implicit social interaction. *Scientific Reports*, 2, 959.

第八章　超扫描视角下的自闭症人群社会交往缺陷

摘要

自闭症是一种广泛性发育障碍,社会交往功能缺陷是其典型特征。来自眼动追踪技术和多种神经影像学技术的研究一致发现,自闭症个体在社会注意、模仿行为以及合作行为等方面都存在着明显的缺陷,与脑内镜像神经元系统(包括前额叶皮层、额下回等)和心理理论相关的脑系统(如颞顶联合区、内侧前额叶皮层)活动异常有关。近年来,超扫描技术开始应用到自闭症个体社会功能缺陷的评估中,如发现自闭症个体与正常个体在共同完成联合注意任务的过程中,两个体在右侧额下回部位的脑间活动同步性明显减弱,导致被试在整合自我导向注意和他人导向注意中存在困难,进而导致自闭症个体社会交往功能的缺陷。这些研究发现大大促进了对自闭症群体社会功能缺陷机制的阐述,并有助于评估和优化干预方案。

引　言

作为高度社会化的人类群体,人与人之间存在广泛的行为、信息等的相互作用与影响,这对于个体的正常发育至关重要。研究工作者们认为人类的心理、社会功能乃至大脑的结构与功能是在与他人不断的互动中逐步发展与成熟起来的。但是,对于自闭症谱系障碍(autism spectrum disorders,ASD)(简称自闭症或孤独症)的个体而言,社会交往功能缺陷或障碍是最主要的特征,严重影响了自闭症个体与周围群体间的互动行为等社会功能的正常发展。

自闭症谱系障碍是一组有着神经基础的广泛性发育障碍,在社交交流和社交互动方面存在持续性的缺陷,表现出受限的以及重复的行为模式、兴趣或活动,且该症状存在于发育早期(American psychiatric association,2015)。社会交往障碍(social communication disorder)作为自闭症的核心症状之一,持续地表现在多种形式或方式中。具体表现在:

(1)社交与情感交互性的缺陷。从异常的社交行为模式、无法进行正常的你来我往的对话,到较少与他人分享兴趣爱好、情感、感受,再到无法发起或回应社会交往等。(2)社会交往中非言语交流行为的缺陷。从在言语和非言语交流之间缺乏协调,到眼神交流和身体语言的异常、理解和使用手势的缺陷,再到完全缺失面部表情和非言语交流的能力。(3)发展、维持和理解人际关系的缺陷。从难以根据不同的社交场合调整行为,到难以完成假想性游戏、难以交朋友,再到对同龄人没有兴趣。以上三点包含了自闭症个体社会沟通和社会交往障碍的主要表现,是诊断自闭症的重要依据,也是精神科医生和心理学学者们研究自闭症个体异常行为和神经机制的主要关注点。

现有的对自闭症群体人际互动障碍的研究主要包括社会注意、模仿行为以及人际合作等,研究者们试图在行为和脑活动等多个层面揭示自闭症个体在上述行为中的异常表现,同时也尝试对这些现象的产生做出可能的解释。

第一节 社会注意缺陷

对自闭症个体社会注意障碍的研究,经历了一系列的发展过程,从最初的静态刺激的被动呈现,到动态刺激的被动呈现,再到个体置身于真实人际互动场景之中,实验的生态效度不断提高。一方面,实验内容或实验情景更贴近现实生活,使得研究结果与对自闭症个体社会交往缺陷的临床观察更一致。另一方面,增强实验范式的自然属性,可以提升研究结果对自闭症个体社会功能的预测准确度(Klin等,2002)。

Noris等人最早采用便携式的眼动记录设备对自闭症个体在自然环境中的社会注意行为进行探究(如图8-1A&B)。研究者们发现相比正常儿童,自闭症儿童在自然的互动场景中,对互动对象注视的次数更少、时间更短。另外,研究者们还发现自闭症儿童的垂直注视角度和水平注视范围与正常儿童有显著的差异,即自闭症儿童在面对互动对象时,倾向于朝下方看(如图8-1C),且单次水平注视范围更广(如图8-1D)(Noris等,2011;Noris等,2012)。研究者认为由于自闭症个体分拣信息和加工信息的能力有限导致信息输入负荷超载,因此个体通过注视桌子等静态物体减少社会刺激的输入。同时通过更宽的水平视角过滤掉高频的信息(社会刺激,例如互动对象),降低对输入刺激的加工深度。

同样,Falck-Ytter(2015)也采用了眼动追踪技术,以正常儿童作为对照组,用面对面讲故事的方法(如图8-2A),对自闭症儿童在社交交往中的注视模式进行了考察。研究结果表明,在互动过程中自闭症儿童对讲故事者面孔的注视时间短于正常儿童(如图8-2B),对场景中非社会性刺激(图画)的注视时间长于正常儿童。

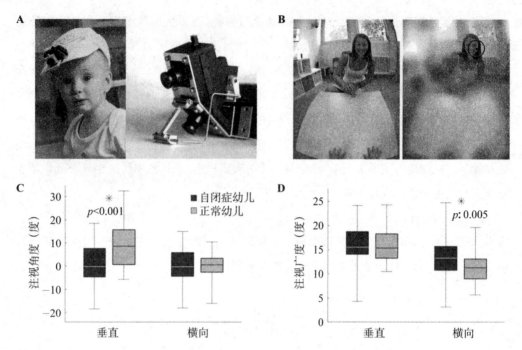

图 8-1 自然互动中自闭症儿童和正常儿童的注视模式

注：A. WearCam 设备；B. WearCam 记录的互动场景；C. 注视的平均垂直角度和水平角度；D. 水平注视范围和垂直注视范围。图片引自 Noris 等，2011。

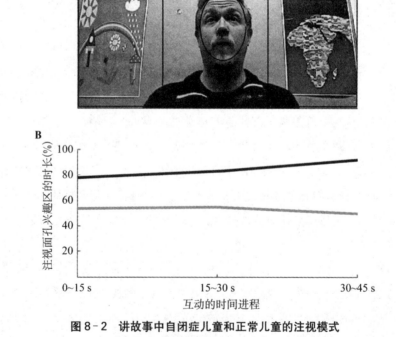

图 8-2 讲故事中自闭症儿童和正常儿童的注视模式

注：A. 互动场景与眼动兴趣区的划分；B. 两组儿童对讲故事者面孔的注视时长。灰色代表自闭症组对面孔的平均注视时长，黑色代表正常组对面孔的平均注视时长。图片引自 Falck-Ytter，2015。

进一步的分析发现,对于正常儿童被试组,讲故事者注视儿童的时长与儿童听故事时注视其面孔的时长呈显著正相关,但这一相关关系并不存在于自闭症儿童组。这些研究结果在行为层面上揭示了自闭症儿童在"在线"社会交流中存在着明显的缺陷。随着科学技术的不断发展,对自闭症个体在现实的社会互动中注视模式的探究更加精细化,有研究显示自闭症儿童在半结构化的交谈中更少与互动对象进行双眼对视(如图8-3A),但是对于鼻区和嘴区的注视情况没有明显的差异(如图8-3B&C)(Auyeung等,2015;Hanley等,2014)。

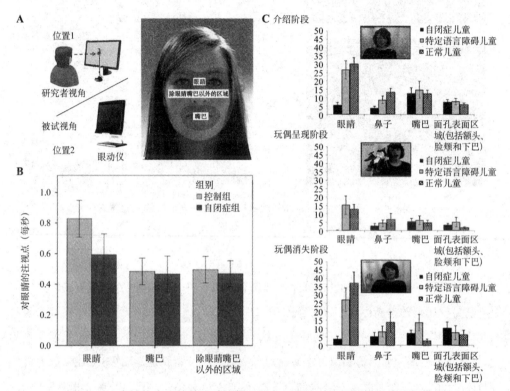

图8-3 半结构在交谈的实验场景以及各组幼儿对不同兴趣区的注视模式

注:A.半结构化交谈的实验场景和面孔兴趣区的划分;B.两组被试每秒对各兴趣区的注视次数。图片引自Auyeung等,2015。C.不同组别的儿童在半结构化交谈中的不同阶段对各面孔兴趣区的注视百分比。图片引自Hanley等,2014。

以上采用眼动追踪分析技术的研究一致表明,自闭症个体在复杂的社会环境中搜索有效社会线索的能力显著下降。更为有趣的是,近年来的研究表明,婴儿期对社会线索的加工方式可以起到对自闭症的预测作用(Hutman等,2012;Jones等,2016)。Chawarska等人(2013)以6个月的婴儿为研究对象,收集他们在观看含有人物、时长为3分钟的视频时的眼动数据。视频中有一位女性,坐在桌前,桌上放着制作三明治的材料,两侧放有4个玩具(如图8-4A)。视频包含了4个片段,分别是联合注意、移动玩具、制作三明治以及互动交流。研究者根据幼儿在24个月时的测量结果,将其划分为自闭症组(ASD)、高危

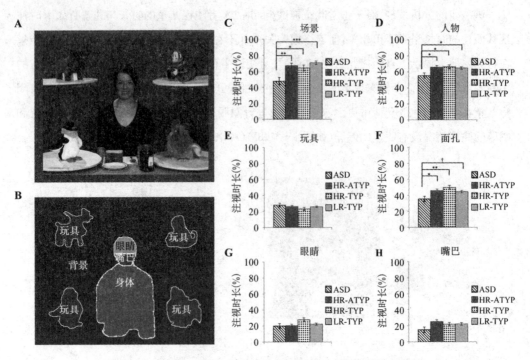

图8-4 不同组别的幼儿在观看视频时对各兴趣区的注视模式

注:A.视频内容;B.眼动兴趣区的划分;C—H.四组幼儿对各兴趣区的注视时长百分比。图片引自Chawarska等,2013。

自闭症组(HR-ATYP,该组幼儿的兄弟姐妹中有人患有自闭症,且其当前具有临床症状但是不满足自闭症的诊断标准)、高危正常组(HR-ATYP,该组幼儿的兄弟姐妹中有人患有自闭症,但其当前没有表现出任何临床症状)、低危正常组(LR-TYP,该组幼儿无家族病史,且其当前发展正常),分析其6个月时对各兴趣区的注视情况(如图8-4B),研究者发现自闭症幼儿在6个月时就对场景的自发性注意较少(如图8-4C),当他们对场景中的内容进行注意的时候,较少注视人物(如图8-4D),特别是面孔(如图8-4F),而对于眼睛和嘴巴的注视不存在差异(如图8-4G&H)。值得注意的是,自闭症幼儿对社会性刺激注视的减少,并没有伴随着对场景中客体注视的增加(如图8-4E)。这项研究首次揭示了自闭症幼儿6个月时的前驱症状(prodromal features),这种异常的社会线索的加工模式可能对社会认知相关的神经系统功能的特异化以及亲子间的互动方式产生了重要的影响。社会注意异常在一定程度上能够作为对婴儿出生一年后进行自闭症诊断的参考依据。

Jones和Klin(2013)同样通过让婴儿观看视频的方式,分别对低危和高危自闭症婴儿对视频中人物眼睛的注视情况进行了追踪研究(如图8-5A、B和C),尤为密切地关注了其出生后6个月的动态发展(高危自闭症婴儿有确诊为自闭症的兄弟姐妹,而低危婴儿的一级、二级和三级亲属中均无人患有自闭症),发现了生命早期的自闭症迹象。研究中高危自闭症婴儿中的大部分在36个月时都被确诊患有自闭症,他们在刚出生不久后对眼睛的注视水平在正常范围之内,但是最早在其出生2个月后,他们对眼睛的注视开始逐步减少,到24个月时对眼睛的注视水平几乎是正常幼儿的一半(如图8-5D、E和F)。这项研究揭示了自闭症个体社会功能缺陷的早期形成。尽管研究结果表明自闭症婴儿在2~6个月时就减少了对他人眼睛的注意,但是这种社会定向行为(social orientation)并没有完全丧失,这使得自闭症的早期发现成为可能,也为自闭症的干预带来了新的希望。

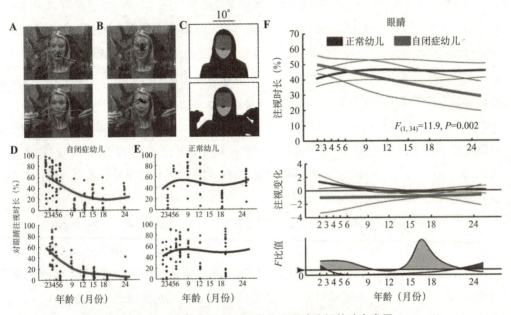

图8-5 自闭症幼儿和正常幼儿眼睛注视的动态发展

注:A—B.自闭症幼儿和正常幼儿在6个月时的时长2秒的眼动数据,黑点为注视点,点越大表示注视时间越长,白色的线为扫描路径;C.兴趣区的划分,包括眼睛、嘴巴、身体和其他物体;D—E.两名自闭症幼儿和两名正常幼儿在2~24个月各阶段测试的每一个试次中对眼睛的注视百分比;F.上图:两组幼儿在2~24个月各阶段测试中对眼睛注视的平均百分比,粗线表示平均注视百分比,细线表示95%的置信区间;中图:两组幼儿在2~24个月各阶段测试中对眼睛注视的变化速率(一阶导数),粗线表示平均增长速率,细线表示95%的置信区间;下图:采用方差分析比较两组幼儿在2~24个月各阶段测试中对眼睛注视百分比的差异和变化速率的差异。浅灰表示对眼睛注视百分比的F值,深灰表示变化速率的F值。图片引自Jones和Klin,2013。

联合注意困难是自闭症患者在人际互动中社会注意受损的另一重要表现。联合注意是指两个人共同对某一事物加以注意,分享对该事物的兴趣。联合注意可分为两类,一类是应答性联合注意(responding to joint attention,RJA),另一类是自发性联合注意(initiating joint attention,IJA)。应答性联合注意是指儿童对他人发起的眼睛注视或手指指示做出回应,以分享对该事物的兴趣,包括眼睛注视、注视跟随、手指指示跟随等行为。自发性联合注意是指儿童主动引发他人对其感兴趣物体的注意,包括眼睛注视、注视交替、手指指示、主动展示等行为(Chen等,2015)。联合注意最早出现在婴儿期,在1岁时,婴儿便能理解两个个体间有意图的注意协调。联合注意看似是一个简单的社会行为,却也是一个非常强大的社会学习工具,为幼儿提供了了解世界的途径(Redcay 等,2013)。研究表明,联合注意与个体的言语能力(Gillespie-Lynch 等,2015)、心理理论(von dem Hagen 等,2014)等发展息息相关。因此,良好的联合注意能力对于个体的社会性发展具有推动作用。

对自闭症个体联合注意的研究设计也从呈现静态的图片到动态的视频再到面对面实时的人际互动,"人—机"互动到"人—人"互动的转变使得研究结果更加吻合现实情况。同时,随着认知神经科学技术的更新进步,脑成像技术的日益成熟,研究者们可以使用功能性磁共振技术、事件相关电位(简称 ERP)等方法直接观察大脑在人际互动中的神经机制(Wang 等,2016)。国内外已经有很多学者对联合注意的神经机制进行了探究,其中不乏以自闭症个体为研究对象,结合眼动技术和脑成像技术来揭示自闭症个体联合注意缺陷的神经基础的研究。

在 Redcay 等人的研究中,以年龄和性别相匹配的正常成年人为对照组,考察高功能自闭症成年人联合注意缺陷的神经基础。研究采用的实验范式为"抓老鼠"任务(Redcay 等,2010;Redcay 等,2012),要求被试通过自己和主试将注意转移到屏幕相同的位置来达成抓老鼠的目标。在实验任务中,被试躺在磁共振仪器内,通过一个液晶屏幕与主试进行互动。在屏幕的四角各呈现一个房子,在 RJA 条件下,被试需要根据主试的注意情况将注视点转移到相应的位置,若两者注视点均落到目标位置,该位置会呈现一只老鼠作为成功联合注意的反馈。在 IJA 条件下,屏幕四角中的一个位置会出现一条老鼠尾巴作为注意的线索,被试需要将自己和互动对象的注意均转移到目标位置,同样最后以老鼠的呈现作为成功试次的反馈。在控制条件单独注意中(solo attention,SA),通过提供线索让被试明确注意目标,但是在注意阶段,主试会闭上双眼,不与被试进行任何互动,若被试注视正确,同样以呈现老鼠作为反馈(如图 8-6A)。行为结果显示,在三种任务中自闭症组和正常组的正确率都很高且没有显著差异。神经影像学数据分析显示,在 RJA 条件下,相比 SA,正常个体的双侧颞上沟后部、背内侧前额叶皮质、后扣带回、左侧顶下小叶、左侧枕中回、右侧颞中回显著激活(如图 8-6B)。而自闭症个体仅有右侧额下回后部显著激活(如图 8-6C)。进一步的分析发现,相比正常个体,自闭症个体在内侧前额叶皮层和右侧颞上沟后部的激活程度明显降低。背内侧前额叶皮层是社会认知网络的重要组成部分,参与对他人的判断、推断他人心理状态、觉察自己与他人对同一客体的注意,该脑区也参与心理理论相关的认知过程。在一项研究中,研究者让自闭症患者和正常被试观看 3 类动画,动画中两个三角形或随机运动,或目标导向运动(例如两个三角一起跳舞),或心理理论运动(例如一个三角劝说另一个三角),他们发现自闭症患者在对有关心理理论的动画内容进行判断的时候,准确率显著低于正常组,且在观看该类动画的时候,其内侧前额叶皮质、颞上沟和颞极的激活模式异常(Castelli 等,2002)。另外,在联合注意中,正常组被试的颞

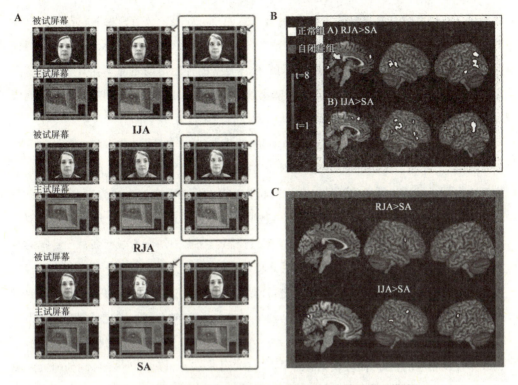

图 8-6　自闭症成人和正常成人在联合注意中的脑激活模式

注：A.三种任务的实验流程；B.正常组被试在 IJA 和 RJA 任务中的脑激活模式；C.自闭症组被试在 IJA 和 RJA 任务中的脑激活模式。图片引自 Redcay 等，2013。

上沟激活程度大于单独注意，而自闭症患者在两种任务中的激活程度没有差异。其原因可能是在联合注意中自闭症个体的颞上沟激活不足，而在单独注意中过度激活。最初颞上沟可能会对广泛的刺激做出反应，但随着个体的发展，该区域的功能逐渐特异化，只对社会刺激进行反应。但是自闭症个体的这一特异化功能发展迟滞或难以发展，因此，颞上沟对刺激难以进行分化，从而激活程度无差异。

另外，研究者还发现在 IJA 条件下，相比自闭症个体，正常个体的双侧前脑岛、额叶岛盖、内侧额上回、左侧额中回、辅助运动区、右侧中央前回、双侧顶下小叶和右侧颞上沟显著激活（如图 8-6B）。而自闭症个体在双侧中央前回、右侧缘上回和楔前叶显著激活（如图 8-6C）。以往的行为学研究表明，自闭症个体发起联合注意更加困难（Chen 等，2015；Mundy 等，2009），因此 Redcay 等人也预测 IJA 条件下，自闭症组和正常组在神经层面上的差异应该最大，但进一步分析发现两组的脑激活在以上脑区均没有差异。基于该结果，研究者认为可能原因在于任务的选择。有证据显示自闭症个体在命令性情境下能够正常发起联合注意，但是在无外显指令的条件下，很难主动发起联合注意（Baron-Cohen，1989；Kasari 等，1990）。在本研究中，研究者给予被试发起联合注意的指导语，行为上两组被试的正确率没有显著差异。然而，联合注意的核心就是个体有意愿主动与他人共享对某事物的关注。如果研究者考察自闭症个体自发的 IJA 行为，可能会出现较大的组间差异。但是这也随之带来一个问题，自闭症个体异常的神经活动是源于异常的脑功能还是统计功效的差异（例如，自闭症组有效试次数量的减少）。因此，未来研究在控制组间统计功效的同时，应该更多地对自闭症个体自发性的 IJA 行为进行探讨。

在 Redcay 等人的研究基础上，Oberwelland 等人（2017）将眼动技术和功能性磁共振技术相结合，探究了互动对象的熟悉性对高功能自闭症青少年联合注意的影响。同样，研究者也采用了被试与可视的互动对象进行联合注意的任务。在这个研究中，实验任务共分为 4 个条件，在联合注意—自我条件下，被试发起联合注意，互动对象进行回应，若双方注视相同目标（奶酪），则呈现老鼠作为反馈。控制—自我条件作为联合注意—自我的对照条件，被试发起注意，但是互动对象不予回应，而是将目光转向屏幕下方（如图 8-7）。以上两个条件均为被试发起注意，他人进行回应。在联合注意—他人条件下，被试需要根据互动对象的注视情况进行相应的调整，使得双方注视相同的目标，同样呈现老鼠作为成功试次的反馈。控制—他人作为联合注意—他人的对照条件，搭档需要根据计算机给定的线索注视相应的目标，而被试无需给予回应（如图 8-7）。以上两个条件均为他人发起注意，被试进行回应。行为数据分析显示，在和熟人（母亲）互动的时候，正常个体在回应他人条件下成功的试次数多于被试发起条件，而自闭症患者与母亲进行联合注意时，发起联合注意条件下成功的试次数多于回应他人条件，且对母亲面孔的加工处理水平更高。两组被试与陌生人（主试）进行互动的时候，在两种条件下成功的试次数没有差异（如表 8-1）。

表 8-1 两组被试在不同条件下正确试次的百分比

条件	正常被试	自闭症被试
联合注意—自我—熟悉	72.6%	75.3%
控制—自我—熟悉	70.5%	74.6%
联合注意—他人—熟悉	73.2%	60.0%
控制—他人—熟悉	80.5%	71.2%
联合注意—自我—不熟悉	69.1%	68.4%
控制—自我—不熟悉	75.3%	72.2%
联合注意—他人—不熟悉	69.1%	68.8%
控制—他人—不熟悉	75.0%	70.5%

表格引自 Oberwelland 等，2017 的补充材料。

fMRI 的结果显示：正常个体与熟悉程度不同的互动对象进行联合注意时，大脑的激活模式相似，而自闭症个体在与熟悉对象进行互动时，纹状体、左侧脑岛、颞极、右侧额下回以及双侧梭状回等脑区的激活程度更强。进一步的分析发现，正常个体在与熟悉对象

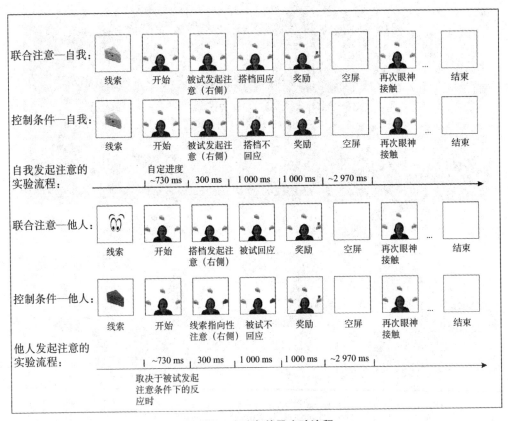

图 8-7　实验条件及实验流程

注：图片引自 Oberwelland 等，2017。

发起联合注意时左侧额下回的激活程度比陌生人条件下更强（如图 8-8A），而这一效应在自闭症个体中却出现在与面孔加工相关的右侧梭状回（如图 8-8B）。右侧梭状回在面孔加工中起着重要的作用（Kanwisher 等，1997），与正常个体相比，自闭症个体在加工面孔时往往表现出该脑区激活的减弱（Pierce 等，2001；Schultz 等，2000）。而此研究首次发现自闭症个体在主动发起互动的情况下，对熟悉面孔（母亲）的加工会增强梭状回的激活程度。这一结果也支持了如下观点：自闭症个体梭状回激活的异常反映了他们由于缺乏社交动机而致使面孔加工呈现异常模式。而对母亲面孔的高水平加工可能是社交动机在其中起了重要的作用，与母亲互动增强了自闭症个体的社交动机，从而增强了对其面孔加工时神经活动的强度。这一研究结果对自闭症的干预具有一定的借鉴意义，在治疗中，让自闭症患者与熟悉亲近的人一起进行行为训练或许更有成效。

第二节　模仿行为缺陷

模仿对于人类的进化和个体的发展起着至关重要的作用，儿童言语的习得、动作技能

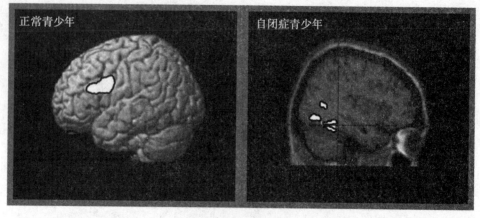

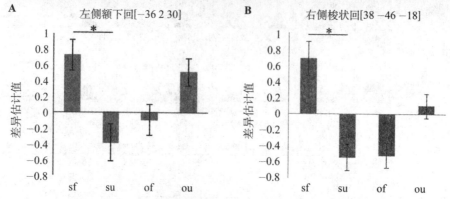

图8-8 自闭症和正常青少年在联合注意中的脑激活模式

注：A—B.正常青少年和自闭症青少年在四种不同实验条件下的大脑激活程度的差异比较，sf＝联合注意—自我—熟悉，su＝联合注意—自我—不熟悉，of＝联合注意—他人—熟悉，ou＝联合注意—他人—不熟悉。图片引自Oberwelland等，2017。

的学习、人际间的社会交往无不与模仿有着紧密的关系。模仿不仅是对示范者行为本身的复制，也体现在示范者和模仿者内在心理表征的一致性上（Zheng等，2016）。国内外很多学者对自闭症个体的模仿行为进行了探究，发现自闭症患者的模仿能力存在缺陷，并从认知和神经层面给予了不同的解释。

Vivanti等人（2014）在研究中让5到6岁的自闭症儿童、正常儿童和发育迟缓儿童观看若干个时长为7秒的视频，但是不给予儿童外显的模仿指令，以便于考察其自发的模仿行为。除此以外，儿童还需要完成一些工具的使用以及联合注意任务，从而探讨注意异常、社会性缺失和感知运动障碍这三种机制中哪一种对自闭症个体模仿缺陷的解释更为合理。研究发现，自闭症儿童模仿行为的数量和准确率都显著低于正常儿童和发育迟缓儿童（如图8-9A&B）。另外，在模仿的过程中，自闭症儿童会更多关注示范者的行为（例如，旋转小球、放置锥体物等），而较少关注示范者的面孔。在联合注意任务中，正确率在组间没有显著差异，但是自闭症儿童在联合注意任务中的潜伏期长于另外两组儿童。自闭症儿童的工具使用情况同样也差于正常儿童和发育迟缓儿童。因此，单一的机制无法有效地解释自闭症儿童的模仿缺陷，注视行为异常和执行功能障碍是自闭症患者错误模仿的原因，而社会性的缺失会导致其更少地进行模仿行为。当然，对于自闭症个体模仿缺陷的理论解释还有很多，例如表征缺陷假设，该理论认为自闭症患者缺少对他人进行表征的能力，因此不能理解他人的心理状态（Leslie，1987）。自我—他人投射理论认为自我—他人投射的一致性是人类社会认识正常发展的关键，而自闭症儿童不能通过单一通道或跨通道进行表征加工，形成和协调自我与他人的社会表征，从而表现出模仿缺陷（Rogers和 Pennington，1991）。

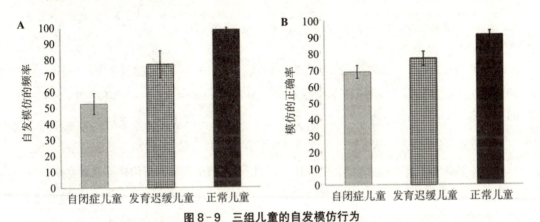

图 8-9 三组儿童的自发模仿行为

注：A.自发模仿的频率；B.自发模仿的准确率。图片引自 Vivanti 等，2014。

研究者在对自闭症患者的模仿缺陷提供认知理论的时候，也致力于探索该缺陷的神经机制。早在 20 世纪 90 年代初，Di Pellegrino 等人（1992）在研究猴子的前运动皮质时偶然发现，当猴子做出某个动作或看见研究人员做相同动作的时候，前运动皮质中 V5 区的神经细胞会出现相似的放电现象。研究者将这类像镜子一样能在个体大脑中映射他人动作的神经元称为镜像神经元。目前，人类的镜像神经元系统（mirror neurons system，MNS）主要包括两个网络，分别是边缘镜像系统（limbic MNs network，LMNs）和额顶镜像系统（parieto-frontal MNs network，PFMNs）。边缘镜像系统由脑岛、内侧前额叶皮层组成（如图 8-10A），额顶镜像系统由顶下小叶、腹侧前运动皮层、额下回组成（如图 8-10B）（Casartelli 和 Molteni，2014；Keysers 等，2010）。

镜像神经系统的发现为探讨自闭症患者异常行为的机制提供了新的视角和方向。依据镜像神经元系统的假设，研究者基于该系统的功能障碍提出了自闭症患者的"碎镜理论"（broken-mirror theory）。阿斯伯格综合征属于自闭症谱系障碍或广泛性发育障碍（pervasive developmental disorder，PDD），具有与自闭症同样的社会交往障碍，常表现出局限的兴趣和重复、刻板的活动方式等。Nishitani 等人（2004）采用 MEG 考察了阿斯伯格

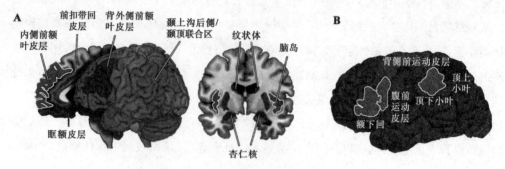

图 8-10 镜像神经元系统

注：A.边缘镜像系统包含脑岛、内侧前额叶皮层。图片引自 Decety 和 Yoder，2017。B.额顶镜像系统包含额下回、腹侧前运动皮层、顶下小叶。图片引自 Casartelli 和 Molteni，2014。

症患者模仿行为的脑活动情况，发现正常个体在模仿静态的嘴唇状态时（如图 8-11A），在 30 毫秒到 80 毫秒间，大脑激活的路径为枕叶—颞上回—顶下小叶—额下回，在 75 毫秒到 90 毫秒后，初级运动皮层激活（如图 8-11B）。同样的激活模式也存在于阿斯伯格症患者中，但是激活区域更为分散。另外在模仿过程中，阿斯伯格症患者的额下回和初级运动皮层的激活程度低于正常被试（如图 8-11C）。这些研究结果表明阿斯伯格症患者在模仿他人行为时，其参与的神经网络的构成及其激活水平与正常人相比都发生了显著的变化。EEG 的研究显示，正常个体在观看视频中的动作和自己执行该动作的时候，均会出现 mu 波抑制。但是，高功能自闭症患者仅在执行动作时会出现 mu 波抑制。该结果表明自闭症患者在执行动作时的感觉运动皮层正常，但是涉及动作模仿的镜像神经元系统异常（Bernier 等，2007；Oberman 等，2005）。Martineau 等人（2008）的研究发现无论是手部模仿或是身体模仿，自闭症患者的运动皮层、额叶和颞叶的 mu 波变化都没有表现出与正常个体同样的去同步化现象。fMRI 的研究结果也印证了自闭症患者的镜像系统存在异常。如 Dapretto 等人（2006）发现高功能自闭症儿童在观察和模仿基本情绪的时候，额下回的激活程度远低于正常儿童（如图 8-12A），并且这种激活程度与自闭症儿童的严重程度呈显著的负相关（如图 8-12B）。正常儿童在模仿观察到的情绪的过程中依赖于右半脑的镜像神经机制（如岛叶和边缘系统共同作用）。而在自闭症儿童身上似乎没有发现这样的镜像机制。

除了镜像神经元系统以外，研究还发现自闭症患者在模仿过程中，与心理理论有关的颞顶联合区也呈现异常的激活模式。目前，已有多项研究采用手指模仿范式来探究自闭症个体动作模仿行为的缺陷（如图 8-13A&B）。Williams 等人（2006）的研究结果显示，在观察和模仿简单的手指运动时，自闭症和正常个体的大脑激活程度差异最为显著的是右侧半球的颞顶联合区（如图 8-13C）。Spengler 等人（2010）发现自闭症患者存在过度模仿

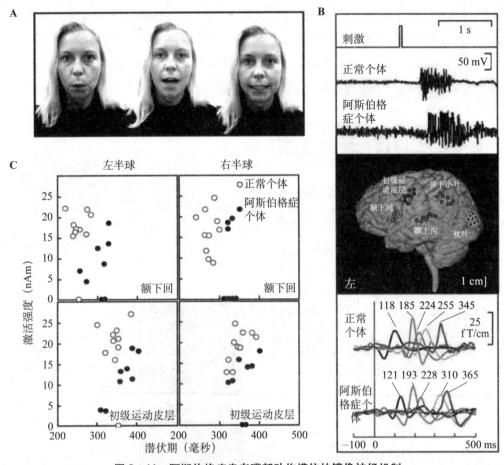

图8-11 阿斯伯格症患者嘴部动作模仿的镜像神经机制

注:A.三种静态的嘴唇状态;B.上图:刺激呈现时间以及两组被试口腔肌肉的肌电,中图:阿斯伯格症被试在任务中激活的脑区,图中每一个点代表一名阿斯伯格症被试在任务中该脑区呈激活状态,下图:两组被试大脑左侧5个脑区的MEG信号;C.两组被试大脑两侧的额下回和初级运动皮层的激活强度。图片引自Nishitani等,2004。

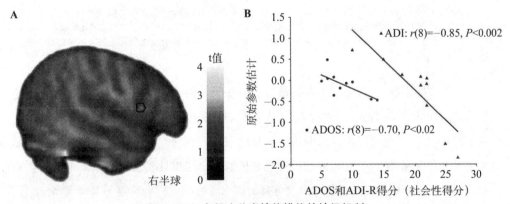

图8-12 自闭症儿童情绪模仿的神经机制

注:A.正常儿童和自闭症儿童在观看情绪图片时在岛盖部(额下回后部)激活程度的差异;B.自闭症儿童的岛盖部激活程度与ADOS评估和ADI-R评估得分的相关性。ADOS:孤独症诊断观察量表;ADI-R:孤独症诊断访谈量表修订版。图片引自Dapretto等,2006。

行为,且过度程度与自闭症被试在完成有关心理理论任务中的内侧前额叶皮层和颞顶联合区的激活呈负相关(如图8-13D)。这两个脑区均与推断他人意图、解读他人心理有关。因此,这些研究结果暗示行为模仿可能是一个自上而下的加工过程,除了镜像神经元系统以外,有关心理理论的脑结构也在其中起着不可或缺的作用。

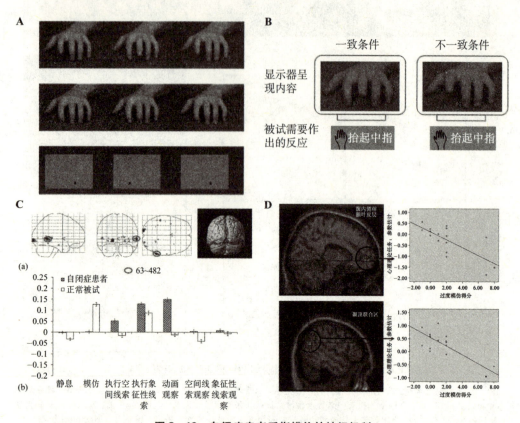

图8-13 自闭症患者手指模仿的神经机制

注:A.刺激材料,包括动画、象征性线索及空间线索。图片引自Williams等,2006。B.视频材料,包括一致条件和不一致条件。图片来自Spengler等,2010。C.两组被试在不同条件下的颞顶联合区激活程度的差异。图片引自Williams等,2006。D.腹内侧前额叶皮层和颞顶联合区激活程度与行为模仿过度的相关性。图片引自Spengler等,2010。

以上研究结果表明,自闭症患者在模仿上的缺陷与镜像神经元系统以及与心理理论相关的脑结构(如颞顶联合区)紧密相关,该系统的功能障碍可以作为自闭症模仿缺陷的有效生物标记之一,也可以作为诊断或筛查自闭症的客观神经指标。使用不同的神经影像学技术进行探究,使得研究者们可以更好地理解自闭症患者模仿行为缺陷的神经生理机制,同时,也为使用神经反馈技术来改善自闭症患者的模仿行为建立了基础(Pineda等,2014)。

第三节 合作行为缺陷

合作是人类社会生活的一个重要特征,人类社会区别于其他动物群体之处在于人类能与无血缘关系的其他个体展开大规模的合作行为。而在其他生物群体中,无论是合作规模还是合作程度都远不及人类社会(Fehr 和 Fischbacher,2004)。合作行为作为一种亲社会行为,对儿童的社会适应具有重大的意义。自闭症患者的核心症状之一就是社会互动与社会交流存在障碍,进而导致合作行为的缺乏(Li 和 Zhu,2014)。研究者一般通过以下两个途径来探究自闭症患者的合作行为。一是采用高级的认知活动,在这些实验任务当中,需要被试揣测互动对象的意图从而进行社会决策,例如囚徒困境、最后通牒博弈等。另一种是动作任务,在这类实验任务中,需要被试与互动对象同步进行某些行为,从而达成共同的目标(Curioni 等,2017)。

Sally 和 Hill(2006)采用囚徒困境、独裁者游戏和最后通牒任务考察了 6 到 15 岁自闭症儿童的合作行为。在任务中,被试和实验助手进行互动,双方在独裁者游戏中轮流担任独裁者和接受者,在最后通牒游戏中轮流担任分配者和接受者。结果显示,虽然自闭症儿童与正常儿童在合作行为上并没有如预期中那样存在很大的差异,但是仍有一些重要的发现,如自闭症儿童在囚徒困境博弈中表现出策略转变上的困难,不能恰当地使用以牙还牙或互惠的策略。另外,在独裁者博弈和最后通牒博弈任务中,正常儿童更多选择平分,而自闭症儿童主要采取平分所得金额或者将全部金额归己所有。研究者认为自闭症儿童难以识别互动对象的意图,因而难以随着情境的变化相应调整自己的行为。Edmiston 等人(2015)同样采用了囚徒困境的实验范式,探究了自闭症患者合作的神经机制。在行为层面上,无论是与人博弈还是与计算机博弈,自闭症儿童和正常儿童的合作程度都没有显著差异。在神经层面上,当自闭症儿童面对互动对象是人的背叛时,其左侧脑岛(如图 8-14A)、颞顶联合区(如图 8-14B&C)、双侧尾状核、杏仁核的激活程度小于正常儿童。

脑岛参与自我意识和内在感受性知觉,在人际交往与消极情绪中激活增强。颞顶联合区是社会认知网络的重要组成部分,也是心理理论的神经机制。而尾状核与刺激的价值评价、动机性行为有关。杏仁核与社会情绪的感知与加工有关。这些脑区都是"社会脑"的重要组成部分,在社会互动中,"社会脑"激活的异常可能是自闭症患者缺乏对社会刺激的偏好、社会情绪调节存在异常的结果。Chiu 等人(2008)采用信任游戏对自闭症患者和正常个体的 fMRI 结果进行对比发现,当自闭症患者进行决策时,其扣带回并无显著激活,而当互动对象进行决策时,其大脑激活方式则与正常被试相同(如图 8-15A)。另外,自闭症个体在决策时,扣带回的激活程度与自闭症的严重程度呈显著负相关,即扣带回的激活越强,自闭症的程度越轻(如图 8-15B)。这种脑激活模式表明在重复信任博弈

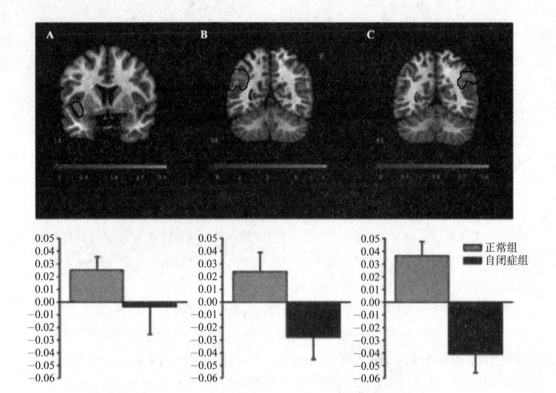

图 8-14 自闭症患者在经济决策合作中的神经机制

注：A. 囚徒困境中两组被试在左侧脑岛的激活差异；B. 囚徒困境中两组被试在左侧颞顶联合区的激活差异。C. 囚徒困境中两组被试在右侧颞顶联合区的激活差异。图片引自 Edmiston 等, 2015。

中，尽管自闭症患者难以表征其社会行为的意图，但其仍能编码他人的简单行为。

囚徒困境、最后通牒、独裁者博弈和信任游戏中的合作是一种策略性行为，需要个体对自己和他人的收益进行计算和比较，从而做出选择，这种合作行为更多地依赖于个体的计算能力和策略性思维(Li 和 Zhu, 2014)。而在一些联合行动的任务中，需要个体间通过联合注意、行为预测等来协调动作从而达成共同目标。这种实验任务的互动性更强，有利于考察自闭症个体在人际互动中的社会功能。在 Li 等人的研究当中(Li 和 Zhu, 2014；Li 等, 2014)，采用了两种工具性任务，即平行角色的手柄管任务(如图 8-16A)和补偿角色的双管任务(如图 8-16B)。在手柄管任务中，需要两人同时抓住管子两边的手柄往外拉，才能将管中的小玩具取出来。这个任务中两人扮演的角色是平行的，所以被试只需完成一次。在双管任务中，需要一人在管子的上方扔积木，另一人同时在管的下方用易拉罐接积木。这个任务中两人扮演的角色是互为补偿的，所以被试需要分别扮演"积木角色"(扔积木)和"易拉罐角色"(用易拉罐接积木)。实验一共有 4 个试次，试次 1、2 为正常试次即主试通过交替注视来引导儿童参与任务；试次 3、4 为搭档不作为阶段即主试先通过交替注视邀请儿童参与，当儿童参与进来时，主试停止与儿童互动，时长 15 秒，而后重新

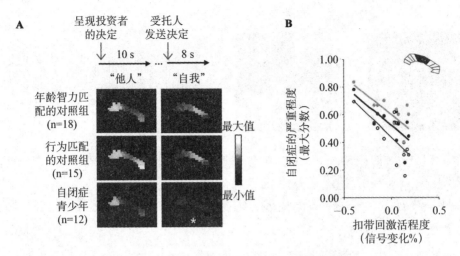

图 8-15 自闭症患者在经济合作中的神经机制

注：A.信任游戏中各组被试在自我决策和他人决策时的扣带回激活模式；B.自闭症个体自我决策时扣带回激活程度与病症严重程度的相关性。图片引自 Chiu 等，2008。

与儿童互动。结果显示，正常儿童组选择合作的概率比高功能自闭症儿童组更高（如图 8-16C）。在两个任务的搭档不作为阶段，两组儿童的总体行为和交流尝试行为不同。在完成手柄管任务时，自闭症儿童更多地选择"搭档定向"；而正常儿童或者选择独自尝试完成任务，或者选择请求搭档来共同完成任务（如图 8-16D）。交流尝试行为上，虽然自闭症儿童和正常儿童都采用了"近身请求"的交流方式，但是正常儿童更多地选择"近身请求"（如图 8-16G）。在双管任务中儿童担任积木角色，在面对搭档不作为时，自闭症儿童更多地选择"独自尝试"；而正常儿童更多地选择"搭档定向"（如图 8-16E），具体的交流方式上更多地选择"眼神远距离请求"，并伴随着语言请求和提示（如图 8-16H）。当儿童担任易拉罐角色，在面对搭档不作为时，自闭症儿童在总体表现和交流表现上均不存在偏好；而正常儿童更多地选择"搭档定向"，并选择"眼神远距离请求"的交流方式，且伴随语言请求和提示（如图 8-16F&I）。总体看来，在整体的工具性任务的搭档不作为阶段中，自闭症儿童比正常儿童表现出更低水平的合作行为，具体表现为自闭症儿童比正常儿童更少地选择搭档定向，而且他们也较少地使用眼神接触这种远距离请求的交流方式。

在另一项考察自闭症个体人际动作协调的研究中（Curioni 等，2017），研究者将正常成人和自闭症成人配对成组，两人分别在任务中担任领导者和跟随者的角色。领导者需要完成指令性任务，即根据指令抓握瓶状物体的上端或者下端，而跟随者需要完成适应性任务，即根据领导者抓握的情况完成相同位置或相反位置的抓握动作（如图 8-17A），实验要求被试的抓握动作尽量保持同步。另外，为了剥离社会互动成分从而单独考察自闭症个体的运动执行功能，研究者还设置了非社会互动条件，即个体根据计算机屏幕上给与的

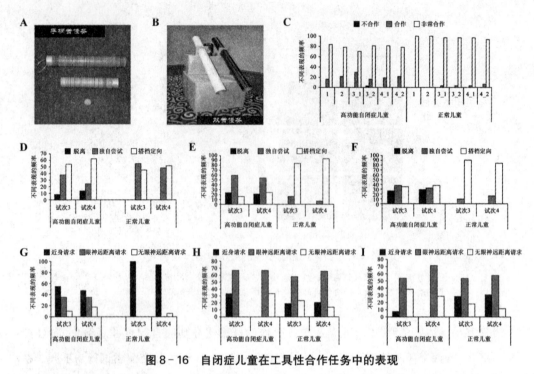

图 8-16 自闭症儿童在工具性合作任务中的表现

注：A.手柄管任务设备；B.双管任务设备；C.手柄管任务中不同儿童在不同试次中的表现；D.不同儿童在手柄管任务搭档不作为阶段中的总体行为；E.不同儿童在积木角色搭档不作为阶段中的总体行为；F.不同儿童在易拉罐角色搭档不作为阶段中的总体行为；G.不同儿童在手柄管任务搭档不作为阶段中的交流表现；H.不同儿童在积木角色搭档不作为阶段中的交流表现；I.不同儿童在易拉罐角色搭档不作为阶段中的交流表现。图片引自 Li 和 Zhu，2014。

线索进行反应(如图 8-17B)。研究中设置了反应时和动作执行时长这两个行为指标，反应时是指被试收到指令到执行动作前的时长，用以考察被试动作计划能力。动作执行时长是指被试开始抓握动作到结束抓握动作的时长，用以考察运动执行功能和人际协调能力。研究者发现在社会互动任务中，被试的自闭特质得分越高，与互动对象的行为同步性越差，具体表现为被试较少等待互动对象，且在行为的执行过程中较少调整自己的速度。在完成适应性任务时，正常被试会等待自闭症被试开始动作，因而反应时更长些(如图 8-17C)。而在动作执行阶段，正常被试会加快速度以保持和自闭症被试同步(如图 8-17E)。在完成指令性任务时，正常被试接收到声音线索后反应更快些(如图 8-17D)，且在动作执行阶段，会更多地依据自闭症被试的反应进行调整(如图 8-17F)。而在非互动任务中，自闭特质得分无法预测个体的动作计划和动作执行情况。因此在社会互动条件下，自闭症个体不良的动作协调行为不是由于运动执行功能障碍造成的，而是源于个体社会性功能的缺陷。

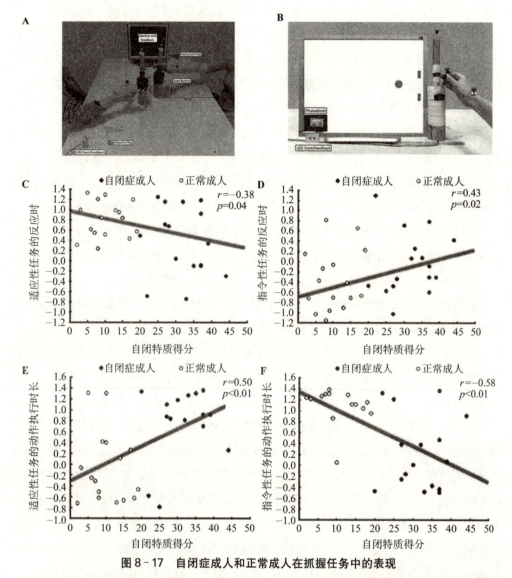

图 8-17 自闭症成人和正常成人在抓握任务中的表现

注：A.社会互动任务的实验场景；B.非社会互动任务的实验场景；C.自闭特质得分越高，适应性任务中的反应时越短；D.自闭特质得分越高，指令性任务中反应时越长；E.自闭特质得分越高，适应性任务中动作执行时间越长；F.自闭特质得分越高，指令性任务中动作执行时间越短。图片引自 Curioni 等，2017。

第四节 超扫描技术在自闭症社会交往缺陷评估中的应用

结合眼动追踪技术以及多种神经影像学技术，研究者发现自闭症个体在人际互动中的社会注意、联合注意、模仿行为以及合作行为等方面存在着较为明显的缺陷，同时伴随着镜像神经元系统和与心理理论相关的脑区（如颞顶联合区、内侧前额叶皮层）的活动水平异常。以往关于社会交往缺陷脑机制方面的研究关注的是自闭症个体在社会互动过程中的脑激活情况。然而,人—人间的互动或社会交往是发生在两人或多人共同组成的社会群体内,只观察一个大脑的活动,并不足以解释多人共同参与的社会交往这一高级社会认知活动的脑机制。正像 Hasson 等人(2012)认为的,典型的脑成像研究往往将人从自然环境中分离出来,将其束缚在一个密闭的空间中,与之相互作用的也仅是一个伪互动对象(即计算机)。脑—脑间的神经耦合塑造了个体在社会网络中的行为,从而导致了个体间复杂的联合行动,而这种现象是无法孤立出现的。因此,社会互动的研究应该从单脑转向多脑,通过分析脑—脑互动的变化规律以从群体脑水平上揭示社会互动的内在本质。

近年来,随着超扫描技术的不断发展与成熟,越来越多的研究者采用基于脑电、脑磁、功能性磁共振、功能性近红外光谱成像等技术手段,探究了诸如联合注意(Bilek 等,2015;Bilek 等,2017;Saito 等,2010;Tanabe 等,2012)、动作模仿(Dumas 等,2010;Holper 等,2012;Zhou 等,2016)、人际合作(Cui 等,2012;Pan 等,2017)等社会互动行为的脑—脑互动的变化规律。

联合注意作为最基本的社会互动行为,始终是一个研究热点。自超扫描概念提出后(Montague,2002),研究者们开始从多脑水平来探究联合注意的神经机制。Saito 等人(2010)最早采用基于 fMRI 的超扫描技术考察联合注意的脑—脑机制,任务中要求被试根据屏幕上小球颜色的变化或者互动对象的注意情况来进行相应的反应(如图 8-18A)。实验包含两种条件,一致条件和不一致条件。在一致条件下,被试双方需要注视相同的小球;而在不一致条件下,被试双方需要注视不同的小球(如图 8-18B)。对反应时的分析发现,被试根据小球线索进行反应要快于对眼线索的反应(如图 8-18C),这一结果暗示着个体对不同线索反应的神经机制可能存在差异。单脑激活的结果显示,眼线索条件下被试的双侧枕极、右侧颞中回、梭状回、右侧颞上沟后部、内侧前额叶皮质后喙区以及双侧额下回的激活程度显著大于球线索条件(如图 8-18D)。另外,研究者还通过比较配对和非配对被试间的脑间活动同步来考察真实互动的个体间的跨脑神经机制。为消除任务类型的影响,研究者将所有实验条件下的数据一起纳入模型中进行分析,发现配对组的右侧额下回出现了显著的同步性(如图 8-18E),而额下回与共享心理意图有关。因此,该发现揭示了在真人互动情景下,双方会更多地揣测对方的意图,进行彼此协调。

在类似的一项研究中,Bilek 等人(2015)同样以健康成人为研究对象,考察了互动个体脑间的信息交流。实验任务中,仍然是一方被试为联合注意的发起者,另一方被试为响应者,双方进行实时的人际互动(如图 8-19A)。为确保任务中可能产生的脑间同步源于互动,而非其他因素,研究者设立了非联合注意条件。在该条件下,被试双方各自根据线索注视相应的目标客体。对于脑间同步的分析,研究者采取了 4 个步骤。首先通过独立成分分析(independent component analysis, ICA)找出由任务诱发的显著激活的脑区。而后在以上脑区中筛选出联合注意下激活程度更强的脑区作为兴趣区。然后计算各兴趣区

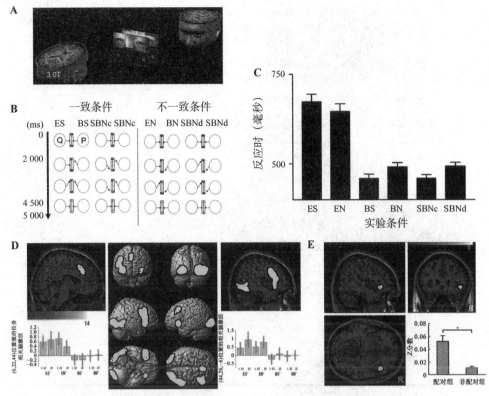

图 8-18 正常成人联合注意的神经机制

注：A. 实验场景；B. 实验条件，ES=眼线索联合注意，BS=球线索联合注意，SBNc=一致条件下同步球线索非联合注意，EN=眼线索非联合注意，BN=球线索非联合注意，SBNd=不一致条件下同步球线索非联合注意；C. 各实验条件下被试的反应时；D. 眼线索的效应：(ES′+EN′)−(BS′+BN′)，即眼线索条件下被试的脑激活与球线索条件下被试的脑激活的差值；E. 配对组和非配对组在额下回脑间活动同步的差异比较。图片引自 Saito，等 2010。

的脑间活动同步。最后为了检验脑间同步是否仅存在于实际互动的个体间，研究者进行了置换检验，比较配对组和非配对组在兴趣区脑间同步的差异（如图 8-19B）。他们发现右侧颞顶联合区的脑间同步仅存在于配对组中（如图 8-19C），并且这种脑间活动同步与被试间的平均社会能力得分成显著的正相关，即被试的社会网络越复杂，日常接触的人群范围越广，在联合注意任务中的脑间活动同步就越强。

为了确认研究结果的有效性，研究者另外招募了 50 名被试来验证以上研究，结果与前一研究保持一致（如图 8-19D）。Bilek 等人的研究既说明了研究的有效性、结果的可重复性，也为社会互动障碍人群神经基础的无创性检查提供了一条新途径。

到目前为止，采用超扫描技术对自闭症个体的社会交往功能缺陷进行考察的研究还非常少，仅有 Tanabe 等人在 2012 年发表在《*Frontiers in human neuroscience*》上的一篇文献。在该研究中，以高功能自闭症个体—正常个体（ASD-TD）为实验组、正常—正常个体（TD-TD）为对照组，被试间通过反馈屏幕进行实时的联合注意任务（如图 8-20A）和非联

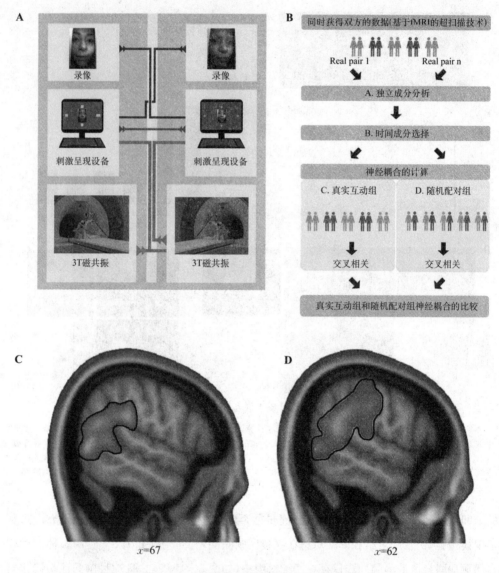

图 8-19 正常成人联合注意中的脑间同步

注：A. 实验场景；B. 数据分析流程；C. 探索性研究中配对组在右侧颞顶联合区出现脑间同步；D. 验证性研究中配对组在右侧颞顶联合区出现脑间同步。图片引自 Bilek 等，2015。

合注意任务（如图 8-20B）。联合注意任务要求被试双方将注视点转移至线索化的目标上，而非联合注意任务要求双方将注视点转移至与线索化目标相反的位置上（如图 8-20C）。在被试完成任务期间，采用 fMRI 同时记录每对被试的脑活动。为消除任务类型的影响，研究者将所有任务下的数据一起纳入一般线性模型中进行分析。结果显示，TD-TD 组被试在右侧额下回的脑间活动同步显著高于非配对被试（即将 TD-TD 的被试重新分组生成新的人—机配对），而 ASD-TD 组被试则与对照组非配对被试的脑间活动同步性没有显著差异(如图8-20D&E)。该结果表明在实时的社会交往任务过程中,自闭症个体的社会交往功能缺陷可能是右侧额下回部位不能产生较强的脑间活动同步导致的,即ASD-TD组在该脑区的同步性减弱反映了被试在整合自我导向注意和他人导向注意中存在困难。该项研究提示我们,超扫描技术有助于揭示自闭症人群社交障碍的异常脑机制,为自闭症个体社会交往功能缺陷的评估开辟了一条新的方法与途径。除了联合注意任务以外,未来应该将模仿、合作任务下的超扫描技术运用到对自闭症患者的研究中,以深入揭示其社会功能障碍的内在神经机制等。同时,超扫描技术也可以用于行为干预、药物干预等手段治疗自闭症的效果评估,从而为制定或优化针对性的治疗方法提供重要的科学依据,最终增强自闭症患者的社会交往功能,使其能更好地适应社会、融入社会生活之中。

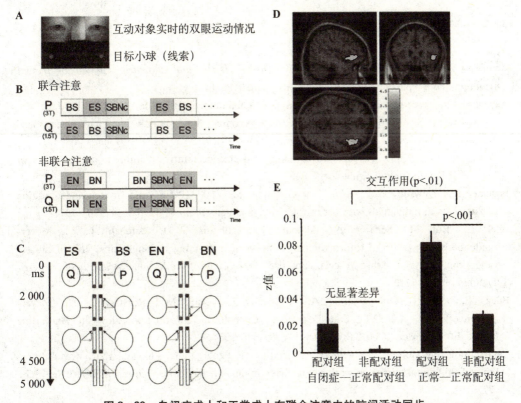

图8-20 自闭症成人和正常成人在联合注意中的脑间活动同步

注:A.屏幕视图,上方呈现互动对象双眼,下方呈现小球刺激;B.实验任务,ES=眼线索联合注意,BS=球线索联合注意,SBNc=一致条件下同步球线索非联合注意,EN=眼线索非联合注意,BN=球线索非联合注意,SBNd=不一致条件下同步球线索非联合注意;C.不同任务的流程示意;D.TD-TD组被试在额下回的脑间活动同步;E.ASD-TD和TD-TD组在配对和非配对条件下额下回的脑间活动同步的差异比较。图片引自Tanabe等,2012。

小 结

  自闭症个体在社会注意、联合注意、模仿行为以及合作行为等社会交往的四个方面都表现出明显的缺陷,这可能与镜像神经元系统和心理理论相关脑系统的活动异常有关。鉴于超扫描技术能提供脑—脑互动的科学依据,有助于揭示自闭症患者在上述社会交往功能缺陷的群体脑水平方面的内在本质。目前为止,超扫描技术应用于自闭症个体的研究甚少,但随着超扫描技术和数据分析方法的不断发展,该技术将会在自闭症个体的临床诊断,尤其是社会功能评估等方面发挥着不可替代的作用。同时,该技术也在自闭症干预手段的优化以及治疗效果的评估等方面具有很大的潜力。

参考文献

American Psychiatric association. (2015). *The diagnostic and statistical manual of mental disorders: Dsm 5*. New York: American Psychiatric Publishing.

Auyeung, B., Lombardo, M. V., Heinrichs, M., Chakrabarti, B., Sule, A., Deakin, J. B., ... Baron-Cohen, S. (2015). Oxytocin increases eye contact during a real-time, naturalistic social interaction in males with and without autism. *Transl Psychiatry*, 5(2), e507.

Baron-Cohen, S. (1989). Perceptual role taking and protodeclarative pointing in autism.. *British Journal of Developmental Psychology*, 7(2), 113–127.

Bernier, R., Dawson, G., Webb, S., & Murias, M. (2007). EEG mu rhythm and imitation impairments in individuals with autism spectrum disorder. *Brain Cogn*, 64(3), 228–237.

Bilek, E., Ruf, M., Schäfer, A., Akdeniz, C., Calhoun, V. D., Schmahl, C., ... Meyer-Lindenberg, A. (2015). Information flow between interacting human brains: Identification, validation, and relationship to social expertise. *Proceedings of the National Academy of Sciences*, 112(16), 5207–5212.

Bilek, E., Stossel, G., Schafer, A., Clement, L., Ruf, M., Robnik, L., ... Meyer-Lindenberg, A. (2017). State-Dependent Cross-Brain Information Flow in Borderline Personality Disorder. *JAMA Psychiatry*, 74(9), 949–957.

Casartelli, L., & Molteni, M. (2014). Where there is a goal, there is a way: what, why and how the parieto-frontal mirror network can mediate imitative behaviours. *Neurosci Biobehav Rev*, 47, 177–193.

Castelli, F., Frith, C., Happé, F., & Frith, U. (2002). Autism, Asperger syndrome and brain mechanisms for the attribution of mental states to animated shapes. *Brain*, 125(8), 1839–1849.

Chawarska, K., Macari, S., & Shic, F. (2013). Decreased spontaneous attention to social scenes in 6-month-old infants later diagnosed with autism spectrum disorders. *Biol Psychiatry*, 74(3), 195–203.

Chen, L., Zhang, T., Li, Q., & Feng, T. (2015). The Neural Basis of Joint Attention and Early Intervention in Children with Autism. *Advances in Psychological Science*, 23(7), 1205–1215.

Chiu, P. H., Kayali, M. A., Kishida, K. T., Tomlin, D., Klinger, L. G., Klinger, M. R., &

Montague, P. R. (2008). Self responses along cingulate cortex reveal quantitative neural phenotype for high-functioning autism. *Neuron*, *57*(3), 463–473.

Cui, X., Bryant, D. M., & Reiss, A. L. (2012). NIRS-based hyperscanning reveals increased interpersonal coherence in superior frontal cortex during cooperation. *Neuroimage*, *59*(3), 2430–2437.

Curioni, A., Minio-Paluello, I., Sacheli, L. M., Candidi, M., & Aglioti, S. M. (2017). Autistic traits affect interpersonal motor coordination by modulating strategic use of role-based behavior. *Mol Autism*, *8*, 23.

Dapretto, M., Davies, M. S., Pfeifer, J. H., Scott, A. A., Sigman, M., Bookheimer, S. Y., & Iacoboni, M. (2006). Understanding emotions in others: mirror neuron dysfunction in children with autism spectrum disorders. *Nat Neurosci*, *9*(1), 28–30.

Decety, J., & Yoder, K. J. (2017). The Emerging Social Neuroscience of Justice Motivation. *Trends Cogn Sci*, *21*(1), 6–14.

Di Pellegrino, G., Fadiga, L., Fogassi, L., Gallese, V., & Rizzolatti, G. (1992). Understanding motor events: a neurophysiological study. *Exp Brain Res*, *91*(1), 176–180.

Dumas, G., Nadel, J., Soussignan, R., Martinerie, J., & Garnero, L. (2010). Inter-brain synchronization during social interaction. *Plos One*, *5*(8), e12166.

Edmiston, E. K., Merkle, K., & Corbett, B. A. (2015). Neural and cortisol responses during play with human and computer partners in children with autism. *Soc Cogn Affect Neurosci*, *10*(8), 1074–1083.

Falck-Ytter, T. (2015). Gaze performance during face-to-face communication: A live eye tracking study of typical children and children with autism. *Research in Autism Spectrum Disorders*, *17*, 78–85.

Fehr, E., & Fischbacher, U. (2004). Social norms and human cooperation. *Trends Cogn Sci*, *8*(4), 185–190.

Gillespie-Lynch, K., Khalulyan, A., Del Rosario, M., McCarthy, B., Gomez, L., Sigman, M., & Hutman, T. (2015). Is early joint attention associated with school-age pragmatic language? *Autism*, *19*(2), 168–177.

Hanley, M., Riby, D. M., McCormack, T., Carty, C., Coyle, L., Crozier, N., ... McPhillips, M. (2014). Attention during social interaction in children with autism: Comparison to specific language impairment, typical development, and links to social cognition. *Research in Autism Spectrum Disorders*, *8*(7), 908–924.

Hasson, U., Ghazanfar, A. A., Galantucci, B., Garrod, S., & Keysers, C. (2012). Brain-to-brain coupling: a mechanism for creating and sharing a social world. *Trends Cogn Sci*, *16*(2), 114–121.

Holper, L., Scholkmann, F., & Wolf, M. (2012). Between-brain connectivity during imitation measured by fNIRS. *Neuroimage*, *63*(1), 212–222.

Hutman, T., Chela, M. K., Gillespie-Lynch, K., & Sigman, M. (2012). Selective visual attention at twelve months: signs of autism in early social interactions. *J Autism Dev Disord*, *42*(4), 487–498.

Jones, E. J., Venema, K., Earl, R., Lowy, R., Barnes, K., Estes, A., ... Webb, S. J. (2016). Reduced engagement with social stimuli in 6-month-old infants with later autism spectrum disorder: a longitudinal prospective study of infants at high familial risk. *J Neurodev Disord*, *8*, 7.

Jones, W., & Klin, A. (2013). Attention to eyes is present but in decline in 2-6-month-old infants later diagnosed with autism. *Nature*, *504*(7480), 427–431.

Kanwisher, N., McDermott, J., & Chun, M. M. (1997). The fusiform face area: a module in human extrastriate cortex specialized for face perception. *Journal of Neuroscience*, *17*(11), 4302–4311.

Kasari, C., Sigman, M., Mundy, P., & Yirmiya, N. (1990). Affective sharing in the context of joint attention interactions of normal, autistic, and mentally retarded children. *J Autism Dev Disord*, *20*(1), 87–100.

Keysers, C., Kaas, J. H., & Gazzola, V. (2010). Somatosensation in social perception. *Nat Rev Neurosci*, *11*(6), 417–428.

Klin, A., Jones, W., Schultz, R., Volkmar, F., & Cohen, D. (2002). Visual fixation patterns during viewing of naturalistic social situations as predictors of social competence. *Arch Gen Psychiatry*, *59*(9), 809–816.

Leslie, A. M. (1987). Pretense and representation: The origins of "theory of mind.". *Psychological Review*, *94*(4), 412–426.

Li, J., & Zhu, L. (2014). Cooperation in Children with High-functioning Autism. *Acta Psychologica Sinica*, *46*(9), 1301.

Li, J., Zhu, L., Liu, J., & Li, X. (2014). Social and non-social deficits in children with high-functioning autism and their cooperative behaviors. *Research in Autism Spectrum Disorders*, *8*(12), 1657–1671.

Martineau, J., Cochin, S., Magne, R., & Barthelemy, C. (2008). Impaired cortical activation in autistic children: is the mirror neuron system involved? *Int J Psychophysiol*, *68*(1), 35–40.

Montague, P. (2002). Hyperscanning: Simultaneous fMRI during Linked Social Interactions. *Neuroimage*, *16*(4), 1159–1164.

Mundy, P., Sullivan, L., & Mastergeorge, A. M. (2009). A parallel and distributed-processing model of joint attention, social cognition and autism. *Autism Res*, *2*(1), 2–21.

Nishitani, N., Avikainen, S., & Hari, R. (2004). Abnormal imitation-related cortical activation sequences in Asperger's syndrome. *Ann Neurol*, *55*(4), 558–562.

Noris, B., Barker, M., Nadel, J., Hentsch, F., Ansermet, F., & Billard, A. (2011). Measuring gaze of children with autism spectrum disorders in naturalistic interactions. *In Engineering in Medicine and Biology Society*, *EMBC*, 2011 Annual International Conference of the IEEE, 5356–5359.

Noris, B., Nadel, J., Barker, M., Hadjikhani, N., & Billard, A. (2012). Investigating gaze of children with ASD in naturalistic settings. *PloS One*, *7*(9), e44144.

Oberman, L. M., Hubbard, E. M., McCleery, J. P., Altschuler, E. L., Ramachandran, V. S., & Pineda, J. A. (2005). EEG evidence for mirror neuron dysfunction in autism spectrum disorders. *Brain Res Cogn Brain Res*, *24*(2), 190–198.

Oberwelland, E., Schilbach, L., Barisic, I., Krall, S. C., Vogeley, K., Fink, G. R., ... Schulte-Ruther, M. (2017). Young adolescents with autism show abnormal joint attention network: A gaze contingent fMRI study. *Neuroimage Clin*, *14*, 112–121.

Pan, Y., Cheng, X., Zhang, Z., Li, X., & Hu, Y. (2017). Cooperation in lovers: An fNIRS-based hyperscanning study. *Hum Brain Mapp*, *38*(2), 831–841.

Pierce, K., Müller, R. A., Ambrose, J., Allen, G., & Courchesne, E. (2001). Face processing occurs outside the fusiformface area'in autism: evidence from functional MRI. *Brain*, *124*(10), 2059–2073.

Pineda, J. A., Carrasco, K., Datko, M., Pillen, S., & Schalles, M. (2014). Neurofeedback training produces normalization in behavioural and electrophysiological measures of high-functioning autism. *Philos Trans R Soc Lond B Biol Sci*, *369*(1644),20130183.

Redcay, E., Dodell-Feder, D., Mavros, P. L., Kleiner, M., Pearrow, M. J., Triantafyllou, C.,... Saxe, R. (2013). Atypical brain activation patterns during a face-to-face joint attention game in adults with autism spectrum disorder. *Hum Brain Mapp*, *34*(10),2511 – 2523.

Redcay, E., Dodell-Feder, D., Pearrow, M. J., Mavros, P. L., Kleiner, M., Gabrieli, J. D., & Saxe, R. (2010). Live face-to-face interaction during fMRI: a new tool for social cognitive neuroscience. *Neuroimage*, *50*(4),1639 – 1647.

Redcay, E., Kleiner, M., & Saxe, R. (2012). Look at this: the neural correlates of initiating and responding to bids for joint attention. *Front Hum Neurosci*, *6*,169.

Rogers, S. J., & Pennington, B. F. (1991). A theoretical approach to the deficits in infantile autism. *Dev Psychopathol*, *3*(2),137 – 162.

Saito, D. N., Tanabe, H. C., Izuma, K., Hayashi, M. J., Morito, Y., Komeda, H.,... Sadato, N. (2010). "Stay tuned": inter-individual neural synchronization during mutual gaze and joint attention. *Front Integr Neurosci*, *4*,127.

Sally, D., & Hill, E. (2006). The development of interpersonal strategy: Autism, theory-of-mind, cooperation and fairness. *Journal of Economic Psychology*, *27*(1),73 – 97.

Schultz, R. T., Gauthier, I., Klin, A., Fulbright, R. K., Anderson, A. W., Volkmar, F.,... Gore, J. C. (2000). Abnormal ventral temporal cortical activity during face discrimination among individuals with autism and Asperger syndrome. *Arch Gen Psychiatry*, *57*(4),331 – 340.

Spengler, S., Bird, G., & Brass, M. (2010). Hyperimitation of actions is related to reduced understanding of others' minds in autism spectrum conditions. *Biol Psychiatry*, *68*(12),1148 – 1155.

Tanabe, H. C., Kosaka, H., Saito, D. N., Koike, T., Hayashi, M. J., Izuma, K.,... Sadato, N. (2012). Hard to "tune in": neural mechanisms of live face-to-face interaction with high-functioning autistic spectrum disorder. *Front Hum Neurosci*, *6*,268.

Vivanti, G., Trembath, D., & Dissanayake, C. (2014). Mechanisms of imitation impairment in autism spectrum disorder. *J Abnorm Child Psychol*, *42*(8),1395 – 1405.

Von dem Hagen, E. A., Stoyanova, R. S., Rowe, J. B., Baron-Cohen, S., & Calder, A. J. (2014). Direct gaze elicits atypical activation of the theory-of-mind network in autism spectrum conditions. *Cereb Cortex*, *24*(6),1485 – 1492.

Wang, Y., Wei, Z. H., Shen, S. C., Wu, B., Cai, X. H., Guo, H. F.,... Li, S. (2016). The response of Chinese scholars to the question of "How did cooperative behavior evolve?". *Chinese Science Bulletin*, *61*(1),20 – 33.

Williams, J. H., Waiter, G. D., Gilchrist, A., Perrett, D. I., Murray, A. D., & Whiten, A. (2006). Neural mechanisms of imitation and 'mirror neuron' functioning in autistic spectrum disorder. *Neuropsychologia*, *44*(4),610 – 621.

Zheng, M., Han, Z., & Wang, Z. (2016). Efficiency or fidelity first: A discussion of preschool children's imitative learning mechanism. *Advances in Psychological Science*, *24*(5),716.

Zhou, G., Bourguignon, M., Parkkonen, L., & Hari, R. (2016). Neural signatures of hand kinematics in leaders vs. followers: A dual-MEG study. *Neuroimage*, *125*,731 – 738.

第九章 精神分裂症患者的社会功能障碍及超扫描技术的潜在应用

摘要

精神分裂症(schizophrenia)是一种具有高患病率、高复发率特点的精神疾病。患者在社会认知、社会情绪和人际交往等社会功能方面存在缺陷。社会认知缺陷主要表现在对社会线索的感知,推断他人的思想和意图,模仿与动作响应方面的缺陷,包括了镜像神经元系统与心智化能力系统在内的广泛脑区的活动异常。社会情绪障碍主要体现在对社会情绪识别、体验和调节方面,前额叶、杏仁核以及边缘系统等表现出异常的活动。人际交往障碍体现在不能很好地与他人合作和交流,该过程主要涉及心理理论与"社会脑"网络相关的脑区的异常激活。然而,社会功能(尤其是人际交往)是在一个群体中发生的,上述来自单个个体的研究无法反映真实的社会功能相关的神经活动。超扫描技术有利于从群体脑水平上提供精神分裂症患者在真实的互动情景下社会功能缺陷的脑—脑机制,也有利于提供对精神分裂症患者进行干预与治疗的动态评估的客观神经标记。

引 言

精神分裂症是一组病因未明的重性精神病,患病率约为 5.8%(Mollo 等,2016),极大地影响着全球超过 2 100 万人的身心健康(world health organization,2016)。精神分裂症通常发生在青春期或成年早期,约 70% 的患者转为慢性精神分裂症,具有高患病率、高复发率、高致残率的特点(Wang 等,2015)。精神疾病诊断与统计手册第五版(*diagnostic and statistical manual of mental disorders, fifth edition, DSM-5*)对精神分裂症的诊断标准的第一大部分主要是典型症状,包括阳性症状(妄想、幻觉、语言混乱、行为异常等)和阴性症状(快感缺失、情感冷漠、社会退缩等);第二大部分主要是社会/职业功能障碍(Tandon 等,2013)。

精神分裂症患者通常会出现社会认知、情绪和视觉功能障碍,限制了他们的社交活动、人际交往和就业(Johnson 等,2014；McCabe 等,2007),并且影响了他们的日常生活、自我照顾和自我管理能力(Akinsulore 等,2015；Hofer 等,2006)。据相关统计显示,精神分裂症患者的社会功能缺陷在他们接受标准化的治疗后并没有大幅改善(Keefe 等,2007；Swartz 等,2007),并最终发展成慢性的功能障碍,严重影响患者的学习、工作和生活(Couture 等,2006；Fett 等,2011)。目前对于精神分裂的临床诊断也主要是基于一系列的"典型"症状,患者的严重程度用代表性的评分量表(Suzuki,2011),如阳性和阴性症状量表(Kay 等,1987)、简明精神病评定量表(Overall 等,1962)中的评分来描述。然而,有些症状可能并不明确,因为患者可能对医生产生怀疑和隐瞒,一些内部症状也可能被忽视和低估(Suzuki 等,2010),并且这些评定相当主观(Kumazaki,2011)。社会功能障碍是精神分裂症诊断非常必要的组成部分,因为在日常生活中患者实际上做了什么(不管患者的口头表述或是表现)可能比量表评定出来的患者的妄想程度更直接和有效。因此,社会功能已经成为评定精神分裂症患者疾病状态和愈后的重要指标。

精神分裂症患者的社会功能障碍主要表现在三个方面：社会认知、社会情绪以及人际交往方面的缺陷,即精神分裂症患者常常在感知、推断他人意图,识别他人情绪反应,与他人交往并发展稳定的人际关系等方面存在困难。在这里,我们也将从这三个方面介绍关于精神分裂症患者社会功能的行为学研究和在社会神经科学领域的最新发现,对于每种社会功能,我们简要描述其潜在的心理过程和相关的大脑结构,并在最后讨论超扫描技术在精神分裂症患者社会功能研究中的潜在应用。

第一节　社会认知障碍

社会认知是指对涉及他人和自身的信息(如他人的心理状态、行为动机、意向等)做出推测与判断的过程,即必须通过认知者的思维活动和心理过程来实现。这些过程包括对社会线索的感知,推断他人的思想和意图,模仿与动作响应等。精神分裂症患者的社会认知存在明显的障碍,这可能导致对他人社交意图的错误解读,社交退缩和日常社交功能受损(Fett 等,2011；Green 等,2012)。

一、对社会线索的感知

在日常生活中,个体会接收来自他人面部、声音和身体动作(包括步态、姿势和手势)的各种社会线索,他们必须感知这些线索中的社会信息,以便对他人做出适当的回应,从而促进社会交往。迄今为止,关于精神分裂症中社会线索感知的研究主要集中在对面孔和声音的感知上,其中面孔知觉是精神分裂症中社会线索感知最广泛的研究方面。对于面孔知觉的研究最常采用的是本顿面孔识别实验范式(Benton test of facial recognition, BTFR)(Benton等,1983),即给精神分裂症患者呈现多张面孔图片,要求被试对陌生的面孔进行识别或者匹配(如图9-1A)。对面部认知的行为学研究表明,精神分裂症患者和健康对照者对面孔年龄和性别的鉴别没有明显差异,但前者难以借助特定线索匹配和区分个体的身份(Bortolon等,2015;Darke等,2013)。因此,精神分裂症患者对面孔特征的粗糙判断(如确定个体性别的特征)基本保留,但是对面孔特征的精细判断(用于确定个体身份的特征)则存在困难。除了识别他人面孔,还有研究者研究了精神分裂症患者自我面孔加工的缺陷,他们向精神分裂症患者和健康被试分别呈现三种处理过的面部刺激材料(自己的、熟悉的、陌生的),要求被试进行识别(如图9-1B)。任务期间测量被试的皮肤电反应大小,结果发现当呈现自己的和熟悉的面孔刺激时,精神分裂症患者的皮肤电反应要显著低于健康被试(如图9-1C)。

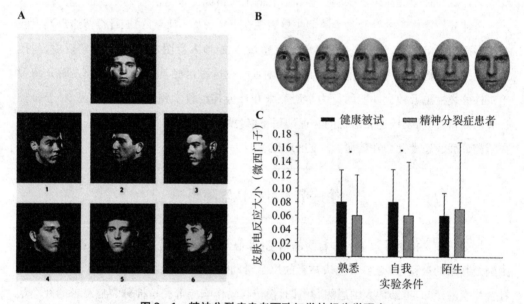

图9-1 精神分裂症患者面孔知觉的行为学研究

注:A.本顿面孔知觉测试。图片引自Benton等,1983。B.自我与他人面孔识别任务。图片引自Bortolon等,2016。C.自我和他人面孔刺激呈现时皮肤电传导反应。图片引自Ameller等,2015。

视觉感知过程和注意力的缺陷可能是精神分裂症患者面部知觉障碍的一个可能原因。研究者采用眼动追踪技术发现,与健康对照组相比,精神分裂症患者在场景观察与平滑追踪过程中表现出较少的眼神扫视与较长时间的固视(Beedie等,2012)。Morris等人(2009)发现在进行面孔识别的过程中,精神分裂症患者表现出异常的视觉模式,他们总是避免凝视面孔的眼睛区域。

以健康被试为研究对象,研究者证实了梭状回面孔区(fusiform face area,FFA)参与面部信息处理(Kanwisher 和 Yovel,2006)、面孔检测与识别(Grill-Spector 等,2004)和整体面部处理(Li 等,2010;Yovel 和 Kanwisher,2004)等重要的面孔知觉过程。此外,枕叶面部区(occipital face area,OFA)也在感知面部各个部分的信息中起重要作用。颞上沟则负责改变注视方向并感知面部信息(Pitcher 等,2011)。已有研究表明,精神分裂症患者在进行面部识别任务时,梭状回面孔区的神经活动模式异常。Quintana 等人(2003)的研究发现在面孔识别任务中,与健康对照组的结果相反,精神分裂症患者的右侧梭状回面孔区并没有被激活。Walther 等人(2009)探讨了精神分裂症患者的面孔知觉是否与编码过程或识别记忆中的缺陷有关。他们让患者分别进行编码与识别两项任务,编码任务中会呈现 3 张中性的人脸图像,要求被试进行记忆,而识别任务要求被试识别出他们之前看过的面孔,并检测识别任务中被试的大脑血流变化(如图 9-2A)。结果发现在编码面孔任务中,精神分裂症患者的右侧梭状回面孔区的激活在成功试次和失败试次之间并没有显著差异(如图 9-2B),但是在健康被试中发现该脑区在成功试次中的激活明显大于失败试次。而在识别任务中,精神分裂症患者的梭状回面孔区激活程度要低于正常对照组(如图 9-2C)。尽管有大量研究发现精神分裂症患者的梭状回面孔区的激活降低,但也有一些

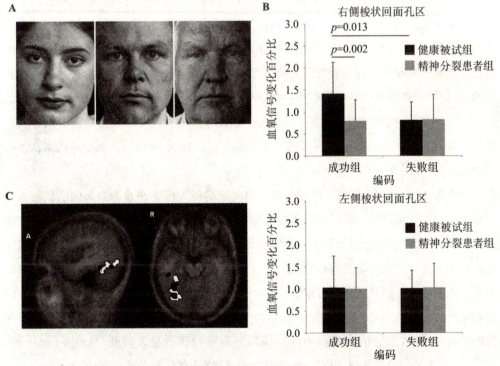

图 9-2 精神分裂症患者在面孔编码与识别任务中的脑成像研究

注:A.面孔编码与识别任务;B.成功试次与失败试次在梭状回面孔区的组差异;C.功能性磁共振成像技术记录被试在编码与识别任务中梭状回面孔区脑活动的组间差异,白色:健康被试,黑色:精神分裂症患者。图片引自 Walther 等,2009。

研究未发现这种异常(Anilkumar 等,2008;Silverstein 等,2010;Yoon 等,2006)。神经生理学研究指出在面孔处理的早期感觉阶段(Caharel 等,2007),枕叶面部区的 P100 成分存在缺陷(Pitcher 等,2011)。然而,对精神分裂症患者在面部处理相关的其他皮层的研究相对来说比较少,今后应加强相关领域的研究。

二、理解他人意图与信念

为了理解他人在社会环境中的行为,往往需要根据现有的社会线索和社会背景来推断他人意图与心理状态,这也是我们常常所说的心智化能力(Baron-Cohen 等,2001)。研究者们已经采用多种研究范式来研究精神分裂症患者的心智化能力,如"以眼读心"任务,要求被试根据从情绪面孔图片中提取出来的眼睛信息推测他人的心理和情感状态。"失言察觉"任务是另一种常见的研究范式(Gregory 等,2002),即向被试呈现言语故事,故事中可能包含一些无意冒犯的言语或行为,要求被试判断故事中是否存在失礼言行(Lam 等,2014;Scherzer 等,2015)。Shur 等人(2008)采用这两个范式,发现偏执型精神分裂症患者在识别他人情绪和理解失礼言行上存在缺陷(如图9-3A)。此外,Yoni 卡通任务也是考察理解他人意图与信念的一种常见研究范式,该任务需要通过眼睛的注视方向和口头提示来确定人物的心理状态。由一级和二级心理状态推论组成,一级是指参与者推测人物的心理状态(如9-3B中,"小明心中正在想着")。而二级相比于一级的主要区别体现在个体能够洞察的心理状态的嵌入量增加了,即被试需要推测一个人物对另一人物心理状态的觉知(如图9-3B中,"小明心中正在想着……想要的水果")。基于该任务范式,Ho 等人(2015)首次发现精神分裂症患者在一级任务中的反应准确率与正常被试并没有明显差异,但在二级任务中的反应准确率显著低于正常被试,表明其二级心理状态推理存在明显缺陷(如图9-3C)。

目前为止,大量研究探讨了精神分裂症患者识别他人信念和意图有关的脑机制。当健康被试在完成识别他人意图和信念的任务时,其内侧前额叶皮层、双侧颞顶联合处和楔前叶的激活水平显著升高(如图9-4)(Carrington 和 Bailey,2009;Schurz 等,2014),这些脑区被认为是心智化系统的核心组成部分(Vogeley,2017)。多项研究表明精神分裂症患者在上述核心脑区的激活表现出异常。Russell 等人(2000)报道当要求被试从面孔照片的眼睛来推断人物情绪时,与对照组相比,精神分裂症患者左侧额下回的激活明显降低。在推断他人信念时,患者的内侧前额叶皮层和颞顶联合区也显著降低(Dodell-Feder 等,2014;Lee 等,2011)。然而,也有一些研究表明,精神分裂症患者在进行识别意图和信念的任务中,某些脑区表现出过度或延迟激活。例如,在完成"以眼读心"等任务时,精神分裂症患者与健康对照组相比,其内侧前额叶皮层(de Achaval 等,2012)、颞上回(Brune 等,

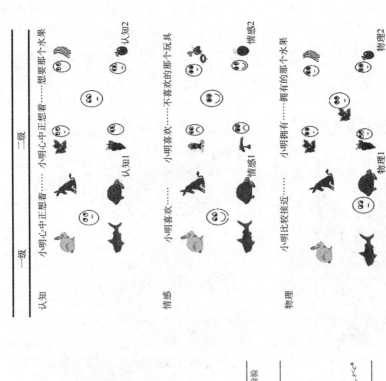

图 9-3 精神分裂症患者理解他人意图与信念的研究

注：A. "以眼读心"任务与"失言察觉"任务的组间差异。图片引自 Shur 等，2008；B. Yoni 卡通任务；C. Yoni 任务中不同条件下正确反应的百分比。图片引自 Ho 等，2015。

2008)、背内侧前额叶皮层(Brune 等,2008)以及楔前叶(Brune 等,2008)等脑区的活动明显增强。总之,精神分裂症患者在推断他人意图与信念时,与心智化过程相关的脑网络系统表现出异常的活动模式,而且随着任务种类的变化,该异常激活模式也会发生一定的变化。

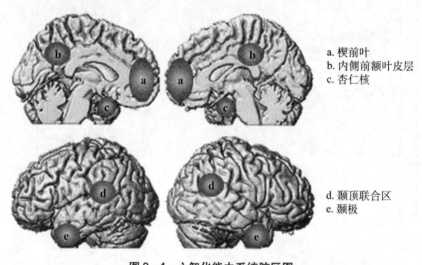

a. 楔前叶
b. 内侧前额叶皮层
c. 杏仁核
d. 颞顶联合区
e. 颞极

图 9-4 心智化能力系统脑区图

注:图片引自 Vogeley,2017。

三、模仿与运动共振

观察他人的行为并模仿感知到的行为,以便与他人达到运动共振,有助于对他人行为和情绪的识别(Brunet-Gouet 和 Decety,2006;Zaki 和 Ochsner,2012)。研究表明,精神分裂症患者在模仿他人的口型运动或者手势等行为时,往往表现出明显的障碍(Falkenberg 等,2008)。Park 等人(2008)向精神分裂症患者呈现一系列的手势、口型以及面部情绪的图片,要求患者在看到这些图片时尽可能准确地进行模仿(如图 9-5A)。结果发现精神分裂症患者对手势、口型与面部情绪模仿的准确性要明显低于正常被试(如图 9-5B)。进一步的研究显示,精神分裂症患者对他人头部或身体运动(Kupper 等,2015)或大笑(Haker 和 Rossler,2009)的模仿减少往往与阴性症状的严重程度成正相关。

研究发现个体在观察他人的运动行为(例如简单的手指运动)以及当自己执行这些行为时,前运动皮层、额下回等脑区都会显著激活(如图 9-6)(Nakagawa 和 Hoshiyama,2015)。Thakkar 等人(2014)首先让参与者看到一个手指移动的动画视频或通过符号提示手指运动,又或者仅仅通过空间位置指示手指运动,并要求参与者执行与刺激有关的手

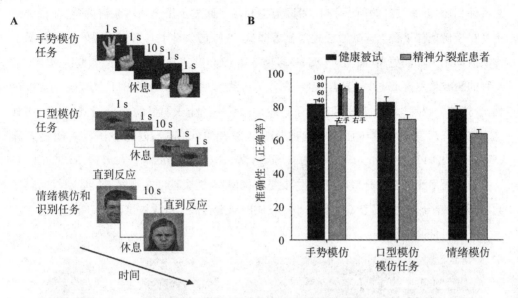

图 9-5 精神分裂症患者模仿能力的研究

注：A. 模仿任务实验流程图；B. 不同组手势、口型与情绪模仿准确性差异。图片引自 Park 等，2008。

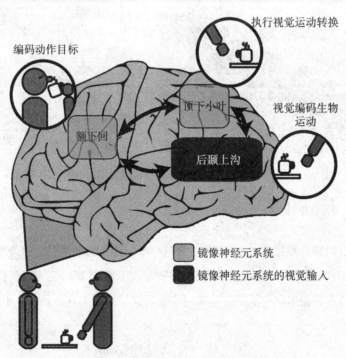

图 9-6 镜像神经元系统脑区示意图

注：图片引自 Nakagawa 和 Hoshiyama，2015。

指运动(模仿)或者只是观察(非模仿)(如图9-7A&B)。fMRI结果表明,模仿条件与非模仿条件相比,健康被试的顶下小叶、后颞上沟和额下回显示出更强的激活,而精神分裂症患者在模仿条件下颞上沟的激活程度显著降低,非模仿条件下其右侧下顶叶皮层和颞上沟的活动水平反而更高(如图9-7C)。多项采用EEG研究精神分裂症患者模仿他人运动过程的研究均发现mu波的异常,但结论并不一致,如Mitra等人(2014)发现与正常被试相比,精神分裂症患者在观察和执行手指运动过程中产生了明显的mu波抑制现象;而其他一些研究却发现在模仿任务中精神分裂症患者的mu波与健康被试没有明显差异(Horan等,2013;McCormick等,2012;Singh等,2011)。Kato等人(2011)使用MEG对比了未接受治疗的精神分裂症患者(主要是偏执型)与健康被试在观察下颌运动时的脑活动,发现精神分裂症患者在右侧顶下小叶皮质的激活要低于健康被试。

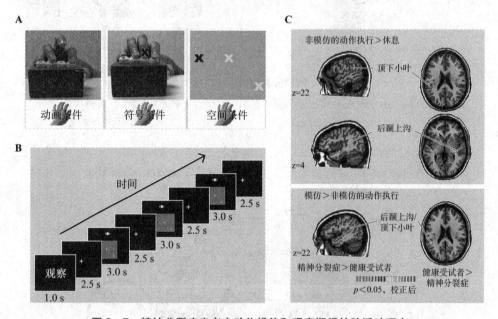

图9-7 精神分裂症患者在动作模仿和观察期间的脑活动研究

注:A.任务刺激和示例;B.实验流程示意图;C.精神分裂症患者与健康被试在模仿和非模仿行为过程中的脑活动差异。图片引自Thakkar等,2014。

总的来说,精神分裂症患者在社会线索感知、推测他人意图与信念以及模仿和动作响应方面往往会表现出异常的行为模式,同时伴随着与社会认知相关的广泛脑网络的异常活动模式,如心理理论脑网络系统与镜像神经元系统(图9-8)(Green等,2015)。

第二节 社会情绪障碍

社会情绪能力是在对社会关系,即人与人以及人与社会等关系的认知过程中形成的,

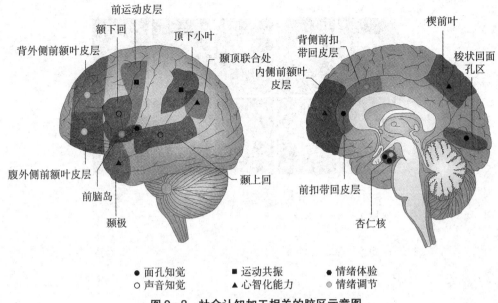

图9-8 社会认知加工相关的脑区示意图

注：图片引自 Green 等, 2015。

它依赖于社会情境,这也是人类区别于其他物种的一个显著特征。个体的社会情绪能力在识别他人情绪与调节个体的主观情绪体验中发挥着重要的作用,也在人际交往中起着重要作用(Blair,2003)。社会情绪识别、情绪体验和情绪调节三个方面在对精神分裂症患者的研究中受到的关注最多。

一、情绪识别

情绪识别是通过获取人的生理或非生理信号对人的情绪状态进行辨别。对精神分裂症患者情绪识别的研究多采取向被试呈现一些带有情绪的面孔图片,然后让被试对呈现面孔的情绪进行判定或者归类。Turetsky 等人(2007)向被试呈现两组灰色照片,分别表征着非常悲伤、悲伤、中性、快乐或非常快乐等不同情绪(如图9-9A),被试需要识别面孔情绪,并通过按键确定每张照片的情绪是快乐、悲伤还是中性。结果显示精神分裂症患者的识别正确率要远远低于健康对照组(如图9-9B)。其他研究结果显示精神分裂症患者对于悲伤、恐惧(Edwards 等,2001)以及厌恶(Kohler 等,2003)情绪的识别也存在较为明显的缺陷。有趣的是,多项研究证据显示精神分裂症患者常常将中性情绪识别为消极情绪(Behere 等,2011;Tsoi 等,2008)。另外,采用带有情绪的语音为刺激材料的研究结果表明,精神分裂症患者不能有效识别语音中所表达的消极情绪和讽刺(Cassetta 和 Goghari,2014;Sparks 等,2010)。

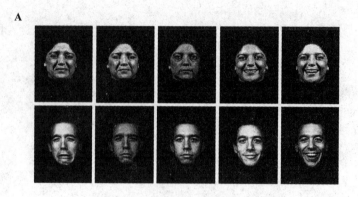

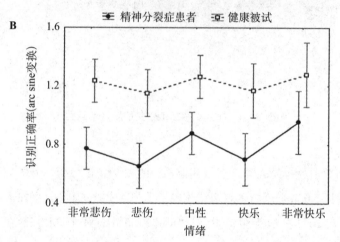

图 9-9 精神分裂症患者情绪识别的研究

注：A.面部情绪刺激示意图；B.精神分裂症患者与健康被试对不同强度的面部情绪刺激识别正确率的组间差异。图片引自 Turetsky 等，2007。

多项神经影像学元分析研究表明，精神分裂症患者在完成面部情绪识别的任务中，其双侧杏仁核、视觉加工区、前扣带皮层、背外侧前额叶皮层、内侧前额叶皮层和皮层下结构等多个脑部位的激活水平明显降低，但楔前叶、顶下小叶、中央前回和颞上回等部位的激活水平反而增强了（如图 9-10）(Delvecchio 等，2013；Li 等，2010；Taylor 等，2012)。精神分裂症患者在情绪识别过程中杏仁核的异常激活被认为是其情绪识别障碍的主要神经机制，但是以往的研究并没有得出一致的结论。

Gur 等人（2007）的 fMRI 研究中要求被试对呈现的开心、伤心、愤怒或恐惧的情绪面孔图片进行识别（如图 9-11A）。他们发现精神分裂症患者在识别恐惧情绪时，其杏仁核的激活水平显著强于健康被试的激活水平（如图 9-11B）。进一步的分析中，他们通过临床阴性症状评估量表（scale for assessment of negative symptoms，SANS）与阳性症状评估量表（scale for the assessment of positive symptoms，SAPS）评估了患者的临床症状与情感匮乏程度，发现恐惧情绪诱发的杏仁核的异常激活水平与其情感匮乏程度高度相关（如图

9-11C),这些研究结果表明精神分裂症患者情感匮乏可能的神经机制是杏仁核的异常激活。其他的研究还发现精神分裂症患者对中性甚至积极情绪的识别也致使杏仁核的激活水平增加(Holt 等,2006;Kosaka 等,2002;Mier 等,2010;Surguladze 等,2006)。然而,Rasetti 等人(2009)却报道了不一致的研究结果。他们向被试呈现生气或者害怕的面孔图片,其中一张为目标图片,被试需要从给出的另外两张图片中挑出与目标图片表达情绪一样的面孔图片。他们发现与健康被试相比,精神分裂症患者在识别生气或害怕的情绪时,杏仁核的活性降低。

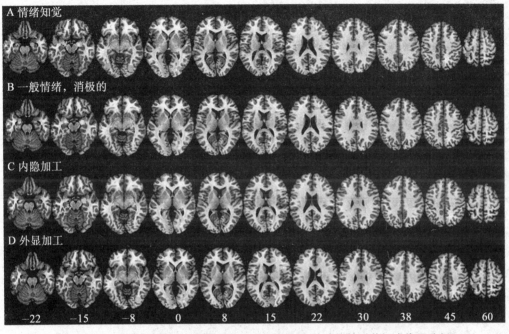

图9-10 精神分裂症患者在面孔情绪识别任务中的功能性磁共振成像元分析

注:图片引自 Taylor 等,2012。

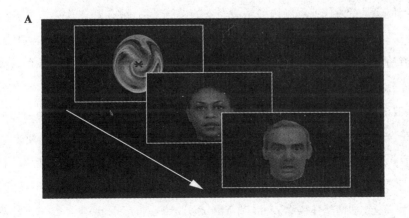

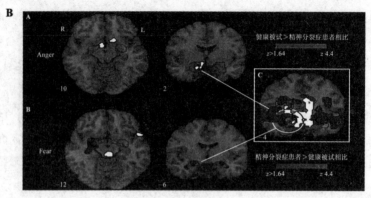

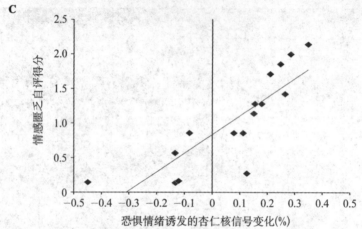

图 9-11 精神分裂症患者识别恐惧面部情绪的脑功能研究

注：A.实验流程示意图；B.精神分裂症患者与健康被试在任务期间的脑区激活差异（白色：健康被试＞精神分裂症患者；黑色：精神分裂症患者＞健康被试）；C.精神分裂症患者的大脑活性与情感匮乏自评得分的相关性。图片引自 Gur 等，2007。

二、情绪体验

情绪体验是指愉快或不愉快的刺激引发的即时情绪反应，这些反应由个人的主观报告、可观察到的面部表情或手势以及神经生理反应组成。从 DSM-5 诊断标准看，精神分裂症患者的阴性症状（如快感缺失和情感冷漠等）被认为反映了其快乐体验的缺失。对精神分裂症患者的情绪体验的研究，多采用向被试呈现一些带有情绪的图片和电影片段的刺激，让被试报告他们的情绪体验。Sanchez 等人（2014）要求精神分裂症患者与他人进行电话交流，一周四次，并要求他们对每次电话沟通的情绪体验进行评分，结果发现精神分裂症患者相比于健康被试具有更高的消极情绪体验评分和更低的积极情绪评分。在其他研究中还发现精神分裂症患者对积极或中性的情绪刺激往往表现出消极的情绪反应，这也被称为不一致的情绪体验（Cohen 和 Minor，2010）。Tremeau 等人（2009）发现精神分裂症患者这种不一致的情绪体验与他们病症的严重程度和日常生活能力缺失有关。然而,多项研究结果显示,精神分裂症患者的情绪体验与健康被试相比并没有明显的区别(Kring 和 Elis,2013;Strauss 和 Gold,2012;Strauss 等,2014)。

对健康人群的研究显示,与情绪体验相关的脑区有边缘系统(包括杏仁核、前海马、前脑岛和扣带回)、脑干核、丘脑、腹侧纹状体、内侧前额叶皮质、后扣带皮层、楔前叶以及颞叶皮层等(Kober 等,2008)。但是,最近的元分析表明,精神分裂症患者与情感体验相关的脑区的激活水平并没有明显的异常,比如由不愉快刺激诱导的杏仁核和其他相关区域的激活水平与健康被试没有明显的不同(Kring 和 Elis,2013;Taylor 等,2012)。Hall 等人(2008)和 Holt 等人(2006)的研究中,向精神分裂症患者呈现恐惧或者中性的面孔图片,并采集这个过程中被试的脑数据,他们发现相比于健康被试,精神分裂症患者在观看中性图片时杏仁核出现过度激活。

三、情绪调节

情绪调节是指个体试图改变自身将要体验到的情绪种类(which)、在什么时候体验到此类情绪(when)以及个体是怎样体验此类情绪的(how)。情绪调节不仅会影响个体的主观感受,还会影响其社会联结(Lopes 等,2005)。因此,阐述情绪调节的内在机制对理解和治疗精神疾病有着重要意义(Aldao 和 Nolen-Hoeksema,2010)。情绪调节研究多通过给被试呈现一些情绪刺激(或图片),让被试运用不同的情绪调节策略,然后通过量表或者自我报告的方法对被试的情绪状态进行评估。精神分裂症患者在使用情绪调节策略方面存在障碍,具体表现为他们更多地使用情绪抑制策略(Horan 等,2013)。Henry 等(2007)采用娱乐性视频诱发被试的愉快情绪,测量其愉悦度。然后分别指导被试进行"只认真观看视频"、"观看视频的同时,抑制自己的情绪"或"观看视频的同时,放大自己的情绪"等情绪调节策略,最后测量调节后的愉悦度。结果发现与健康被试相比,精神分裂症患者在使用抑制情绪策略前后的愉悦度无显著差异,而使用放大情绪策略引发的愉悦度的变化少于健康被试,并且变化较少的患者的阴性症状更严重。Strauss 等人(2015)使用图片刺激进行情绪唤醒,首先会告诉被试即将看到一张不愉快的或中性的图片,前 3 秒时清晰显示这幅图片的一部分,而其他部分则模糊处理,此时被试需要将注意力集中在清晰显示的方框内,然后被试会看到完整的图片 3 秒,共 60 个试次,包括 20 个包含唤醒焦点的不愉快图片、20 个包含非唤醒焦点的不愉快图片以及 20 个包含非唤醒焦点的中性图片。唤醒与非唤醒的区别在于前 3 秒清晰显示的是否为不愉快的图像区域,通过对比组间差异可以探究精神分裂症患者异常的情绪调节。最后,他们让被试对实验中感受到的消极情绪进行报告(如图 9-12A)。结果发现健康被试对不愉快图像报告的消极情绪,在包含非唤醒焦点条件下显著少于包含唤醒焦点条件下。然而,在精神分裂症患者上却没有观察到两种条件的显著差异。也就是说,把注意力放在不愉快图片的非唤醒焦点上并没有减少精神分裂症患者的消极情绪,表明其情绪调节能力明显降低(如图9-12B)。另外,基于被试自我报告的结果,研究者发现精神分裂症患者使用认知重评(cognitive reappraisal)的频率低于健康个体,而且该策略的较少使用与社会功能障碍和临床症状的严重程度呈现显著的相关关系(Horan等,2013;Kimhy等,2012;Tabak等,2015)。Perry等人(2011)研究发现精神分裂症患者习惯性地使用抑制策略与其社会功能较差有关。

来自神经影像学方面的证据表明,情绪调节涉及认知控制相关的脑区,包括背外侧前额叶、腹外侧前额叶、背内侧前额叶皮层(Phelps和LeDoux,2005)、腹侧纹状体(Buhle等,2014)、脑岛(Buhle等,2014)以及腹内侧前额叶皮层(Buhle等,2014)。Morris等人

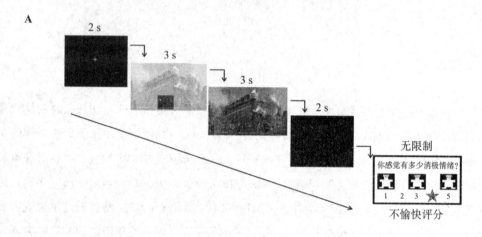

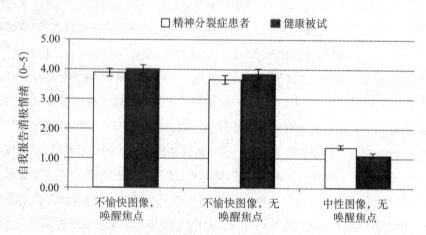

图9-12 精神分裂症患者情绪调节的研究

注:A.情绪调节实验流程示意图;B.自我报告的消极情绪体验对刺激反应的组间差异。图片引自Strauss等,2015。

(2012)运用 fMRI 技术的研究中,要求被试遵循指令观看中性或者消极照片(10 s)后,对当前消极情绪进行评分。他们发现精神分裂症患者自我报告的消极情绪高于健康被试(如图 9-13A)。同时,精神分裂症患者右侧额下回的激活水平显著低于健康被试(如图 9-13B)。另外,健康被试的杏仁核和前额叶的神经活动出现显著的反向耦合(inversely coupled)现象,但精神分裂症患者并没有出现这种现象(如图 9-13C)。当精神

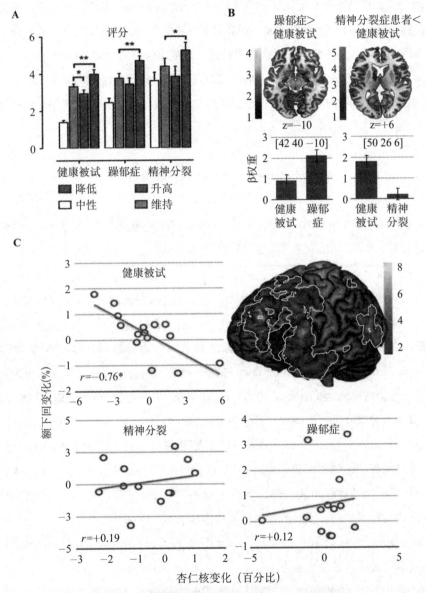

图 9-13 精神分裂症患者情绪调控的脑功能研究

注:A.平均消极情绪主观评分组间差异;B.情绪下调期间不同组间在额下回的激活差异;C.各组在下调期间左侧前额叶活性与杏仁核之间的相关性。图片引自 Morris 等,2012。

分裂症患者对负性情绪反应减弱时,其腹外侧前额叶的激活水平减弱,而当情绪反应增强时,其腹外侧前额叶的激活则增强(Morris等,2012;van der Meer等,2014)。已有多项研究采用脑电技术探讨了精神分裂症患者情绪调节相关的脑活动(Horan等,2013;Strauss等,2013),这些研究多向被试呈现一些中性或者消极的图像,在呈现中性图像之前会有一个中性的描述,而在不愉快的图像呈现之前会有一个消极或者中性的描述,即用描述来改变图像的含义和情绪强度。健康被试在不愉快图像之前进行的中性描述相比消极描述条件下,其晚期正成分(late positive potential,LPP)被抑制,而精神分裂症患者并没有表现出这种LPP的下降,这些研究发现也表明精神分裂症患者的情绪调节能力降低。

总而言之,神经影像学证据表明,精神分裂症患者在使用认知重评策略方面存在明显的缺陷,这也与他们在认知控制过程中的脑活动异常相一致(Carter等,2012;Nuechterlein等,2009)。

第三节 人际交往障碍

精神分裂症患者往往表现出人际交往障碍,表现为社交技能缺失和交流困难(Dickinson等,2007;Morgan等,2012)以及社会退缩和/或排斥(Stain等,2012;Thornicroft等,2004)。关于精神分裂症患者人际交往的研究相对来说较少,但是也取得了一定的研究成果。例如,精神分裂症患者不能与他人很好地交流,这与他们错乱无序的言语结构有关。Bowie和Harvey(2008)发现长时间患有精神分裂症的老年患者,其交流能力缺陷与其社会功能不良相关。以往研究多采用行为详述或访谈行为学编码系统(ethological coding system for interview,ECSI),研究精神分裂症患者在临床访谈和交往中的非语言交流(Geerts和Brune,2009),ECSI包括37种行为(例如眨眼、注视方向、面部活动、身体姿势以及讲话期间的手臂手势等),被分为九个类别,如目光接触、手势、友好行为与屈从行为等(Troisi,1999)。多项研究表明精神分裂症患者表现出:(1)与健康被试相比,患者的面部表情和面部活动的ECSI评分较低(Troisi等,2007)。(2)精神分裂症患者较高水平的阴性症状与其头部活动较少相关(Worswick等,2017)。(3)说话时手势少,并且这些表现也与患者症状的整体严重程度相关联(Annen等,2012)。(4)ECSI中的2~9条包括微笑、点头与抬眉等被用来表示亲社会行为,与健康被试相比,精神分裂症患者的得分较低,表明其较少表现出亲社会行为(Brüne等,2009)。

Choi等人(2010)将虚拟现实技术引入到该研究领域中。他们要求精神分裂症患者通过虚拟现实系统进行交谈任务,包括3次积极和3次消极情绪的交谈,聆听虚拟同伴的对话内容后,要求被试回答问题或阐述同伴的观点,并记录患者的眼动数据(如图9-14A)。结果发现,精神分裂症患者在情绪对话任务中无论是聆听还是应答过程,整体的眼神注视量都少于健康被试(如图9-14B)。研究者采用自我评定量表测量被试的社会功能感知水平,包括瑟斯自信量表(Rathus assertiveness scale, RAS)与基本情绪状态的积极与消极情感量表(positive and negative affect schedule, PANAS)等,并与眼神注视量做相关性分析,他们发现患者在聆听阶段的眼神注视量与自信评分呈负相关,与PANAS得分没有相关性。而健康被试这两项量表评分与其目光注视量呈现显著的正相关(如图9-14C)。这些结果表明精神分裂症患者在负性情绪下的目光注视不足,这对患者的治疗和社交技能培训提供一定的指导。此外,研究显示,精神分裂症患者在与他人交往的过程中,感知和整合社会信息时存在困难,往往表现出难以感知和解释社会信息(Penn等,2007)。公共物品游戏经常被用来研究精神分裂症患者在人际交流过程中合作和决策行为的异常。Chung等人(2013)的研究中,以5人为一组,参与者可以决定是否将钱投资于公共账户,

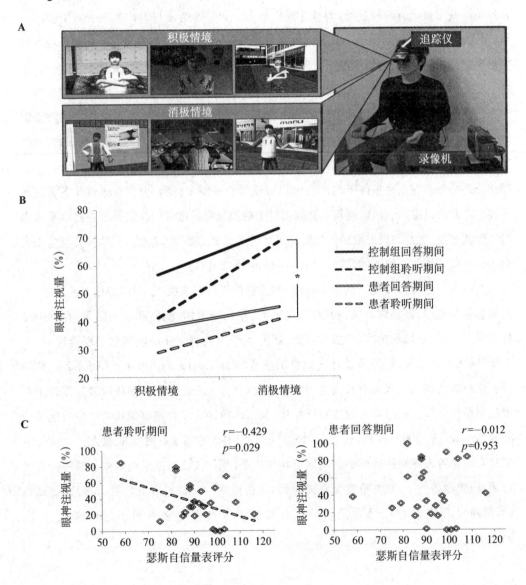

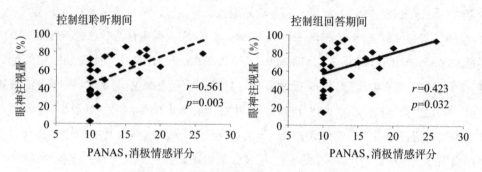

图9-14 精神分裂症患者人际交往的研究

注：A.基于虚拟系统的人际交流示意图；B.精神分裂症患者与健康被试在积极与消极情境下，聆听与应答期间眼神注视量百分比差异；C.眼神注视量与自评分量表的相关性。图片引自Choi等，2010。

在每轮游戏中被试有两种选择，即合作或搭便车。如果5名参与者中的3名或更多人合作，则无论每个人的决定如何，50美元的奖金会均等分配给所有参与者。当所有参与者均做出决定后，显示屏上会依次显示合作者的人数和小组是否获得奖金(如图9-15A)。在这个实验中，研究者设置了三种激励机制，第一种如图9-15A所示(条件Ⅰ)，所有参与者平分公共账户里的钱。第二种是向参与者保证不会失去原有的金钱，从而能够消除恐惧因素(条件Ⅱ)。第三种是保证所有参与者都会得到公平的份额，可以消除贪婪因素(条件Ⅲ)。通过分析条件间的策略差异，探讨搭便车行为背后的情感和社会动机。结果发现，精神分裂症患者在三种条件下均表现出相对较低的搭便车行为，但仅在条件Ⅰ下有显著差异。由此可以推测恐惧因素和贪婪因素对于精神分裂症患者的决策并没有产生重大影响。也就是说，贪婪和损失敏感性都促进了健康受试者的搭便车行为，但精神分裂症患者对于恐惧和贪婪并不敏感(如图9-15B)(Chung等，2013)。

人际交往过程涉及复杂的社会情境，神经影像学研究表明，心理理论相关的脑区(如内侧前额叶皮层、颞顶联合区、扣带回、楔前叶、左侧额下回、脑岛和颞上回等)在其中发挥着重要作用，也被称为"社会脑"网络。研究表明内侧前额叶皮层和颞顶联合区对"社会脑"网络尤为重要，它们涉及社会信息的整合(Van Overwalle，2009)。研究者让精神分裂症患者观看一系列带有社交意图的动画片(例如人们在准备浪漫的晚餐)，发现患有偏执型精神分裂症的患者与健康被试相比，其内侧前额叶和右侧颞顶联合区的激活明显减少(Walter等，2009)。Takei等人(2013)使用fNIRS考察了在真实的双人互动情景下精神障碍患者人际交往障碍的脑机制。在谈话条件下，被试与主试面对面坐着进行真实对话，而控制条件下，双方重复无意义的音节(如图9-16A)。结果表明，与健康被试相比，精神分裂症患者在谈话任务期间其双侧颞叶和右侧额下回的活性降低(如图9-16B)。

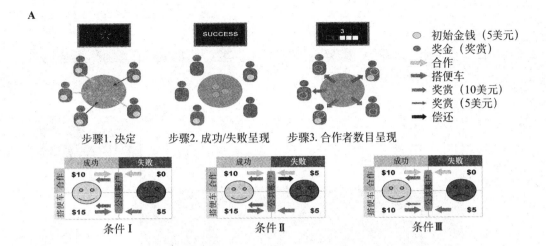

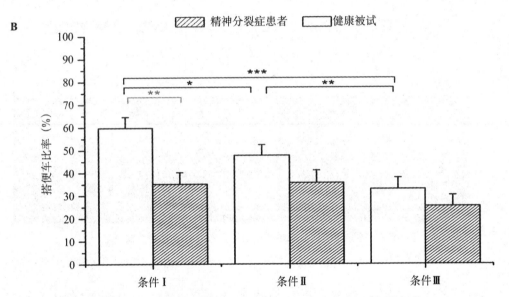

图9-15 精神分裂症患者在人际交往中合作与决策的研究

注：A.公共物品游戏示意图；B.精神分裂症患者与健康被试在每种奖赏条件下搭便车比率的差异。图片引自Chung等，2013。

第四节 超扫描技术在精神分裂症成因及干预评估中的作用

一、超扫描技术在机制探讨中的作用

日常生活中的社会交往是在与他人互动的过程中，通过意图揣测、情感交流以及

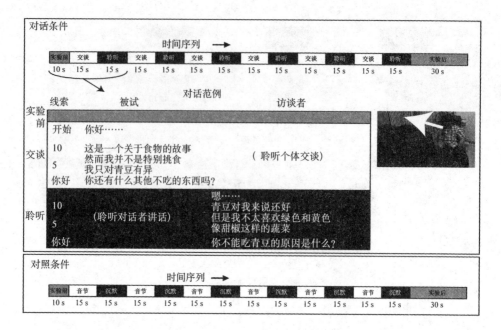

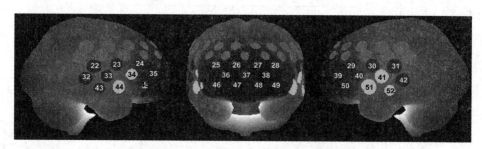

图9-16 精神分裂症患者面对面人际交往的脑功能研究

注：A.面对面交谈流程示意图；B.精神分裂症患者在交谈任务期间的脑活动。图片引自Takei等，2013。

行动协同等方式实现的。期间所发生的社会互动最典型的特点是动态变化以及实时相互影响等。然而，已有关于精神分裂症患者社会功能的研究主要集中于单个被试的行为及相关的脑活动，例如前面所讲的，考察患者对情绪化或非情绪化刺激材料的感知能力、提供焦点线索下的情绪调节，或者是特定社交情境下社会交往过程中脑激活水平的变化等。因此，已有的研究表现出较低的生态效度，其研究结果不足以客观反应真实情景下社会互动的实质。借助超扫描技术可以考察真实情景下两人或多人进行社会互动的脑活动，从群体脑水平上提供高生态效度的科学证据。到目前为止，还未曾见采用超扫描技术考察精神分裂症患者社会功能缺陷的研究报道。在将来的研究中，若要求患者和健康被试面对面地完成社会交往任务，采用超扫描技术同时记录他们的脑活动，并通过分析社会互动任务相关的脑间活动同步及其与互动任务成绩等的相关性,将有助于理解精神分裂症患者社会交往障碍的脑—脑机制,进而揭示其社会功能缺陷的内在本质;也将有助于基于上述研究发现的机制来探讨有针对性的干预和治疗方案。

二、超扫描技术在干预方案优化和治疗效果的动态评估中的作用

精神分裂症的病情具有慢性、复发性的特点,需要长期药物维持治疗效果,因此对精神分裂症长期治疗的评估与监测显得尤为重要。目前对于精神分裂症患者干预效果的评估多数还是采用临床症状评估量表,如阳性和阴性症状评定量表(positive and negative syndromes scale,PANSS)、精神分裂症临床总体印象量表(clinical global impressions scale-schizophrenia)、DSM 临床结构式访谈(structured clinical interview for DSM,SCID)等,这些方法在一定程度上确实能评估精神分裂症治疗的效果。但是这些方法更多的是针对患者的阳性和阴性临床症状的评估,并不能很好地评估患者的社会功能,尤其是社会交往方面的评估。另外,由于患者会对病情刻意隐瞒等原因,导致自我评定量表和观察法不可避免地具有更多的主观性。因此,基于客观的神经生物学指标有利于医生准确的评估干预方案的效果以及进一步的优化,并且提供其动态性的科学依据,这将成为评估精神分裂症患者在临床治疗中的一道至关重要的环节。

Bilek 等人(2017)首次将超扫描技术应用到精神疾病的社会功能评估中。他们分别让患病期和恢复期的患者与健康被试完成联合注意任务,该任务包括有互动和无互动两种条件。互动条件下,要求信息接收者跟随传递者的目光共同注意同一目标;而无互动条件下,要求两个被试根据各自所获得的线索提示,将目光移向目标(如图9-17A)。研究采用基于功能性磁共振成像的超扫描技术,同时采集两个被试的脑数据,并计算在完成任务过程中的脑间活动同步。结果发现两个健康被试在进行联合注意任务时,表现出显著的脑间活动同步。患病期的边缘型人格障碍患者与健康被试在完成联合注意任务时,其脑间活动同步显著降低,而恢复期的患者与健康被试的脑间活动同步明显增强,和健康被试—健康被试的脑间活动同步没有显著的差异(如图9-17B),并且患病期与恢复期边缘型人格障碍患者的脑间活动同步与他们的童年创伤量表评分成显著负相关(如图9-17C)。这些研究结果表明,社会互动任务期间产生的脑间活动同步能够反应边缘型人格障碍患者的治疗情况,并能从群体水平的脑—脑互动方面提供边缘型人格障碍患者社会功能异常的脑机制,提示我们脑间活动同步可能成为精神疾病人群社会交往功能缺陷评估的客观神经标记。随着超扫描技术的不断发展,超扫描技术将会在精神疾病的临床诊断、干预与治疗效果的动态评估中具有极大的应用价值。

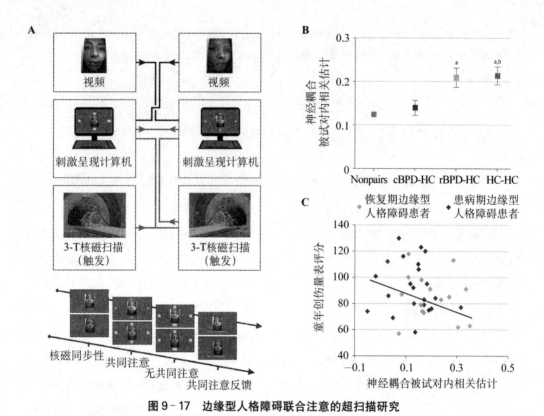

图9-17 边缘型人格障碍联合注意的超扫描研究

注：A. 实验场景图及流程图；B. 不同组间脑间活动同步性差异。Nonpairs：非真实被试对，cBPD-HC：患病期边缘型人格障碍患者—健康被试，rBPD-HC：恢复期边缘型人格障碍患者—健康被试，HC-HC：健康被试—健康被试；C. 边缘型人格障碍患者脑间活动同步性与童年创伤的相关性分析。图片引自Bilek等，2017。

小　结

精神分裂症患者的社会功能障碍极大地限制了他们的社会交往，并影响他们的日常生活。社会功能障碍作为精神分裂症诊断非常必要的组成部分，可作为评定精神分裂症患者疾病状态和预后的重要指标。社会功能离不开真实社会情境下的人与人之间的交互，目前尚未有研究从超扫描的角度提供精神分裂症患者在社会活动过程中脑—脑机制的研究证据。超扫描的运用有助于理解精神分裂症患者在社会活动过程中脑间活动同步的变化，提供异常行为的脑—脑机制，并为精神分裂症长期治疗的评估与监测提供客观的神经生物学指标。

参考文献

Akinsulore, A., Mapayi, B. M., Aloba, O. O., Oloniniyi, I., Fatoye, F. O., & Makanjuola, R.

O. (2015). Disability assessment as an outcome measure: a comparative study of Nigerian outpatients with schizophrenia and healthy control. *Ann Gen Psychiatry*, *14*, 40.

Aldao, A., & Nolen-Hoeksema, S. (2010). Specificity of cognitive emotion regulation strategies: a transdiagnostic examination. *Behav Res Ther*, *48*(10), 974–983.

Ameller, A., Dereux, A., Dubertret, C., Vaiva, G., Thomas, P., & Pins, D. (2015). 'What is more familiar than I? Self, other and familiarity in schizophrenia. *Schizophr Res*, *161*(2–3), 501–505.

Anilkumar, A. P. P., Kumari, V., Mehrotra, R., Aasen, I., Mitterschiffthaler, M. T., & Sharma, T. (2008). An fMRI study of face encoding and recognition in first-episode schizophrenia. *Acta Neuropsychiatrica*, *20*(3), 129–138.

Annen, S., Roser, P., & Brune, M. (2012). Nonverbal behavior during clinical interviews: similarities and dissimilarities among schizophrenia, mania, and depression. *J Nerv Ment Dis*, *200*(1), 26–32.

Baron-Cohen, S., Wheelwright, S., Hill, J., Raste, Y., & Plumb, I. (2001). The Reading the Mind in the Eyes Test Revised Version: A Study with Normal Adults, and Adults with Asperger Syndrome or High-functioning Autism. *J. Child Psychol*. *42*(2), 241–251.

Beedie, S. A., Benson, P. J., Giegling, I., Rujescu, D., & St Clair, D. M. (2012). Smooth pursuit and visual scanpaths: Independence of two candidate oculomotor risk markers for schizophrenia. *World J Biol Psychiatry*, *13*(3), 200–210.

Behere, R. V., Venkatasubramanian, G., Arasappa, R., Reddy, N. N., & Gangadhar, B. N. (2011). First rank symptoms & facial emotion recognition deficits in antipsychotic naive schizophrenia: Implications for social threat perception model. *Prog Neuropsychopharmacol Biol Psychiatry*, *35*(7), 1653–1658.

Benton, A. L., Sivan, A. B., Hamsher, K. D. S., Varney, N. R., & Spreen, O. (1983). Contribution to Neuropsychological Assessment. New York: Oxford University Press.

Bilek, E., Stossel, G., Schafer, A., Clement, L., Ruf, M., Robnik, L., ... Meyer-Lindenberg, A. (2017). State-Dependent Cross-Brain Information Flow in Borderline Personality Disorder. *JAMA Psychiatry*, *74*(9), 949–957.

Blair, R. J. (2003). Facial expressions, their communicatory functions and neuro-cognitive substrates. *Philos Trans R Soc Lond B Biol Sci*, *358*(1431), 561–572.

Bortolon, C., Capdevielle, D., & Raffard, S. (2015). Face recognition in schizophrenia disorder: A comprehensive review of behavioral, neuroimaging and neurophysiological studies. *Neurosci Biobehav Rev*, *53*, 79–107.

Bowie, C. R., & Harvey, P. D. (2008). Communication abnormalities predict functional outcomes in chronic schizophrenia: differential associations with social and adaptive functions. *Schizophr Res*, *103*(1–3), 240–247.

Brüne, M., Abdel-Hamid, M., Sonntag, C., & Lehmkämper, C. (2009). Linking social cognition with social interaction: Non-verbal expressivity, social competence and "mentalising" in patients with schizophrenia spectrum disorders. *Behavioral and Brain Functions*, *5*.

Brune, M., Lissek, S., Fuchs, N., Witthaus, H., Peters, S., Nicolas, V., ... Tegenthoff, M. (2008). An fMRI study of theory of mind in schizophrenic patients with "passivity" symptoms. *Neuropsychologia*, *46*(7), 1992–2001.

Brunet-Gouet, E., & Decety, J. (2006). Social brain dysfunctions in schizophrenia: a review of neuroimaging studies. *Psychiatry Res*, *148*(2–3), 75–92.

Buhle, J. T., Silvers, J. A., Wager, T. D., Lopez, R., Onyemekwu, C., Kober, H., ...

Ochsner, K. N. (2014). Cognitive reappraisal of emotion: a meta-analysis of human neuroimaging studies. *Cereb Cortex*, *24*(11), 2981–2990.

Caharel, S., Bernard, C., Thibaut, F., Haouzir, S., Di Maggio-Clozel, C., Allio, G., ... Rebai, M. (2007). The effects of familiarity and emotional expression on face processing examined by ERPs in patients with schizophrenia. *Schizophr Res*, *95*(1–3), 186–196.

Carrington, S. J., & Bailey, A. J. (2009). Are there theory of mind regions in the brain? A review of the neuroimaging literature. *Hum Brain Mapp*, *30*(8), 2313–2335.

Carter, C. S., Minzenberg, M., West, R., & Macdonald, A., 3rd. (2012). CNTRICS imaging biomarker selections: Executive control paradigms. *Schizophr Bull*, *38*(1), 34–42.

Cassetta, B., & Goghari, V. (2014). Theory of mind reasoning in schizophrenia patients and non-psychotic relatives. *Psychiatry Res*, *218*(1–2), 12–19.

Chung, D., Kim, Y. T., & Jeong, J. (2013). Cognitive motivations of free riding and cooperation and impaired strategic decision making in schizophrenia during a public goods game. *Schizophr Bull*, *39*(1), 112–119.

Cohen, A. S., & Minor, K. S. (2010). Emotional experience in patients with schizophrenia revisited: meta-analysis of laboratory studies. *Schizophr Bull*, *36*(1), 143–150.

Couture, S. M., Penn, D. L., & Roberts, D. L. (2006). The functional significance of social cognition in schizophrenia: a review. *Schizophr Bull*, *32* Suppl 1, S44–63.

Darke, H., Peterman, J. S., Park, S., Sundram, S., & Carter, O. (2013). Are patients with schizophrenia impaired in processing non-emotional features of human faces? *Front Psychol*, *4*, 529.

de Achaval, D., Villarreal, M. F., Costanzo, E. Y., Douer, J., Castro, M. N., Mora, M. C., ... Guinjoan, S. M. (2012). Decreased activity in right-hemisphere structures involved in social cognition in siblings discordant for schizophrenia. *Schizophr Res*, *134*(2–3), 171–179.

Delvecchio, G., Sugranyes, G., & Frangou, S. (2013). Evidence of diagnostic specificity in the neural correlates of facial affect processing in bipolar disorder and schizophrenia: a meta-analysis of functional imaging studies. *Psychol Med*, *43*(3), 553–569.

Dickinson, D., Bellack, A. S., & Gold, J. M. (2007). Social/communication skills, cognition, and vocational functioning in schizophrenia. *Schizophr Bull*, *33*(5), 1213–1220.

Docherty, N. (1996). Manual for the Communication Disturbances Index (CDI). Kent State University, Department of Psychology; Kent, OH: 1996.

Dodell-Feder, D., Tully, L. M., Lincoln, S. H., & Hooker, C. I. (2014). The neural basis of theory of mind and its relationship to social functioning and social anhedonia in individuals with schizophrenia. *Neuroimage Clin*, *4*, 154–163.

Edwards, J., Pattison, P. E., Jackson, H. J., & Wales, R. J. (2001). Facial affect and affective prosody recognition in first-episode schizophrenia. *Schizophrenia Research*, *48*(2–3), 235–253.

Falkenberg, I., Bartels, M., & Wild, B. (2008). Keep smiling! Facial reactions to emotional stimuli and their relationship to emotional contagion in patients with schizophrenia. *Eur Arch Psychiatry Clin Neurosci*, *258*(4), 245–253.

Fett, A. K. J., Viechtbauer, W., Dominguez, M. d. G., Penn, D. L., van Os, J., & Krabbendam, L. (2011). The relationship between neurocognition and social cognition with functional outcomes in schizophrenia: A meta-analysis. *Neuroscience and Biobehavioral Review*, *35*(3), 573–588.

Geerts, E., & Brune, M. (2009). Ethological approaches to psychiatric disorders: Focus on depression and schizophrenia. *Australian and New Zealand Journal of Psychiatry*, *43*(11), 1007–1015.

Green, M. F., Hellemann, G., Horan, W. P., Lee, J., & Wynn, J. K. (2012). From perception to functional outcome in schizophrenia: modeling the role of ability and motivation. *Arch Gen Psychiatry*, 69(12),1216-1224.

Green, M. F., Horan, W. P., & Lee, J. (2015). Social cognition in schizophrenia. *Nature Reviews Neuroscience*, 16,620-631.

Gregory, C., Lough, S., Stone, V., Erzinclioglu, S., Martin, L., Baron-Cohen, S., & Hodges, J. R. (2002). Theory of mind in patients with frontal variant frontotemporal dementia and Alzheimer's disease: theoretical and practical implications. *Brain*, 125(Pt 4),752-764.

Grill-Spector, K., Knouf, N., & Kanwisher, N. (2004). The fusiform face area subserves face perception, not generic within-category identification. *Nat Neurosci*, 7(5),555-562.

Gur, R. E., Loughead, J., Kohler, C. G., Elliott, M. A., Lesko, K., Ruparel, K., ... Gur, R. C. (2007). Limbic activation associated with misidentification of fearful faces and flat affect in schizophrenia. *Arch Gen Psychiatry*, 64(12),1356-1366.

Haker, H., & Rossler, W. (2009). Empathy in schizophrenia: impaired resonance. *Eur Arch Psychiatry Clin Neurosci*, 259(6),352-361.

Hall, J., Whalley, H. C., McKirdy, J. W., Romaniuk, L., McGonigle, D., McIntosh, A. M., ... Lawrie, S. M. (2008). Overactivation of fear systems to neutral faces in schizophrenia. *Biol Psychiatry*, 64(1),70-73.

Henry, J. D., Green, M. J., de Lucia, A., Restuccia, C., McDonald, S., & O'Donnell, M. (2007). Emotion dysregulation in schizophrenia: reduced amplification of emotional expression is associated with emotional blunting. *Schizophr Res*, 95(1-3),197-204.

Hofer, A., Rettenbacher, M. A., Widschwendter, C. G., Kemmler, G., Hummer, M., & Fleischhacker, W. W. (2006). Correlates of subjective and functional outcomes in outpatient clinic attendees with schizophrenia and schizoaffective disorder. *Eur Arch Psychiatry Clin Neurosci*, 256(4),246-255.

Holt, D. J., Kunkel, L., Weiss, A. P., Goff, D. C., Wright, C. I., Shin, L. M., ... Heckers, S. (2006). Increased medial temporal lobe activation during the passive viewing of emotional and neutral facial expressions in schizophrenia. *Schizophr Res*, 82(2-3),153-162.

Horan, W. P., Hajcak, G., Wynn, J. K., & Green, M. F. (2013). Impaired emotion regulation in schizophrenia: evidence from event-related potentials. *Psychol Med*, 43(11),2377-2391.

Johnson, S., Sathyaseelan, M., Charles, H., & Jacob, K. S. (2014). Predictors of disability: a 5-year cohort study of first-episode schizophrenia. *Asian J Psychiatr*, 9,45-50.

Kanwisher, N., & Yovel, G. (2006). The fusiform face area: a cortical region specialized for the perception of faces. *Philos Trans R Soc Lond B Biol Sci*, 361(1476),2109-2128.

Kato, Y., Muramatsu, T., Kato, M., Shibukawa, Y., Shintani, M., & Mimura, M. (2011). Magnetoencephalography study of right parietal lobe dysfunction of the evoked mirror neuron system in antipsychotic-free schizophrenia. *Plos One*, 6(11), e28087.

Kay, S. R., Fiszbein, A., & Opler, L. A. (1987). The positive and negative syndrome scale (PANSS) for schizophrenia. *Schizophrenia Bulletin*, 13(2),261-276.

Keefe, R. S. E., Bilder, R. M., Davis, S. M., Harvey, P. D., Palmer, B. W., Gold, J. M., & ... Lieberman, J. a. (2007). Neurocognitive effects of antipsychotic medications in patients with chronic schizophrenia in the CATIE Trial. *Archives of General Psychiatry*, 64(6),633-647.

Kimhy, D., Vakhrusheva, J., Jobson-Ahmed, L., Tarrier, N., Malaspina, D., & Gross, J. J. (2012). Emotion awareness and regulation in individuals with schizophrenia: Implications for social functioning. *Psychiatry Res*, 200(2-3),193-201.

Kober, H., Barrett, L. F., Joseph, J., Bliss-Moreau, E., Lindquist, K., & Wager, T. D.

(2008). Functional grouping and cortical-subcortical interactions in emotion: a meta-analysis of neuroimaging studies. *NeuroImage*, *42*(2), 998-1031.

Kohler, C. G., Turner, T. H., Bilker, W. B., Brensinger, C. M., Siegel, S. J., Kanes, S. J., ... Gur, R. C. (2003). Facial emotion recognition in schizophrenia: intensity effects and error pattern. *Am J Psychiatry*, *160*(10), 1768-1774.

Kosaka, H., Omori, M., Murata, T., Iidaka, T., Yamada, H., Okada, T., &... Wada, Y. (2002). Differential amygdala response during facial recognition in patients with schizophrenia: An fMRI study. *Schizophrenia Research*, *57*, 1(87-95).

Kring, A. M., & Elis, O. (2013). Emotion deficits in people with schizophrenia. *Annu Rev Clin Psychol*, *9*, 409-433.

Kumazaki, T. (2011). What is a 'mood-congruent' delusion? History and conceptual problems. *Hist Psychiatry*, *22*(87 Pt 3), 315-331.

Kupper, Z., Ramseyer, F., Hoffmann, H., & Tschacher, W. (2015). Nonverbal Synchrony in Social Interactions of Patients with Schizophrenia Indicates Socio-Communicative Deficits. *Plos One*, *10*(12), e0145882.

Lam, B. Y. H., Raine, A., & Lee, T. M. C. (2014). The relationship between neurocognition and symptomatology in people with schizophrenia: Social cognition as the mediator. *BMC Psychiatry*, *14*(1), 1-10.

Lee, J., Quintana, J., Nori, P., & Green, M. F. (2011). Theory of mind in schizophrenia: exploring neural mechanisms of belief attribution. *Soc Neurosci*, *6*(5-6), 569-581.

Li, H., Chan, R. C., McAlonan, G. M., & Gong, Q. Y. (2010). Facial emotion processing in schizophrenia: a meta-analysis of functional neuroimaging data. *Schizophr Bull*, *36* (5), 1029-1039.

Lin, T. Y., Wu, J. S., Lin, L., Ho, T. C., Lin, P. Y., & Chen, J. J. (2015). Assessments of Muscle Oxygenation and Cortical Activity Using Functional Near-infrared Spectroscopy in Healthy Adults During Hybrid Activation. *IEEE Trans Neural Syst Rehabil Eng*.

Lopes, P. N., Salovey, P., Cote, S., & Beers, M. (2005). Emotion regulation abilities and the quality of social interaction. *Emotion*, *5*(1), 113-118.

McCabe, R., Saidi, M., & Priebe, S. (2007). Patient-reported outcomes in schizophrenia. *British Journal of Psychiatry*, *50*, s21-28.

McCormick, L. M., Brumm, M. C., Beadle, J. N., Paradiso, S., Yamada, T., & Andreasen, N. (2012). Mirror neuron function, psychosis, and empathy in schizophrenia. *Psychiatry Res*, *201* (3), 233-239.

Mier, D., Sauer, C., Lis, S., Esslinger, C., Wilhelm, J., Gallhofer, B., & Kirsch, P. (2010). Neuronal correlates of affective theory of mind in schizophrenia out-patients: evidence for a baseline deficit. *Psychol Med*, *40*(10), 1607-1617.

Mitra, S., Nizamie, S. H., Goyal, N., & Tikka, S. K. (2014). Mu-wave Activity in Schizophrenia: Evidence of a Dysfunctional Mirror Neuron System from an Indian Study. *Indian J Psychol Med*, *36*(3), 276-281.

Mollon, J., David, A. S., Morgan, C., Frissa, S., Glahn, D., Pilecka, I., Reichenberg, A. (2016). Psychotic Experiences and Neuropsychological Functioning in a Population-based Sample. *JAMA Psychiatry*, *73*(2), 129-138.

Morgan, V. A., Waterreus, A., Jablensky, A., Mackinnon, A., McGrath, J. J., Carr, V., Saw, S. (2012). People living with psychotic illness in 2010: the second Australian national survey of psychosis. *Aust N Z J Psychiatry*, *46*(8), 735-752.

Morris, R. W., Sparks, A., Mitchell, P. B., Weickert, C. S., & Green, M. J. (2012). Lack of cortico-limbic coupling in bipolar disorder and schizophrenia during emotion regulation. *Transl Psychiatry*, 2,90.

Morris, R. W., Weickert, C. S., & Loughland, C. M. (2009). Emotional face processing in schizophrenia. *Curr Opin Psychiatry*, 22(2),140-146.

Nakagawa, Y., & Hoshiyama, M. (2015). Influence of observing another person's action on self-generated performance in schizophrenia. *Cogn Neuropsychiatry*, 20(4),349-360.

Nuechterlein, K. H., Luck, S. J., Lustig, C., & Sarter, M. (2009). CNTRICS final task selection: control of attention. *Schizophr Bull*, 35(1),182-196.

Overall, J. E., Gorham, D. R., Central, V. A., & Research, N. P. (1962). THE BRIEF PSYCHIATRIC RATING SCALE1. *Psychological Reports*, 10,799-812.

Park, S., Matthews, N., & Gibson, C. (2008). Imitation, simulation, and schizophrenia. *Schizophr Bull*, 34(4),698-707.

Penn, D. L., Roberts, D. L., Combs, D., & Sterne, A. (2007). Best practices: The development of the Social Cognition and Interaction Training program for schizophrenia spectrum disorders. *Psychiatric Services* (Washington, D.C.), 58(4),449-451.

Perry, Y., Henry, J. D., & Grisham, J. R. (2011). The habitual use of emotion regulation strategies in schizophrenia. *Br J Clin Psychol*, 50(2),217-222.

Phelps, E. A., & LeDoux, J. E. (2005). Contributions of the amygdala to emotion processing: from animal models to human behavior. *Neuron*, 48(2),175-187.

Pitcher, D., Walsh, V., & Duchaine, B. (2011). The role of the occipital face area in the cortical face perception network. *Exp Brain Res*, 209(4),481-493.

Quintana, J., Wong, T., Ortiz-Portillo, E., Marder, S. R., & Mazziotta, J. C. (2003). Right lateral fusiform gyrus dysfunction during facial information processing in schizophrenia. *Biological Psychiatry*, 53(12),1099-1112.

Rasetti, R., Mattay, V. S., Wiedholz, L. M., Kolachana, B. S., Hariri, A. R., Callicott, J. H., Weinberger, D. R. (2009). Evidence that altered amygdala activity in schizophrenia is related to clinical state and not genetic risk. *Am J Psychiatry*, 166(2),216-225.

Russell, T. A., Rubia, K., Bullmore, E. T., Soni, W., Suckling, J., Brammer, M. J., & Sharma, T. (2000). Exploring the social brain in schizophrenia: Left prefrontal underactivation during mental state attribution. *American Journal of Psychiatry*, 157(12),2040-2042.

Sanchez, A. H., Lavaysse, L. M., Starr, J. N., & Gard, D. E. (2014). Daily life evidence of environment-incongruent emotion in schizophrenia. *Psychiatry Res*, 220(1-2),89-95.

Scherzer, P., Achim, A., Leveille, E., Boisseau, E., & Stip, E. (2015). Evidence from paranoid schizophrenia for more than one component of theory of mind. *Front Psychol*, 6,1643.

Schurz, M., Radua, J., Aichhorn, M., Richlan, F., & Perner, J. (2014). Fractionating theory of mind: a meta-analysis of functional brain imaging studies. *Neurosci Biobehav Rev*, 42,9-34.

Shur, S., Shamay-Tsoory, S. G., & Levkovitz, Y. (2008). Integration of emotional and cognitive aspects of theory of mind in schizophrenia and its relation to prefrontal neurocognitive performance. *Cognitive Neuropsychiatry*, 13(6),472-490.

Silverstein, S. M., All, S. D., Kasi, R., Berten, S., Essex, B., Lathrop, K. L., & Little, D. M. (2010). Increased fusiform area activation in schizophrenia during processing of spatial frequency-degraded faces, as revealed by fMRI. *Psychol Med*, 40(7),1159-1169.

Singh, F., Pineda, J., & Cadenhead, K. S. (2011). Association of impaired EEG mu wave suppression, negative symptoms and social functioning in biological motion processing in first episode of psychosis. *Schizophr Res*, *130*(1-3),182-186.

Sparks, A., McDonald, S., Lino, B., O'Donnell, M., & Green, M.J. (2010). Social cognition, empathy and functional outcome in schizophrenia. *Schizophr Res*, *122*(1-3),172-178.

Stain, H.J., Galletly, C.A., Clark, S., Wilson, J., Killen, E.A., Anthes, L., ... Harvey, C. (2012). Understanding the social costs of psychosis: the experience of adults affected by psychosis identified within the second Australian National Survey of Psychosis. *Aust N Z J Psychiatry*, *46*(9),879-889.

Strauss, G.P., & Gold, J.M. (2012). A new perspective on anhedonia in schizophrenia. *Am J Psychiatry*, *169*(4),364-373.

Strauss, G.P., Kappenman, E.S., Culbreth, A.J., Catalano, L.T., Lee, B.G., & Gold, J.M. (2013). Emotion regulation abnormalities in schizophrenia: cognitive change strategies fail to decrease the neural response to unpleasant stimuli. *Schizophr Bull*, *39*(4),872-883.

Strauss, G.P., Kappenman, E.S., Culbreth, A.J., Catalano, L.T., Ossenfort, K.L., Lee, B.G., & Gold, J.M. (2015). Emotion regulation abnormalities in schizophrenia: Directed attention strategies fail to decrease the neurophysiological response to unpleasant stimuli. *J Abnorm Psychol*, *124*(2),288-301.

Strauss, G.P., Waltz, J.A., & Gold, J.M. (2014). A review of reward processing and motivational impairment in schizophrenia. *Schizophr Bull*, *40* Suppl 2, S107-116.

Surguladze, S., Russell, T., Kucharska-Pietura, K., Travis, M.J., Giampietro, V., David, A.S., & Phillips, M.L. (2006). A reversal of the normal pattern of parahippocampal response to neutral and fearful faces is associated with reality distortion in schizophrenia. *Biol Psychiatry*, *60*(5),423-431.

Suzuki, T. (2011). Which rating scales are regarded as "the standard" in clinical trials for schizophrenia? A critical review. *Psychopharmacology Bulletin*, *44*(1),18-31.

Suzuki, T., Takeuchi, H., Nakajima, S., Nomura, K., Uchida, H., Yagi, G., Kashima, H. (2010). Magnitude of rater differences in assessment scales for schizophrenia. *J Clin Psychopharmacol*, *30*(5),607-611.

Swartz, M.S., Perkins, D.O., Stroup, T.S., Davis, S.M., Capuano, G., Rosenheck, R.a., & Lieberman, J.a. (2007). Effects of antipsychotic medications on psychosocial functioning in patients with chronic schizophrenia: findings from the NIMH CATIE study. *The American Journal of Psychiatry*, *164*(3),428-436.

Tabak, N.T., Green, M.F., Wynn, J.K., Proudfit, G.H., Altshuler, L., & Horan, W.P. (2015). Perceived emotional intelligence is impaired and associated with poor community functioning in schizophrenia and bipolar disorder. *Schizophr Res*, *162*(1-3),189-195.

Takei, Y., Suda, M., Aoyama, Y., Yamaguchi, M., Sakurai, N., Narita, K., Mikuni, M. (2013). Temporal lobe and inferior frontal gyrus dysfunction in patients with schizophrenia during face-to-face conversation: a near-infrared spectroscopy study. *J Psychiatr Res*, *47*(11), 1581-1589.

Tandon, R., Gaebel, W., Barch, D.M., Bustillo, J., Gur, R.E., Heckers, S., Carpenter, W. (2013). Definition and description of schizophrenia in the DSM-5. *Schizophr Res*, *150*(1), 3-10.

Taylor, S.F., Kang, J., Brege, I.S., Tso, I.F., Hosanagar, A., & Johnson, T.D. (2012). Meta-analysis of functional neuroimaging studies of emotion perception and experience in schizophrenia. *Biol Psychiatry*, *71*(2),136-145.

Thakkar, K.N., Peterman, J.S., & Park, S. (2014). Altered brain activation during action imitation and observation in schizophrenia: a translational approach to investigating social dysfunction in schizophrenia. *Am J Psychiatry*, 171(5),539-548.

Thornicroft, G., Tansella, M., Becker, T., Knapp, M., Leese, M., Schene, A., & Vazquez-Barquero, J. L. (2004). The personal impact of schizophrenia in Europe. *Schizophrenia Research*, 69(2-3),125-132.

Tremeau, F., Antonius, D., Cacioppo, J.T., Ziwich, R., Jalbrzikowski, M., Saccente, E.,... Javitt, D. (2009). In support of Bleuler: objective evidence for increased affective ambivalence in schizophrenia based upon evocative testing. *Schizophr Res*, 107(2-3),223-231.

Troisi, A. (1999). Ethological research in clinical psychiatry: the study of nonverbal behavior during interviews. Neuroscience & amp; *Biobehavioral Reviews*, 23(7),905-913.

Troisi, A., Pompili, E., Binello, L., & Sterpone, A. (2007). Facial expressivity during the clinical interview as a predictor functional disability in schizophrenia. a pilot study. *Prog Neuropsychopharmacol Biol Psychiatry*, 31(2),475-481.

Tsoi, D.T., Lee, K.H., Khokhar, W.A., Mir, N.U., Swalli, J.S., Gee, K.A., ⋯ Woodruff, P.W. (2008). Is facial emotion recognition impairment in schizophrenia identical for different emotions? A signal detection analysis. *Schizophr Res*, 99(1-3),263-269.

Turetsky, B.I., Kohler, C.G., Indersmitten, T., Bhati, M.T., Charbonnier, D., & Gur, R.C. (2007). Facial emotion recognition in schizophrenia: when and why does it go awry? *Schizophr Res*, 94(1-3),253-263.

Van der Meer, L., Swart, M., van der Velde, J., Pijnenborg, G., Wiersma, D., Bruggeman, R., & Aleman, A. (2014). Neural correlates of emotion regulation in patients with schizophrenia and non-affected siblings. *Plos One*, 9(6), e99667.

Van Overwalle, F. (2009). Social cognition and the brain: a meta-analysis. *Hum Brain Mapp*, 30(3),829-858.

Vogeley, K. (2017). Two social brains: neural mechanisms of intersubjectivity. *Philos Trans R Soc Lond B Biol Sci*, 372(1727).

Walter, H., Ciaramidaro, A., Adenzato, M., Vasic, N., Ardito, R.B., Erk, S., & Bara, B.G. (2009). Dysfunction of the social brain in schizophrenia is modulated by intention type: an fMRI study. *Soc Cogn Affect Neurosci*, 4(2),166-176.

Walther, S., Federspiel, A., Horn, H., Bianchi, P., Wiest, R., Wirth, M.,... Muller, T.J. (2009). Encoding deficit during face processing within the right fusiform face area in schizophrenia. *Psychiatry Res*, 172(3),184-191.

Wang, Z., Du, W., Pang, L., Zhang, L., Chen, G., & Zheng, X. (2015). Wealth inequality and mental disability among the Chinese population: A population based study. *International Journal of Environmental Research and Public Health*, 12(10),13104-13117.

World Health Organization. (2016). Schizophrenia. http://www.who.int/mediacentre/factsheets/fs397/en/. Accessed 6 March 2017.

Worswick, E., Dimic, S., Wildgrube, C., & Priebe, S. (2017). Negative symptoms and avoidance of social interaction: a study of non-verbal behaviour. *Psychopathology*, 51(1),1-9.

Yoon, J.H., D'Esposito, M., & Carter, C.S. (2006). Preserved function of the fusiform face area in schizophrenia as revealed by fMRI. *Psychiatry Res*, 148(2-3),205-216.

Yovel, G., & Kanwisher, N. (2004). Face perception: domain specific, not process specific. *Neuron*, 44(5),889-898.

Zaki, J., & Ochsner, K.N. (2012). The neuroscience of empathy: progress, pitfalls and promise. *Nat Neurosci*, 15(5),675-680.

第十章 超扫描视角下的社会沟通系统产生机制

摘要

良好的社会沟通能促进人类健康以及社会公正的形成,而社会沟通行为缺陷则成为精神异常人群的典型特征。由于自然观察法无法探究社会沟通系统产生的过程,借鉴计算机模拟法与实验符号学研究范式,对阐述社会沟通系统产生的机制起到重要的作用。基于社会协作理论,社会沟通系统是群体内成员通过积极地互动而形成的一套共享的认知概念,成员间的互动水平、互动频率以及成员间的角色不对称等多种因素都会影响社会沟通系统的产生。在脑活动层面,前额叶皮层、颞叶皮层等组成的脑网络参与了社会沟通系统产生的过程。但这些来自单个个体的脑活动无法客观地反映真实的社会沟通系统产生的过程,而超扫描技术能够从群体脑水平上提供社会沟通系统产生过程中的脑—脑互动情况,从而为更全面地阐述社会沟通系统产生的内在机制提供高生态效度的科学依据。

引 言

亚里士多德提到:"从本质上讲,人是一种社会性动物。那些生来离群索居的个体,要么不值得我们关注,要么不是人类。社会从本质上看是先于个体而存在的。"该观点强调了社会互动与社会沟通在人类生活与发展中起至关重要的作用。社会沟通是指人与人之间、人与群体之间进行思维与情感等传递和反馈的过程,以求形成有意识或无意识的共同规则,使人们处于一种共享的、稳定的社会环境。研究表明,良好的社会沟通能促进人类健康(Kreps,2017)和人际关系的维系(Solomon 等,2016),甚至是社会公正的形成(Lebedko,2014)。另外,社会沟通缺陷是精神/心理异常患者的一个典型特征(St Pourcain 等,2018;Yasuyama 等,2017)。例如,自闭症患者有社交功能障碍,不能很好地与他人进行良好的社会互动和沟通(Craig 等,2017)。精神分裂症患者难以准确推断他人的意图,且具有语言交流障碍,进而影响其社会沟通的质量(Pawelczyk 等,2018)。也有研究表明社会沟通的缺失(如社会隔离等)是导致人类死亡率增加的危险因素(Holt-Lunstad 等,2015)。由此可见,借助于语言、图画、文字、手势以及抽象符号等社会沟通系统,人们可以更有效地进行信息交换。因此,揭示人类社会沟通系统产生和演化过程的内在机制,一方面具有重要的理论意义,另一方面也可以为改善特殊人群的社会沟通能力提供必要的科学证据。

第一节 社会沟通系统产生的研究范式

实验符号学(experimental semiotics)是目前研究社会沟通系统产生的重要方法,它关注的是个体间在无法使用已有交流符号系统的情况下,探究新社会沟通系统产生的过程。自然实验法(Grzadzinski 等,2016)和计算机模拟法(Tsunemine 等,2008)是最主要的两种研究范式。由于在现实生活中,很少有机会能够直接观察到人类社会沟通系统产生的详细过程,而且人群和社会环境的变化会产生出不同的社会沟通系统。这就导致自然观察法在实验室研究中表现出偶然性和不一致等特点。相比之下,计算机模拟法则具有众多优点,比如可设置沟通情景与控制社会沟通群体的特征(如群体大小、成员组成等),保证了研究结果具有良好的一致性和可重复性。更为重要的是计算机模拟法可与神经影像学技术相结合,揭示社会沟通系统产生过程中特定脑区或神经网络的变化规律,从而阐述社会沟通系统产生的心理与脑机制,以进一步提高正常人群社会沟通行为的效率,并改善特殊人群在社会沟通和社会交往功能方面的缺陷。

目前,计算机模拟法有三种不同的实验范式:(1)符号参考游戏,任务中一方不能使用已有的社会沟通系统(如文字或者数字符号等),只能基于给定的概念进行绘画;另一方则根据同伴的绘画内容与所给定的概念进行匹配(如图 10-1)(Garrod 等,2007;Roberts 等,2015)。在该研究范式框架下,个体间交流的形式不受限制,可根据自己的理解和方式来进行绘画,但是交流的内容或者对象则由研究人员事先设定。(2)符号协作游戏,沟通双方通过简单符号来传递沟通信息以了解对方的意图。Stolk 等人的研究中采用 2 种简单符号(如圆形和三角形),分别代表信息的发送者和接收者。发送者通过移动简单符号在九宫格中的位置来传递信息,而接收者需要根据符号的移动轨迹来揣测发送者的意图,以此达到相互沟通的目的(如图 10-2)(Stolk,2014;Stolk 等,2013)。(3)符号匹配游戏,要求双方采用给予的图形刺激和可用的编码字符,通过多轮反馈信息逐渐习得图形和编码字符间的匹配关系(即产生共享的概念系统),衍生一套新的社会沟通系统(如图 10-3)(Selten 和 Warglien,2007)。在这三种实验范式中,仅符号匹配游戏可考察借助类似于语

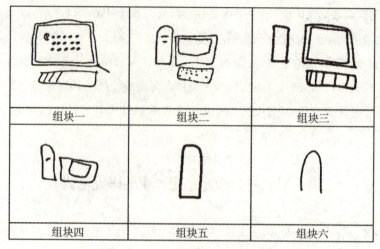

图 10-1 符号参考游戏实验范例

注：图片来自于 Garrod 等，2007。

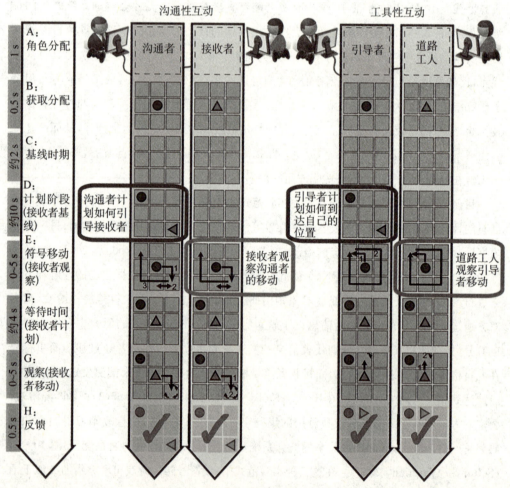

图 10-2 符号协作游戏实验范例

注：图片来自于 Stolk 等，2013。

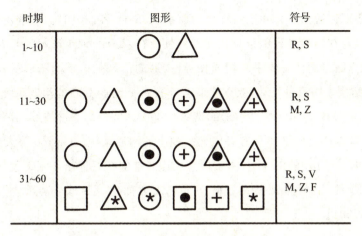

图 10-3 符号匹配游戏实验范例

注：图片引自 Selten 和 Warglien，2007。

言结构等较为精细的形式介导社会沟通系统产生的过程。

第二节 社会沟通系统产生的相关理论

一、观察学习理论

已有研究显示观察学习（Fay 等，2018）和社会协作理论（Fay 等，2010）都可以解释社会沟通系统产生的过程。观察学习理论认为人们通过观察别人的行为以及行为的结果习得社会沟通系统。比如孩子通过观察学习父母的语言从而习得与之相似的语言系统。该理论下的社会沟通系统的产生是单向发生的，似乎不需要人际间的互动过程。Kirby 等人（2008）先让被试一学习一套新的符号系统，之后将测试的结果作为被试二的学习材料。要求被试二通过观察学习这套符号系统，并以相同的方式传递给下一个被试（如图 10-4A）。结果表明观察学习能够产生人工语言，随着迭代次数的增加，传递的错误率逐步下降，语言越来越结构化（如图 10-4B）。虽然观察学习理论可以解释社会沟通系统产生的过程，但是很难解释随着观察链的增加，沟通系统是如何演变的，并在源头上探究社会沟通系统是如何产生的；该理论可以解释通过自身的认知偏好去揣测对方的意图以习得较为简单的沟通系统，但很难解释复杂沟通系统的产生（Fay 等，2010）。

二、社会协作理论

社会协作理论（social collaboration）认为沟通双方通过互动与协作建立一个共享的

概念空间,进而创造出一套共用的社会沟通系统(Stolk 等,2016)。该理论强调社会互动的作用,以及在沟通过程中信息传递双向性。在 Christensen 等人(2016)的研究中,要求被试双方面对面地完成手势沟通任务,沟通的信息是给定的图形材料(如图 10-5A)。研究结果表明通过互动,双方越来越趋于一致,这也是新的沟通系统形成的必要因素(如图 10-5B)。Nowak 和 Baggio 等人(2007)研究发现通过连续的跨越几代之间的互动确实可以产生和维持具有一定元素顺序的沟通系统。Garrod 等人(2007)采用绘画任务发现,在互动的条件下,由于信息传递者能够很好地给与互动伙伴反馈,图形形式会越来越简化;而旁观者在理解图形标志方面比直接参与互动的人要差得多(Garrod 等,2007)。

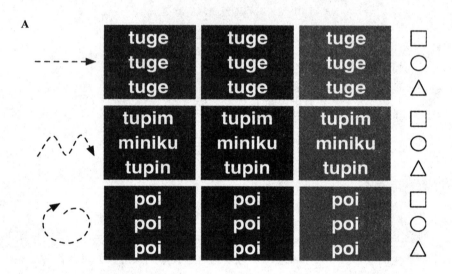

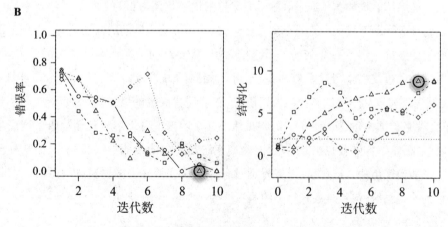

图 10-4 观察学习能够产生社会沟通系统

注:A.观察学习实验范式;B.错误率和语言结构随着迭代次数增加的变化。图片引自 Kirby 等,2008。

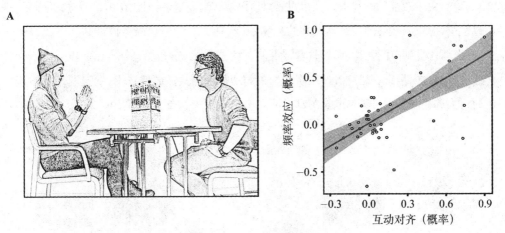

图 10-5 手势沟通系统的建立

注：A.手势沟通任务实验范式；B.互动对齐对语言惯例化形成的影响。图片引自 Christensen 等,2016。

第三节 社会沟通系统产生的单脑机制

结合临床和神经影像学数据，研究工作者试图考察与社会沟通系统产生相关的神经活动特征，具体体现在以下四个方面。

首先，成功沟通的实现需要个体间建立一个共享的认知概念空间。因此，与概念知识相关的右侧颞叶和内侧前额叶皮层可能参与了社会沟通系统的产生。Wright 等人(2015)要求颞叶受损患者和健康被试在完成概念处理的图片命名任务，发现颞叶受损患者的命名准确性要显著低于健康组被试(如图 10-6)。

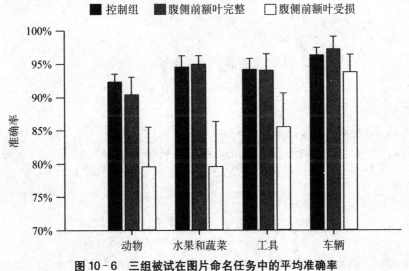

图 10-6 三组被试在图片命名任务中的平均准确率

注：图片引自 Wright 等,2015。

其次，由于在互动过程中涉及相同的对话语境或沟通情境，因此在沟通信号的编码—解码过程中，应该有相同的神经活动模式。Noordzij 等人（2010）让两名被试共同完成沟通任务，发送者能看到空间配置，而接收者则不能。发送者可以通过移动他自己的符号向接收者传递位置和方向信息。研究者使用事件相关的功能性磁共振成像技术，发现发送者的计划沟通行为和接收者识别其沟通意图都激活了右侧后颞上沟部位（如图 10-7）。此外，Stolk

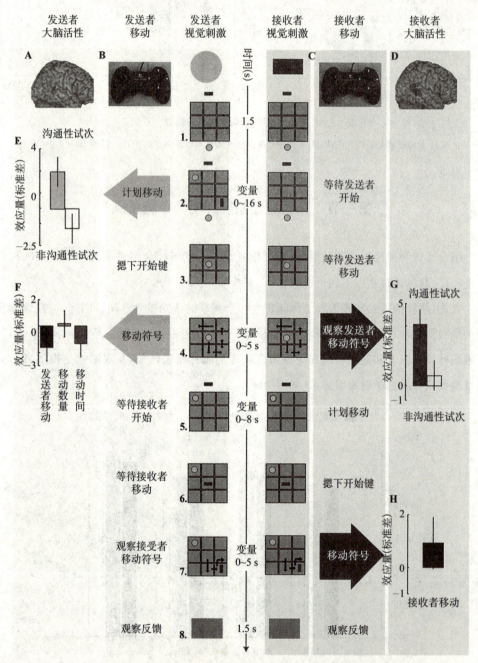

图 10-7　社会沟通系统建立的研究范式以及实验期间发送者和接收者的大脑活动

注：图片引自 Noordzij 等，2010。

等人也使用了该实验范式,并设置了沟通性任务和工具性任务。在沟通性任务中,信息接收者需要通过对方的动作揣测其意图,进而确定自己的位置,而发送者则需要根据接收者的行动调整自己的策略;在工具性任务中,发送者与接收者有各自独立的任务,不需要进行互动(如图10-7)。结合脑磁图技术,研究者分析了计划阶段和观察阶段双方激活脑区的时间和空间特征,发现沟通任务下互动双方的脑活动在gamma波段重叠最为显著,在空间上包含了腹内侧前额叶皮层和右侧颞叶(如图10-8)。

第三,选择和理解新共享符号依赖于沟通过程中持续的神经活动所创建的认知情境,这种神经活动应当早于交流刺激材料本身的出现,这一点在Stolk的研究(2013)中也得以证明,整个实验主要由角色和符号分配、发送者计划阶段、接收者观察阶段(也就是发送者移动符号阶段)、接收者计划阶段、接收者移动阶段以及反馈阶段组成。他们分析了沟通任务中神经模式的动态变化,发现右侧颞叶的激活在计划和观察阶段显著增强,在观察阶段早期接收者腹内侧前额叶皮层在gamma波段功率就急剧增加,而接收者右侧后颞上沟在计划阶段早期显著激活(如图10-9)。这些结果表明社会沟通系统的产生可能涉及多个脑区有序参与,特定脑区的激活在特定的社会沟通问题开始前就已经发生了。

第四,神经活动的动态变化能够反映沟通群体对共享概念空间的调整。Stolk等人(2014)采用相同的符号匹配任务范式,将整个任务分为三部分,前两个部分为训练任务,第三个部分为正式沟通任务。每对被试需要完成两套不同的符号匹配任务,一半试次是基于之前训练过程中习得的符号系统(已习得符号系统),另一半试次需要习得新的符号系统(新符号系统)。实验使用两台功能性磁共振成像设备,仅在任务的第三部分同时记录两名被试的大脑活动。结果表明相对于已习得的符号系统,采用新符号系统进行社会沟通时,两被试的右侧颞上沟后部产生了更强的脑间活动同步(如图10-10A&B)。而且,在使用新符号系统进行沟通的过程中,当双方需要相互调整共享概念系统时,脑间活动同步也随之发生变化(如图10-10C)。

第四节 互动行为特征影响社会沟通系统产生

多项研究通过控制互动的类型、频率和水平等,考察互动行为对于社会沟通系统产生的影响。Garrod等人(2007)采用了符号参考游戏即"你画我猜"的实验任务,给双方被试呈现16个词汇,要求一方对其中的12个词汇进行绘画,另一方从相应的16个概念中挑出相应的词汇进行匹配。为探究互动对沟通系统产生的影响,研究者设置了三个实验条件,分别为角色固定无反馈、角色固定有反馈以及角色互换有反馈。结果发现,只有在与真实伙伴互动的条件下,图画内容会变得越来越简化,越来越抽象,即图形复杂程度降低(如图10-11A&B)。若被试在绘画过程中得到同组被试实时(或同步)的反馈信息,该组被试最

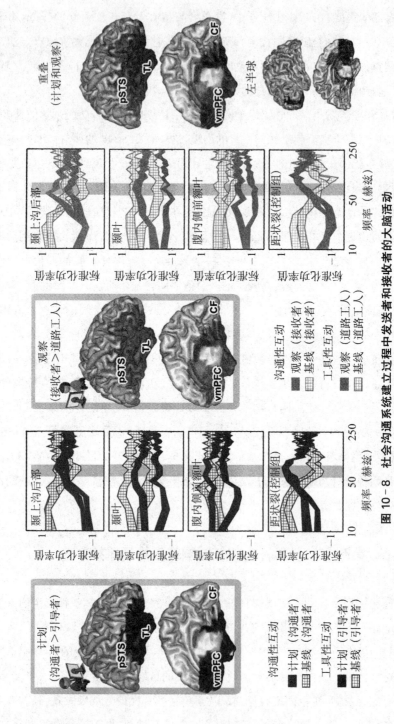

图 10-8 社会沟通系统建立过程中发送者和接收者的大脑活动

注：pSTS：颞上沟后部，TL：颞叶，vmPFC：腹内侧前额叶，CF：距状裂。图片引自 Stolk 等，2013。

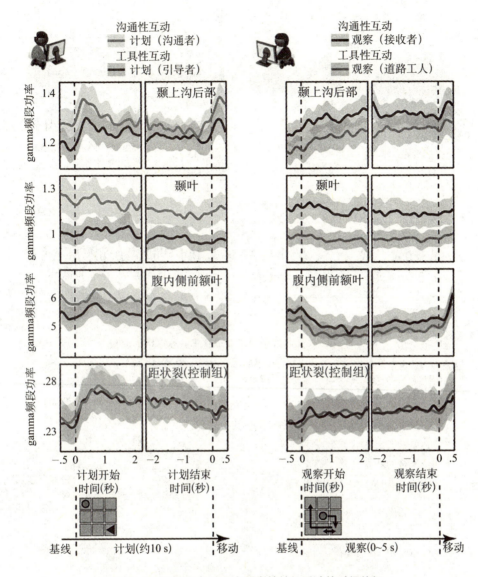

图 10-9 沟通任务过程中诱发的神经活动的时间特征

注：图片引自 Stolk 等，2013。

终的匹配准确率将显著高于无反馈组（如图 10-11C）。这些研究充分表明通过给予反馈信息及其同步性来调节互动水平，对社会沟通系统的产生有着明显的影响。Roberts 等人（2010）要求被试用新学习的人工语言完成符号匹配游戏，每个玩家都需要通过人工语言与另一位玩家进行互动来交换资源。在游戏中设置了高频互动与低频互动、合作与竞争条件。结果发现相比于低频互动，高频互动使得被试的任务成绩（即准确率）显著提高。Fay 等人（2018）同样设置了真实互动和虚假互动这两种互动水平（如图 10-12A），发现真

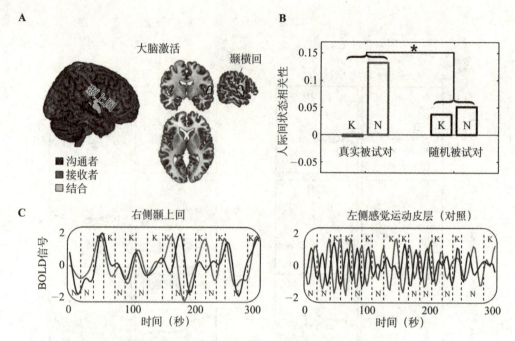

图 10-10 社会沟通系统建立过程中共享概念的调整

注：A.基于全脑的模型分析；B.发送者与接收者在沟通过程中的脑间活动同步分析；C.沟通过程中被试间的右侧颞叶与对照的运动皮层的 BOLD 信号的时间进程。图片来自 Stolk 等，2014。

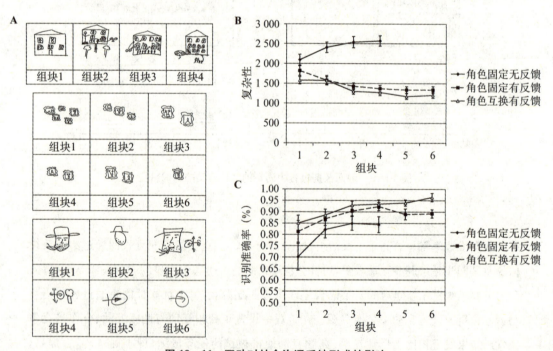

图 10-11 互动对社会沟通系统形成的影响

注：A.不同条件下的图形简化图示；B.图形复杂性分析；C.图形识别准确率。图片引自 Garrod 等，2007。

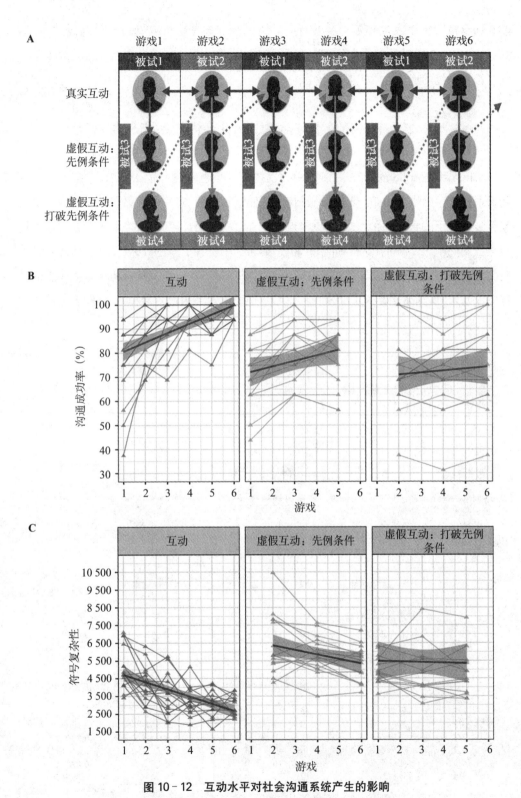

图 10-12 互动水平对社会沟通系统产生的影响

注:A.互动水平操纵示意图;B.不同条件沟通成功率;C.符号复杂性分析。图片引自 Fay 等,2018。

实互动组被试在完成符号参考游戏时的成绩要远远高于虚假互动组被试的成绩(如图 10-12B),且真实互动组的符号系统要更加简化(如图 10-12C),这表明社会互动水平对共享符号系统的形成非常重要。

第五节 角色不对称性影响社会沟通系统产生

Selten 和 Warglien(2007)在研究中首次提出了角色不对称这一概念,它是指在新的沟通系统产生的过程中,互动双方所承担的责任并非均等,即一方会更多地坚持自己对交流符号所赋予的含义,而另一方则更多地改变自己从而配合对方,最终促使双方对同一符号达成共同概念。Moreno 和 Baggio(2015)的研究中设置了角色对称(发送者和接收者角色轮流)和角色不对称(发送者和接收者角色固定)两种条件,探究社会沟通系统产生的过程中双方如何进行协作分工(如图 10-13A)。他们发现当角色不对称时,接收者往往会改

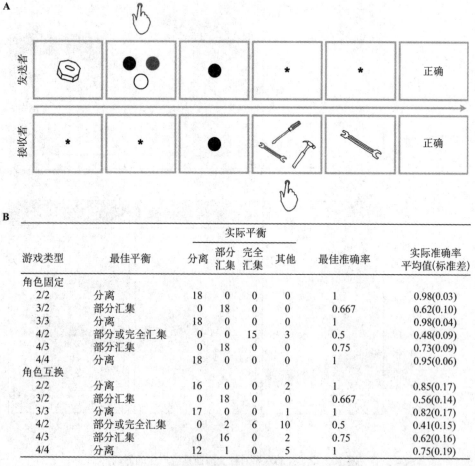

游戏类型	最佳平衡	实际平衡				最佳准确率	实际准确率平均值(标准差)
		分离	部分汇集	完全汇集	其他		
角色固定							
2/2	分离	18	0	0	0	1	0.98(0.03)
3/2	部分汇集	0	18	0	0	0.667	0.62(0.10)
3/3	分离	18	0	0	0	1	0.98(0.04)
4/2	部分或完全汇集	0	0	15	3	0.5	0.48(0.09)
4/3	部分汇集	0	18	0	0	0.75	0.73(0.09)
4/4	分离	18	0	0	0	1	0.95(0.06)
角色互换							
2/2	分离	16	0	0	2	1	0.85(0.17)
3/2	部分汇集	0	18	0	0	0.667	0.56(0.14)
3/3	分离	17	0	0	1	1	0.82(0.17)
4/2	部分或完全汇集	0	2	6	10	0.5	0.41(0.15)
4/3	部分汇集	0	16	0	2	0.75	0.62(0.16)
4/4	分离	12	1	0	5	1	0.75(0.19)

图 10-13 角色不对称对社会沟通系统产生的影响

注:A.符号沟通实验流程图;B.沟通过程中不同条件下的准确性。图片引自 Moreno 和 Baggio,2015。

变自己的编码方式从而与发送者达成一致,而当角色对称时,双方都会改变他们最初的编码方式以达成共识。此外,角色不对称条件下的沟通准确率高于角色对称条件下(如图 10-13B)。Nowak 和 Baggio(2016)采用多代符号游戏任务的研究也发现接收者比发送者更频繁地调整图形—符号的对应关系。

第六节 超扫描研究框架下考察社会沟通系统产生

值得注意的是,以往关于社会沟通系统产生的脑机制研究均集中于单个被试的脑活动的变化(Noordzij 等,2009)。这些研究结果可能为观察学习理论提供了证据。但根据社会协作理论,社会沟通系统的产生依赖于沟通双方在互动过程中形成的共享概念空间,涉及非常复杂的编码—解码过程(Stolk 等,2016)。单个被试的脑活动必然无法解释涉及两人的社会沟通系统所产生的这种"合二为一"的现象,可见对单脑活动的执着阻碍了人们客观地理解社会沟通系统产生的内在本质。最近几年发展起来的超扫描技术,可以同时记录互动过程中两人或者多人的脑活动,通过分析互动被试的脑活动同步等指标,进而提供能反应互动特征的认知活动的脑—脑机制。我们之前的研究以及其他团队的研究一致发现社会互动行为过程会产生明显的脑间活动同步,如教学活动(Dikker 等,2017)、经济决策(Tang 等,2016)、联合注意(Koike 等,2016;Saito 等,2010)、信任行为(King-Casas 等,2005)、合作行为(Cheng 等,2015;Cui 等,2012)等。这些结果充分表明超扫描视角下的脑间活动同步可能是揭示社会互动行为的重要客观指标。因此,超扫描技术将为探索社会沟通系统产生的内在机制提供了新视角下的科学依据。

根据社会协作理论,社会沟通系统产生的过程中富含沟通双方的互动行为,将基于近红外成像、功能性磁共振成像、脑磁图成像以及脑电成像的超扫描技术引入到社会沟通系统产生的机制研究中,即同时收集两个或多个被试在共同完成社会沟通系统产生任务时(以符号匹配游戏任务为例)的脑活动,分析社会沟通系统产生过程中脑间活动同步的变化特点、脑间活动同步强弱与社会沟通系统产生的行为学指标(如沟通是否成功、沟通时间或者沟通效率等)间的相关关系,可以从群体脑水平上阐述社会沟通系统产生的内在机制,为社会协作理论提供具有高生态效度的科学依据。其次,通过考察互动行为(如互动水平、互动频率等)以及角色不对称等因素对社会沟通系统产生中脑间活动同步的影响,探讨脑间活动同步在上述因素影响社会沟通系统产生中的作用(如中介效应等),最终阐述脑间活动同步作为衡量社会沟通系统产生的客观指标的可能性,即脑间活动同步可能是社会沟通系统产生的神经标记。然而,还未曾有研究尝试采用超扫描技术探究社会沟通系统产生的脑—脑机制,相信在未来的几年中,将会有越来越多的研究工作者加入到该领域的研究中,从而全面地揭示社会沟通系统产生的实质。

第七节 提升社会沟通行为的有效途径探讨

基于超扫描的研究视角,揭示社会沟通系统产生过程中脑间活动同步的动态变化规律,探讨脑间活动同步对社会沟通系统产生的预测性,最终全面揭示社会沟通系统产生的内在本质。在此基础之上,我们就可以通过特定的途径和方式调控互动被试的脑间活动同步的程度,进而寻求提升社会沟通行为的有效手段,以及合理优化这些手段,为改善特殊人群的社会沟通行为或功能缺陷提供必要的科学依据。

一、动作一致性可以影响脑间活动同步

Nozawa 等人(2016)采用近红外成像的超扫描技术研究了合作词汇链沟通任务过程中脑间活动同步的变化。在这个游戏中,4位玩家面对面坐在桌子周围,采用便携式近红外仪器同时采集4位玩家前额叶的脑数据(如图10-14A&B)。一位玩家首先说出一个单词,下一位玩家需要从前一个玩家给出单词的最后两个音节开始产生一个新的单词(例如,"SHI—RI—TO—RI"后面可以跟着"TO—RI—KA—GO"),要求参与者与其他成员合

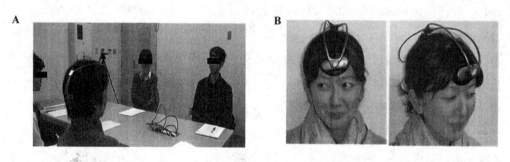

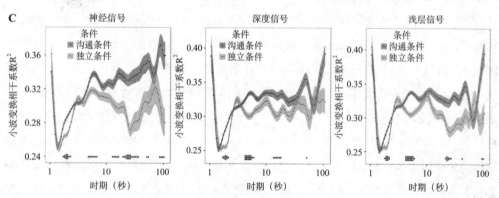

图 10-14 群体沟通过程中的脑间活动同步

注:A.群体完成合作词汇链任务;B.便携式近红外仪放置于被试的前额叶部位;C.沟通与独立条件下的脑间活动同步分析。图片引自 Nozawa 等,2016。

作并产生尽可能长的单词链。每轮游戏分为三个组块,在第一和第三个组块中,玩家进行上述的合作式词汇链游戏,第二个组块为独立任务,要求玩家静静地考虑接下来的单词链,作为脑间活动同步分析的基线。结果发现合作沟通组产生了比独立组更强的脑间活动同步(如图10-14C)。

Mu等人(2016)设计了一种新的协调游戏,需要被试与同伴(社会协同任务)或计算机(控制任务)进行有节奏地计数任务(如图10-15A)。结果发现在同步时间计数过程中,在alpha波中发现了同步振荡,表明脑间活动同步增强(如图10-15B&C)。

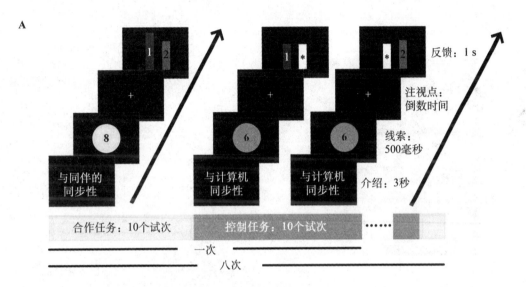

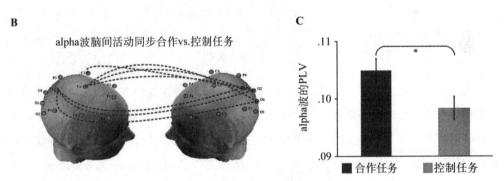

图10-15 同步计数过程中的脑间活动同步

注:A.计数任务实验流程图;B.合作与对照条件相比,在alpha波段的脑间PLV增强的电极对;C.合作与对照条件下,平均alpha波段的PLV值。图片引自Mu等,2016。

Ikeda等人(2017)采用便携式近红外仪研究了集体行走任务中的脑间活动同步,要求被试围成圆圈以逆时针方向行走,随机选择10名被试佩戴便携式近红外仪,被试需要在有节拍声音或无节拍声音条件下进行集体行走和原地踏步(如图10-16A&B)。结果发现在集体行走过程中,给与稳定的敲击声能够增强个体间的步调一致性,同时脑间活动同步也会明显增强(如图 10-16C)。Leong 等人(2017)也发现婴儿—成人间的相互凝视或眼神追随能产生显著的脑间活动同步。

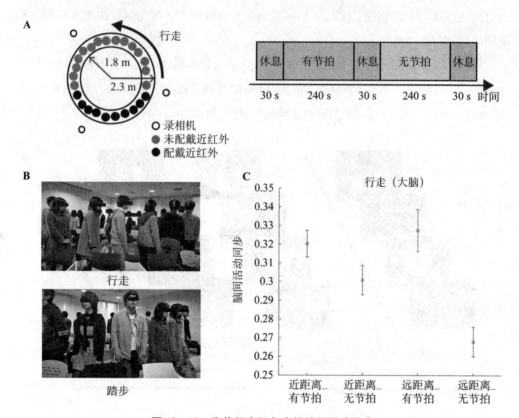

图 10-16 集体行走任务中的脑间活动同步

注：A. 集体行走任务的实验环境与流程；B. 集体行走与原地踏步任务的场景图；C. 脑间活动同步在集体行走任务中不同条件下的比较。图片引自 Ikeda 等，2017。

在最新的研究中，Hu 等人(2017)让两名被试完成时间计数任务，期间要求他们协调各自的计数节奏以达到尽量同步，并采用近红外超扫描技术同时记录两名被试前额叶的脑活动(如图 10-17A&B)。他们发现被试在完成协调互动任务时，诱发了左侧前额叶皮层部位的脑间活动同步，而且两名被试的动作一致性越高，脑间活动同步就越强(如图 10-17C)。更为有意思的是，协调互动过程中的脑间活动同步可以预测之后的亲社会行为，进一步的分析显示，脑间活动同步在动作一致性促进亲社会中起到中介作用(如图 10-17D)。

此外，Goldstein 等人(2018)在 PNAS 上发表了他们的最新研究，实验中他们向被试施加疼痛刺激，让其同伴在这个过程中握住被试的手(如图 10-18A)，实验设置了六种条件：独自无痛、独自有痛、伴侣触摸—无痛、伴侣无触摸—无痛、伴侣触摸—有痛与伴侣无触摸—有痛。结果发现在施加疼痛刺激的条件下，情侣间握手这一动作明显降低了被试对

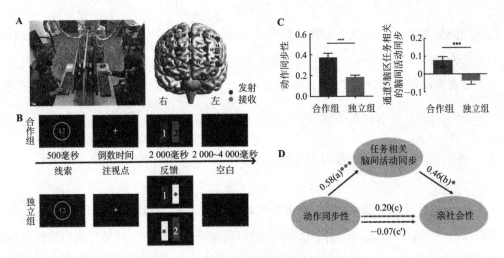

图 10-17 时间计数任务中的脑间活动同步

注：A. 实验场景以及检测脑区；B. 时间计数任务实验流程；C. 不同条件下行为同步与脑间同步；D. 中介效应分析。图片引自 Hu 等，2017。

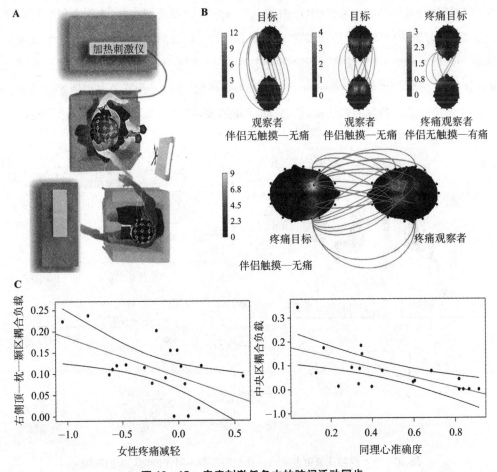

图 10-18 疼痛刺激任务中的脑间活动同步

注：A. 实验设置示意图；B. 脑间活动同步在疼痛刺激任务中不同条件下的比较；C. 脑间活动同步与女性疼痛缓解（左图）和同理心准确度（右图）的相关分析。图片引自 Goldstein 等，2018。

疼痛刺激的主观评估,与此同时握手使得脑间联结增强(如图10-18B),且这种脑间联结的增强与疼痛缓解、同理心等指标存在显著的相关(如图10-18C)。以上这些研究发现充分表明动作一致性行为可以增强互动被试的脑间活动同步,进而促进社会互动行为。

二、神经调控手段可以影响脑间活动同步

Szymanski等人(2017)让两位被试背对背坐着进行同步敲鼓(如图10-19A),并采用两套经颅交流电刺激以同时同相位刺激被试的额叶皮层部位。结果与他们的预期相反,他们发现无论是给与相同相位与频率的刺激还是给与不同相位与频率的刺激,被试在同时敲鼓任务过程中的节奏同步性都要低于伪刺激条件下的节奏同步性(如图10-19B)。而在另外一项研究中,研究者要求两位被试完成手指敲击任务,通过经颅交流电刺激每对被试的运动皮层,增加他们在beta波的振荡同步性,来观察他们完成任务的情况(如图10-20A)。结果发现在给与被试20 Hz的刺激时,引发双方在beta波振荡的相位耦合增强,进而使被试的敲击频率越接近(如图10-20B),以此证明了脑间活动同步能够影响行为同步(Novembre等,2017)。因此,采用经颅交流电刺激等神经调制技术手段可以直接控制互动中被试的脑间活动同步,进而调节其互动行为,但其确切的影响还需进一步验证。

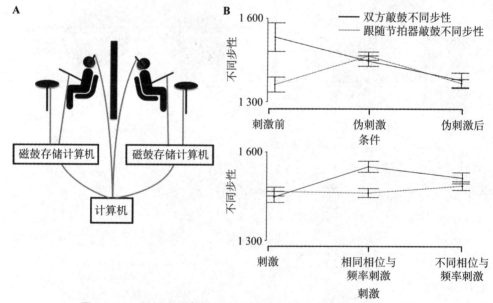

图10-19 经颅交流电刺激对合作敲鼓任务中脑间活动同步的影响

注:A.经颅交流电刺激影响合作敲鼓行为的实验示意图;B.经颅交流电刺激与不同步分数之间的相关分析。图片引自Szymanski等,2017。

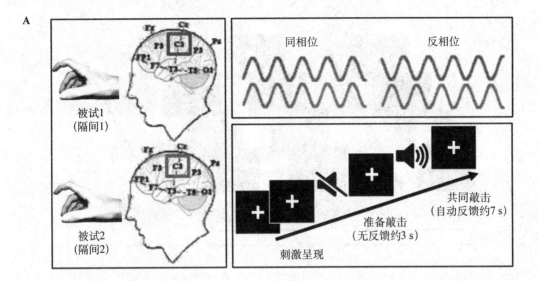

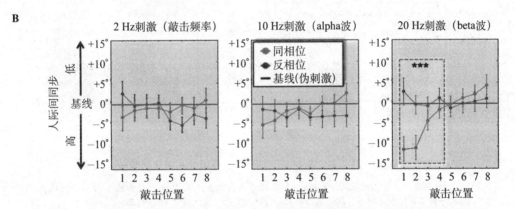

图 10-20　经颅交流电刺激对手指敲击任务中脑间活动同步的影响

注：A.经颅交流电刺激影响手指敲击任务的实验示意图；B.经颅交流电刺激对敲击频率与脑间活动同步的影响。图片引自 Novembre 等，2017。

三、神经激素也可以影响脑间活动同步

Mu 等人（2015）研究催产素对人际合作任务中神经活动的影响，他们要求被试与同伴（协调任务）或计算机（控制任务）进行有节奏地计数任务（如图 10-21A）。结果发现，催产素能显著增强男性被试在完成社会协调任务时 alpha 波的脑间活动同步（如图 10-21B），同时伴随着社会协调任务成绩的提高（如图 10-21C）。这表明催产素对社会互动行为及脑间活动同步有明显的作用。还有研究者使用眼动仪探究接受催产素处理的自闭症患者和正常成年人在半结构化访谈期间的眼动情况（如图 10-22A）。结果表明在自然状态下，自闭症患者的眼神凝视时长显著少于正常被试（如图 10-22B）。给与催产素处理后能显

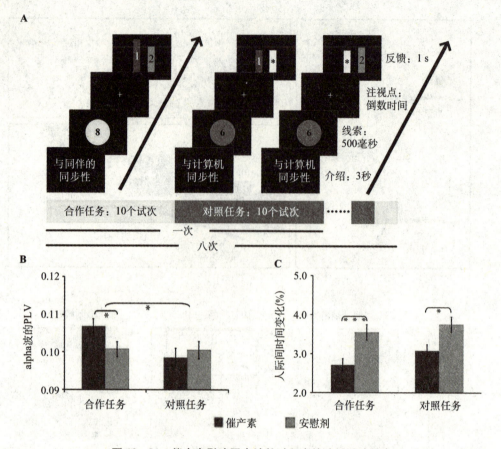

图 10-21 催产素影响同步计数过程中的脑间活动同步

注：A.计数任务实验流程图；B.给与催产素后,合作与对照条件下 alpha 波段的脑间 PLV 变化；C.给与催产素后,合作与对照条件下合作行为指标的人际间时间变化。图片引自 Mu 等,2016。

著增加自闭症患者对互动对象眼睛凝视的时长,进而证明了催产素在自闭症患者社会互动中的潜在益处(如图 10-22C)(Auyeung 等,2015)。已有研究充分表明,催产素可以通过增强互动被试的脑间活动同步来促进社会互动行为。

总体而言,近年来越来越多的研究结果表明,存在多种手段可以增强或减弱互动被试在共同执行特定认知活动中的脑间活动同步。在社会协作理论的框架下,我们有理由相信通过调控互动被试的脑间活动同步可能会提高社会沟通系统的产生以及维持等过程。将这些研究发现用在特殊人群(如自闭症患者或精神分裂症患者等)中,将会明显改善他们的社会沟通行为。

小　结

研究者们借助实验符号学研究范式,揭示了互动水平、互动频率以及角色不对称性都

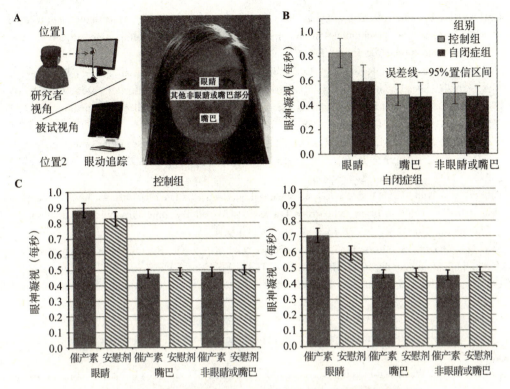

图 10-22 催产素影响自闭症患者在互动过程中眼睛凝视的时长

注：A.眼神凝视检测实验示意图；B.自然情况下自闭症与正常被试眼神凝视时长；C.给与催产素后正常被试与自闭症患者眼神凝视时长的变化。图片引自 Auyeung 等，2015。

是社会沟通系统产生的重要影响因素。结合多种神经影像学技术的研究发现，社会沟通系统的产生涉及前额叶皮层和颞叶皮层等脑区的参与。但这些研究都只关注了单个个体的脑活动情况，无法客观地反映社会沟通系统产生的互动特点。已有关于社会互动的研究充分表明，采用超扫描技术发现的脑间活动同步可以较好地反映认知活动的互动性，因此，借助于多种超扫描技术平台，将会更好地揭示社会沟通系统产生的内在机制。同时，通过某种途径增强互动被试的脑间活动同步，进而寻求其对社会沟通系统产生的影响，可以为进一步寻求改善特殊人群的社会沟通行为缺陷提供必要的科学依据。

参考文献

Auyeung, B., Lombardo, M. V., Heinrichs, M., Chakrabarti, B., Sule, A., Deakin, J. B., ... Baron-Cohen, S. (2015). Oxytocin increases eye contact during a real-time, naturalistic social interaction in males with and without autism. *Transl Psychiatry*, 5, e507.

Cheng, X., Li, X., & Hu, Y. (2015). Synchronous brain activity during cooperative exchange depends on gender of partner: A fNIRS-based hyperscanning study. *Hum Brain Mapp*, 36(6), 2039-2048.

Christensen, P., Fusaroli, R., & Tylen, K. (2016). Environmental constraints shaping constituent order in emerging communication systems: Structural iconicity, interactive alignment and conventionalization. *Cognition*, *146*, 67–80.

Craig, F., Fanizza, I., Russo, L., Lucarelli, E., Alessandro, L., Pasca, M. G., & Trabacca, A. (2017). Social communication in children with autism spectrum disorder (asd): Correlation between DSM–5 and autism classification system of functioning-social communication (ACSF: SC). *Autism Res*, *10*(7), 1249–1258.

Cui, X., Bryant, D. M., & Reiss, A. L. (2012). NIRS-based hyperscanning reveals increased interpersonal coherence in superior frontal cortex during cooperation. *Neuroimage*, *59*(3), 2430–2437.

Dikker, S., Wan, L., Davidesco, I., Kaggen, L., Oostrik, M., McClintock, J., ... Poeppel, D. (2017). Brain-to-Brain Synchrony Tracks Real-World Dynamic Group Interactions in the Classroom. *Curr Biol*, *27*(9), 1375–1380.

Fay, N., Garrod, S., Roberts, L., & Swoboda, N. (2010). The interactive evolution of human communication systems. *Cognitive Science*, *34*(3), 351–386.

Fay, N., Walker, B., Swoboda, N., & Garrod, S. (2018). How to Create Shared Symbols. *Cogn Sci*. (in press)

Garrod, S., Fay, N., Lee, J., Oberlander, J., & MacLeod, T. (2007). Foundations of representation: Where might graphical symbol systems come from? *Cognitive Science*, *31*(6), 961–987.

Goldstein, P., Weissman-Fogel, I., Dumas, G., & Shamay-Tsoory, S. G. (2018). Brain-to-brain coupling during handholding is associated with pain reduction. *Proc Natl Acad Sci U S A*, *115*(11): E2528–37.

Grzadzinski, R., Carr, T., Colombi, C., McGuire, K., Dufek, S., Pickles, A., & Lord, C. (2016). Measuring Changes in Social Communication Behaviors: Preliminary Development of the Brief Observation of Social Communication Change (BOSCC). *J Autism Dev Disord*, *46*(7), 2464–2479.

Holt-Lunstad, J., Smith, T. B., Baker, M., Harris, T., & Stephenson, D. (2015). Loneliness and Social Isolation as Risk Factors for Mortality: A Meta-Analytic Review.. *Perspectives on Psychological Science*, *10*(2), 227–237.

Hu, Y., Hu, Y., Li, X., Pan, Y., & Cheng, X. (2017). Brain-to-brain synchronization across two persons predicts mutual prosociality. *Soc Cogn Affect Neurosci*, *12*(12), 1835–1844.

Ikeda, S., Nozawa, T., Yokoyama, R., Miyazaki, A., Sasaki, Y., Sakaki, K., & Kawashima, R. (2017). Steady Beat Sound Facilitates both Coordinated Group Walking and Inter-Subject Neural Synchrony. *Front Hum Neurosci*, *11*, 147.

King-Casas, B., Tomlin, D., Anen, C., Camerer, C. F., Quartz, S. R., & Montague, P. R. (2005). Getting to know you: Reputation and trust in a two-person economic exchange. *Science*, *308*(5718), 78–83.

Kirby, S., Cornish, H., & Smith, K. (2008). Cumulative cultural evolution in the laboratory: an experimental approach to the origins of structure in human language. *Proceedings of the National Academy of Sciences of the United States*, *105*(31), 10681.

Koike, T., Tanabe, H. C., Okazaki, S., Nakagawa, E., Sasaki, A. T., Shimada, K., ... Sadato, N. (2016). Neural substrates of shared attention as social memory: A hyperscanning functional magnetic resonance imaging study. *NeuroImage*, *125*, 401–412.

Kreps, G. L. (2017). Online Information and Communication Systems to Enhance Health

Outcomes Through Communication Convergence. *Human Communication Research*, *43*(4), 518–530.

Lebedko, M. G. (2014). Globalization, Networking and Intercultural Communication. *Intercultural Communication Studies*, *1*, 28–41.

Leong, V., Byrne, E., Clackson, K., Georgieva, S., Lam, S., & Wass, S. (2017). Speaker gaze increases information coupling between infant and adult brains. *Proceedings of the National Academy of Sciences*, *114*(50), 13290–13295.

Moreno, M., & Baggio, G. (2015). Role Asymmetry and Code Transmission in Signaling Games: An Experimental and Computational Investigation. *Cognitive Science*, *39*(5), 918–943.

Mu, Y., Guo, C., & Han, S. (2015). Oxytocin enhances inter-brain synchrony during social coordination in male adults. *Soc Cogn Affect Neurosci*, *40*, 2379–2387.

Mu, Y., Guo, C., & Han, S. (2016). Oxytocin enhances inter-brain synchrony during social coordination in male adults. *Social Cognitive and Affective Neuroscience*, *11*(12), 1882–1893.

Noordzij, M. L., Newman-Norlund, S. E., de Ruiter, J. P., Hagoort, P., Levinson, S. C., & Toni, I. (2009). Brain mechanisms underlying human communication. *Front Hum Neurosci*, *3*, 14.

Noordzij, M. L., Newman-Norlund, S. E., de Ruiter, J. P., Hagoort, P., Levinson, S. C., & Toni, I. (2010). Neural correlates of intentional communication. *Front Neurosci*, *4*, 188.

Novembre, G., Knoblich, G., Dunne, L., & Keller, P. E. (2017). Interpersonal synchrony enhanced through 20 Hz phase-coupled dual brain stimulation. *Soc Cogn Affect Neurosci*. (in press).

Nowak, I., & Baggio, G. (2016). The emergence of word order and morphology in compositional languages via multigenerational signaling games. *Journal of Language Evolution*, *1*(2), 137–150.

Nozawa, T., Sasaki, Y., Sakaki, K., Yokoyama, R., & Kawashima, R. (2016). Interpersonal frontopolar neural synchronization in group communication: An exploration toward fNIRS hyperscanning of natural interactions. *NeuroImage*, *133*, 484–497.

Pawelczyk, A., Kotlicka-Antczak, M., Lojek, E., Ruszpel, A., & Pawelczyk, T. (2018). Schizophrenia patients have higher-order language and extralinguistic impairments. *Schizophr Res*, *192*, 274–280.

Roberts, G. (2010). An experimental study of social selection and frequency of interactionin linguistic diversity. *Interaction Studies*, *11*(1), 138–159.

Roberts, G., Lewandowski, J., & Galantucci, B. (2015). How communication changes when we cannot mime the world: Experimental evidence for the effect of iconicity on combinatoriality. *Cognition*, *141*, 52–66.

Saito, D. N., Tanabe, H. C., Izuma, K., Hayashi, M. J., Morito, Y., Komeda, H., ... Sadato, N. (2010). "Stay tuned": inter-individual neural synchronization during mutual gaze and joint attention. *Front Integr Neurosci*, *4*, 127.

Selten, R., & Warglien, M. (2007). The emergence of simple languages in an experimental coordination game. *Proceedings of the National Academy of Sciences of the United States*, *104*(18), 7361–7366.

Solomon, D. H., Knobloch, L. K., Theiss, J. A., & McLaren, R. M. (2016). Relational Turbulence Theory: Explaining Variation in Subjective Experiences and Communication Within Romantic Relationships. *Human Communication Research*, *42*(4), 507–532.

St Pourcain, B., Robinson, E. B., Anttila, V., Sullivan, B. B., Maller, J., Golding, J., ... Davey Smith, G. (2018). ASD and schizophrenia show distinct developmental profiles in common genetic overlap with population-based social communication difficulties. *Mol Psychiatry*, *23*(2),263-270.

Stolk, A. (2014). In sync: metaphor, mechanism or marker of mutual understanding? *J Neurosci*, *34*(16),5397-5398.

Stolk, A., Noordzij, M. L., Verhagen, L., Volman, I., Schoffelen, J. M., Oostenveld, R., ... Toni, I. (2014). Cerebral coherence between communicators marks the emergence of meaning. *Proc Natl Acad Sci U S A*, *111*(51),18183-18188.

Stolk, A., Verhagen, L., Schoffelen, J. M., Oostenveld, R., Blokpoel, M., Hagoort, P., ... Toni, I. (2013). Neural mechanisms of communicative innovation. *Proc Natl Acad Sci U S A*, *110*(36),14574-14579.

Stolk, A., Verhagen, L., & Toni, I. (2016). Conceptual Alignment: How Brains Achieve Mutual Understanding. *Trends Cogn Sci*, *20*(3),180-191.

Szymanski, C., Muller, V., Brick, T. R., von Oertzen, T., & Lindenberger, U. (2017). Hyper-Transcranial Alternating Current Stimulation: Experimental Manipulation of Inter-Brain Synchrony. *Front Hum Neurosci*, *11*,539.

Tang, H., Mai, X., Wang, S., Zhu, C., Krueger, F., & Liu, C. (2016). Interpersonal brain synchronization in the right temporo-parietal junction during face-to-face economic exchange. *Soc Cogn Affect Neurosci*, *11*(1),23-32.

Tsunemine, T., Kadokawa, E., Ueda, Y., Fukumoto, J., Wada, T., Ohtsuki, K., & Okada, H. (2008). Emergency urgent communications for searching evacuation route in a local disaster. In 2008 *5th IEEE Consumer Communications and Networking Conference*, CCNC 2008, 1196-1200.

Wright, P., Randall, B., Clarke, A., & Tyler, L. K. (2015). The perirhinal cortex and conceptual processing: Effects of feature-based statistics following damage to the anterior temporal lobes. *Neuropsychologia*, *76*,192-207.

Yasuyama, T., Ohi, K., Shimada, T., Uehara, T., & Kawasaki, Y. (2017). Differences in social functioning among patients with major psychiatric disorders: Interpersonal communication is impaired in patients with schizophrenia and correlates with an increase in schizotypal traits. *Psychiatry Res*, *249*,30-34.

第十一章 超扫描研究的困境与未来

摘要

超扫描技术已经成为探究具有较高生态效度的社会互动内在机制的一种有力的研究工具和手段。但是,日常生活中的社会互动具有的复杂性和实时性,给予我们极大的挑战和改善的空间,如研究范式的选择、数据采集过程中设备的便携性以及数据分析的可靠性和多样性等。随着超扫描技术的不断成熟,它将在教学质量的动态评估、精神疾病社会功能缺陷的检测与干预效果的评价、群体决策的内在机制、欺骗行为与谎言识别的内在本质、心理咨询过程的评估等多种富含社会互动的研究领域中发挥着重要作用,极大地促进我们对这些高级认知活动的理解,同时,也将在治疗或改善社会互动行为缺陷方面提供必要的理论基础。另外,基于超扫描技术的研究也将为脑—脑接口提供重要的科学依据。

第一节 社会互动的复杂性与超扫描研究的困境

人类甚至某些动物属于社会性动物,其典型特征是个体的行为与周围的人或环境存在交互作用和相互影响。当个体为了满足某种需要而相互采取社会行动时就形成了社会互动,它是一种个体对他人采取社会行动,同时对方作出反应性社会行动的过程。社会互动期间,我们不断地意识到我们的行动对他人产生的影响,反过来,别人的期望也影响着我们自己的行为。社会互动不仅指个体与个体之间的相互作用,也指个体与群体之间的相互作用,还指群体与群体之间、民族与民族之间、国家与国家之间的相互沟通、相互了解、相互作用。公司之间的协作与竞争、国家领导人之间的相互谒见与友好访问、国与国之间的战争等均属此列。任何社会互动的发生都是有意义的,对个体成员的生存或发展具有积极的作用,还能增进对人类社会的了解,促进社会的发展。社会互动行为可以发生在同物种之间,也可以发生在不同物种之间,比如说小孩子和宠物(如拉布拉多犬等)之间的互动,这种互动对社会交往也是有益的。社会互动的发生必须具备以下几个条件:(1)必须发生在两个或两个以上个体(或群体)之间。(2)个体间、群体间或是个体与群体间只有发生了相互依赖性的行为时才存在社会互动,并不是任何两个个体的接近都能形成社会互动。(3)社会互动以信息传播为基础,信息包括言语性信息(如语言以及特定符号系统等)以及非言语性信息(如眼神、肢体语言以及表情等)。如男女之间的恋爱,这是一种社会互动。通过交往,他们可以获得对方的年龄、政治面貌、家庭状况、经济收入等信息;还可以增进感情,由彼此之间的相互好感到相互倾慕,再到相互爱恋。值得注意的是,上述这些媒介必然是社会互动的主体双方所能理解的,否则不能达到彼此作用、相互沟通的效果。(4)社会互动总是在特定的情境下进行的,同种社会互动行为在不同的时间里、不同的场合下以及不同的互动群体间具有不同的意义,也就是说,社会互动行为可以随着以上这些因素的变化而使其互动行为特征发生很大的变化。(5)社会互动可以是面对面的,也可以在非面对面的场合下发生。(6)社会互动还会对互动双方及他们之间的关系产生一定的影响,并对社会环境、社会公平与稳定的形成具有一定的促进作用。(7)个体间的互动往往遵循一定的行为模式,具有一定的互动结构。

现实生活中存在着多种多样的社会互动形式与分类,(1)根据社会互动是否有中介,可以将社会互动划分为直接交往与间接交往。直接交往就是运用人类自身特有的方式(如言语与手势、身态、表情)而进行的面对面的交往。间接交往就是借助媒介技术手段而进行的交往,如书信、电话等个人媒介,及电视、广播、报刊等大众媒介。将社会互动划分为直接交往与间接交往,有助于我们分析社会群体和社会组织的交往方式,认识不同社会群体、社会结构的交往特点,并加强社会互动。科学技术的发展显著影响了社会互动的方式,如直接交往是古代社会或者较低文化程度的个体间发生的主要社会互动形式,而间接交往在现代社会中的途径日益增加,如通过各种通信工具或收看电视等。(2)根据社会互动双方的社会身份,可以将社会互动划分为角色交往和非角色交往。角色交往是指受到一定社会行为模式与规范约束,代表特定社会群体或社会组织的人之间的交往。这种交往因交往者所处的地位,其必须扮演的角色,而受到严格的规范约束,不能随心所欲、自行其是。如两个公司签订合同的代表之间的交往,国家首脑之间的交往等都属于角色交往。非角色交往是指个人间的交往,它不受特定环境与社会组织规范的限制,比如朋友之间、亲戚之间的交往。将社会互动分为角色交往与非角色交往,能够使我们从这些交往方式中分析交往的内容与特点。在社会化的过程中,个体可以针对不同的社会角色而采取不同的社会交往行为。如果不考虑社会互动的角色因素,而是随意行事,那么社会互动就可能出现角色混同现象,角色混同是指在一定的时空、情景条件下,角色应按某一行为模式行动,但他却错误地按另一种行为模式行动,即交往行为的角色不合情景。如一位惯于发号施令的军官,如果他回家后对其妻子与子女也这样,就是将军官角色与丈夫角色、父亲角色混同了。而一个青年对其领导像对父亲一样亲热,这就将儿子角色与部下角色混同了。(3)根据社会互动的向度,我们可以将社会互动划分为横向交往和纵向交往。横向交往是指同一层次、同一等级的人或群体之间的交往。如工程师与讲师之间、处长与县长之间、不同公司之间、不同国家之间的交往都为横向交往。纵向交往指不同层次、不同等级的人或群体之间的交往。如教授与讲师之间、领导与下属之间、父母与子女之间的交往都为纵向交往。横向交往与纵向交往构成了社会的网络结构,是一个社会系统运行和发展的基础。横向交往与纵向交往的范围大小、频率高低及程度深浅可以反映不同社会发展的程度,是衡量一个社会先进与落后的标志之一。在工业化以前的社会中,横向交往与纵向交往的范围与频率都非常低,随着社会的发展和时间的推移,这些交往在不断扩大与增加。由于社会化大生产的出现,社会互动的格局发生了巨大的变化,交往的范围与频率空前地提高了;各地区、各部门的联系与合作促进了社会生产的飞速发展。

总体来说,社会互动具有显著的动态性、复杂性等特点,对个人以及个人所处的群体的发展都有着重要的作用。另一方面,社会互动功能的缺陷成为诸如自闭症、精神分裂症等心理/精神疾病的典型特征。因此,揭示社会互动的心理与脑机制有着重要的理论和实践意义。近年来,神经影像学的研究大大促进了对社会互动内在本质的理解。但已有研究集中表现出以下缺点:(1)忽略了被试间的相互影响,如信息交流过程中接收者对发送者的影响与反馈。(2)仅分析单个被试的脑活动无法量化主体双方的互动关系。如分析单个演奏者在不同动作阶段的脑信号,却无法找到恰当的指标来描述乐团中多个演奏者间的互动关系与动态变化情况。超扫描是近年来迅速发展的一种神经影像学技术,是指通过同时记录参与同一认知活动的两人或多人的脑活动,以分析脑间活动同步为主要手段,最终揭示主体间的互动程度与动态变化相关的脑—脑机制。当下的超扫描研究发现已经充分显示出该技术能作为考察一般人群及异常人群社会互动的有力手段,能为多人互动的脑机制研究提供全新的视角与强有力的科学依据。脑间活动同步可能成为测量社会互动的神经生物学标记,为社会互动领域提供有效的量化指标。例如,脑间活动同步可预测两被试的合作成绩(Baker 等,2016;Cui 等,2012;Funane 等,2011;Hu 等,2017;Liu 等,2016;Liu 等,2015;Mu 等,2016;Pan 等,2017);脑间活动同步在动作一致促进亲社会行为的关系中起到中介作用(Hu 等,2017)等;极少数的超扫描研究也探讨了实时情景下教学过程中师生互动的脑机制(Dikker 等,2017;Holper 等,2013)以及对精神疾病患者社会互动功能缺陷的干预评估(Chiu 等,2008;Ray 等,2017;Tomlin 等,2006)等。

然而,目前的超扫描也表现出比较明显的困境和急需改善的方面,具体如下:

(1)目前的研究所涉及的情景比较单一,多数停留在实验室环境中,如两个被试面对面坐着,通过反馈信息共同完成按键合作任务(Cheng 等,2015;Cui 等,2012;Hu 等,2017;Pan 等,2017;Tang 等,2016)或者社会协同任务(Mu 等,2016;Mu 等,2017)。也有比较接近自然环境下的社会互动,如多个被试一起完成无领导小组讨论任务(Jiang 等,2015)、扑克游戏(Astolfi 等,2010;Babiloni 等,2007;Balconi 和 Vanutelli,2017)、乐团合奏(Babiloni 等,2011;Muller 等,2013;Sanger 等,2012)以及教学过程中的师生互动(Dikker 等,2017)等。由于社会互动所涉及的情景具有多样性与复杂性,以及随着互动对象、互动环境等的变化而表现出的不可重复性,导致在探究真实环境下社会互动的内在本质方面具有极大地挑战性。

(2)如果想要在多种不同的社会环境中进行超扫描研究,在脑活动记录方面需要较大程度的革新。目前超扫描研究中使用的神经影像学设备,如功能性磁共振成像仪、近红外成像仪、脑电记录仪以及脑磁图仪等,这些设备可以满足实验室中在空间或时间分辨率上的要求。但是,这些设备大多需要较为严格的环境配置,如特定的电磁屏蔽环境等,无法满足真实环境中社会互动研究的需要。因此,便携式或穿戴式的脑活动记录设备就成为在真实环境下考察社会互动内在本质的前提条件。虽然也有少数使用便携式设备开展的研究(Dikker 等,2017;Holper 等,2013),但是现有的便携式设备在采集数据的范围、时间分辨率上需要进一步的改进。另外,目前需要将设备绑在被试身上,对真实的社会互动行为会存在一定的影响,同时采用无线传输数据需要特定的空间范围(一般要求在15米范围内),导致在社会互动发生的空间范围上具有明显的限制。因此,在便携式设备的数据通信方面有待改进。此外,在记录数据的空间分辨率方面,脑电记录技术存在非常明显的劣势。近红外成像技术也必须借助 fMRI 才能确定正确的位置,而且现有的近红外成像系统大多无法进行全脑水平上的数据采集。由于价格昂贵以及高环境要求等,fMRI 和脑磁图在现有的超扫描研究中应用范围较小。因此,测量真实社会互动过程中的脑活动信号也将面临着极大的挑战,研究者需要将具有不同优点的设备联合使用以发挥更为重要的作用。

(3)超扫描研究中的数据分析方法重点考察互动中被试的脑活动信号间的关系,如采用皮尔逊相关方法考察了竞争行为中的两个被试脑信号间在时序上的相关(Liu 等,2017;Liu 等,2015);采用小波相干分析探究了合作行为中脑信号在时间—频域上的相关(Osaka 等,2015;Pan 等,2017);采用相位锁定值分析方法测量了社会协同任务中被试脑信号间的关系(Mu 等,2016);另外,被试间相关等方法也被用于脑—脑连接的分析中(Hasson 等,2008;Hasson 等,2004)。但是在已有的研究中,对超扫描数据进行分析时,不同的研究存在着较大的差异,体现在:①脑信号的预处理方面,有些研究中对脑信号没有做诸如滤波等的预处理(Cheng 等,2015;Cui 等,2012),有些研究中采用了诸如主成分分析等的预处理(Pan 等,2017),用以去除与任务无关的因素对脑信号的干扰。因此,对于如何去除脑信号中与任务无关的成分,即如何提高数据的信噪比,需要研究工作者们开发出一套较为可行的方法。尤其是真实情境下的社会互动行为,常常伴随着头、身体等的运动,这极易成为影响脑活动的额外因素。②现有的超扫描研究中,大多采用的是组块设计,如Cheng等人(2015)的研究中被试需要完成合作任务和竞争任务,两种任务分别在不同的组块中进行,在数据分析时,将整个合作或竞争任务期间的脑间活动同步进行平均,在此基础上再进行组间的比较以及与行为学成绩的相关分析。但是,这种分析方法却无法刻画社会互动过程中动态性变化的特点。因此,需要开发出一套用于反映社会互动动态性特点的新的分析方法,才能更好地揭示出社会互动的内在本质。③现有的超扫描研究中,大多数关注了与任务相关的脑间活动同步的强弱(Cui等,2012;Hasson等,2008;Liu等,2015;Tang等,2016)、与社会互动行为成绩间的相关程度(Cheng等,2015;Jiang等,2015;Pan等,2017)以及脑间活动同步在互动行为中的中介作用(Hu等,2017;Hu等,2017),但这些分析很难揭示社会互动的内在机制,这需要基于较大规模的数据建立数学模型,客观地解释社会互动中脑间活动同步所发挥的作用。

(4) 现有研究中发现的脑间活动同步,实质上表征了两个大脑活动的相似程度或相关性等,是互动过程中被试的脑活动所携带的特征(或者是序列间存在的表现特征)。在用脑间活动同步来解释社会互动行为的内在机制方面,就会存在一个问题,即脑间活动同步的客观基础是什么?脑间活动同步源于哪里?这与神经影像学技术考察单个大脑由接受特定刺激而诱发的脑活动的增强或减弱有着很大的差异,单脑水平上发现的脑区活动的变化,无论是直接测量,还是间接测量,其实质都是刺激诱发了特定脑区的神经元群共同激活的整合结果。因此,探究脑间活动同步产生的客观基础将有利于揭示社会互动的内在机制。

第二节 超扫描与教学质量评估

教师和学生是教学行为的两大主体,教学过程是这两大主体交往、积极互动和共同发展的过程。师生互动包含两者间的心理或行为的相互影响,是一个人的行为引起另一个人的行为或改变其价值观的过程(Hafen等,2015;Rodriguez和Solis,2013;Thijs等,2011;党建强,2005)。师生互动的目的是为了促进双方特别是学生的学习、认知与技能的发展,建构起个体新的认知结构,并在互动中给予教师适当、及时的反馈信息。同时,教师在互动中可以了解学生的认知成果,并对学生的反馈信息加以强化或引导。因此,教师和学生在互动过程中共同完成教学目标,实现教学行为是教师的"教"和学生的"学"的有效统一,具有非常显著的动态性变化特点(Battro等,2013;Pennings等,2014;Watanabe,2013)。与此同时,教育神经科学领域的研究成果充分显示,教与学过程实际上是脑的功能和结构重塑的过程,提出了基于脑的教与学的说法(Goswami,2006;Pilcher,2014)。然而,已有对"教学脑"和"学习脑"的研究都只侧重了教师或学生的行为与脑活动,其涉的研究技术和方法无法满足探讨教学行为中师生互动的脑机制研究。

由于教学过程中存在着丰富的师生互动，运用超扫描技术同时观察教师和学生的脑活动，可以使得我们更全面、客观地理解教学过程中师生互动现象的实质。Holper等人(2013)将两个被试分成一组，分别扮演教师和学生角色，让他们完成经典的苏格拉底对话式教学任务，目的是在教师的引导下，学生通过思考、试错等环节自己找到解决数学问题的方法。苏格拉底式对话是一种采用结构化对谈的方式，以澄清彼此观念和思想的方法。通过对话可使学生澄清自己的理念、想法，使谈论的课题清晰。尤其是苏格拉底认为只要一直更正不完全、不正确的观念，便可使人寻找到"真理"。如怎样画一个面积为已知正方形面积2倍的正方形？在这种对话式教学过程中，Hoper等人运用便携式近红外成像的超扫描技术，同时记录了教师和学生的左侧额叶皮层的活动。根据教学结束后学生解决类似问题的情况，将他们分成了信息迁移组（即学生成功解决类似的数学问题）和信息未迁移组（即学生没有成功解决类似的题目）。研究发现在教学过程中教师的左侧前额叶皮层的活动没有随学生的知识掌握程度而变化，即信息迁移组和信息未迁移组中教师的脑活动没有显著差异（如图11-1A）。但学生的大脑活动出现了显著的差异，表现在信息迁移组的前额叶活动明显低于信息未迁移组（如图11-1B），这提示我们信息未迁移组的学生投入了较大的认知资源试图去解决问题，而迁移组的学生由于习得了解决问题的方法，可以较为容易的跟随教师的思路，故投入较少的认知资源。更为重要的发现是，在信息迁移组中教师与学生的大脑活动呈现显著的正相关关系（如图11-1C），即学生的脑活动水平随着教师的脑活动水平的变化而变化；但信息未迁移组的师生间的脑活动呈现显著的负相关，即教师的脑活动水平高时学生的脑活动水平比较低。这些结果表明在互动式的教学过程中，师生互动与双方脑活动一致是息息相关的，与教师的认知和脑活动保持一致（即师生共舞）对教学效果很重要。该项研究尝试了将超扫描运用到实际教学行为的互动环节中，其研究结果表明通过观察教学过程中教师和学生的客观指标（如各自脑活动以及脑间活动同步等），可以了解学生的学习状态以及对知识的掌握程度，这提供了一种课堂教学质量的动态评价指标。然而，该项研究使用了一片很小的探测电极片，仅有4个电极，而且在分析数据时将这4个通道数据平均后再做的后续分析。因此，得到的研究结果较为局限，不能排除教学过程中师生互动使用其他脑区的可能性，如其他额叶脑区和后顶叶脑区等。其次，在分析师生互动的脑—脑机制时，采用的方法是做两者脑信号间时间序列的相关性，这种分析方法不能排除运动以及其他噪音所带来的干扰，导致研究结果的假阳性。

在最近的一项研究中，Dikker等人(2017)采用了基于便携式脑电的超扫描技术。他们将该超扫描技术下的教学研究由模拟情景拓展到具备更高生态效度的实际课堂，即持续记录了一门完整课程（历时3月，共11次）中1位老师和12名学生的脑活动（如图11-

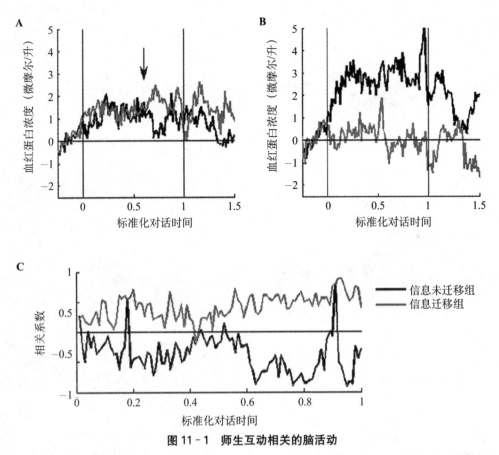

图 11-1 师生互动相关的脑活动

注：A.信息迁移组和信息未迁移组"教师"前额叶皮层的活动。B.信息迁移组和信息未迁移组的"学生"前额叶皮层的活动。C.信息迁移组和信息未迁移组"教师"与"学生"脑活动间的相关性。图片来自于 Holper 等,2013。

2A&B)。之后,研究者分析了群体的脑间活动同步、学生—群体的脑间活动同步以及学生—学生的脑间活动同步等3种不同的脑—脑连接(如图11-2B&C)。结果发现,教学过程中学生对不同的教学方式表现出明显的偏好(如图11-2D),"学生—学生"及"学生—群体"的脑间活动同步会随着教师的教学方式的变化发生明显的改变(如图11-2E)。而且,脑间活动同步能反映教学过程中学生的个体差异,如学期末的学生评价(如图11-2F)、关注度(如图11-2G)、群体亲密度(如图11-2H)以及共情能力(如图11-2I)等。此外,学生与其学习团体在alpha频段的脑间同步性与其联合注意的相关显著,即联合注意越高,脑间同步性就越高。以上结果揭示了脑同步指标与教学过程中多种因素间的关联。因此,该研究结果表明脑间活动同步可以很好地预测真实情景下的老师—学生以及学生—学生间的互动情况。为探究教学实践的神经基础及超扫描在教学情景下的应用提供了可能。

教学质量评价是教学管理的一个重要环节,通过对教学质量进行评价可以促进教学

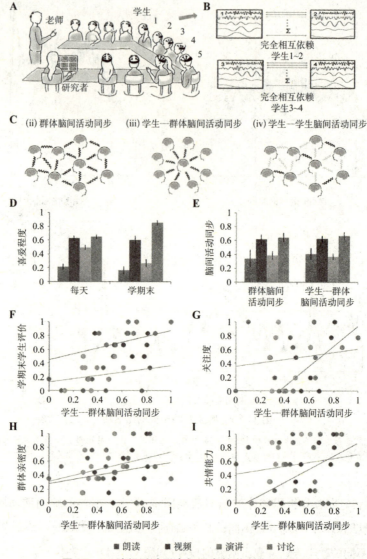

图 11-2 脑间活动同步与课堂教学中的互动行为

注：A.由1位老师和12名学生参与的课堂教学示意图。B.基于脑电信号计算脑间活动同步的示意图，以学生—学生间的脑间活动同步为例。C.3种不同的脑间活动同步。D.学生对不同教学方式的喜爱程度比较。E.不同教学方式的脑间活动同步比较。F.学生—群体的脑间活动同步与学期末学生评价的关系。G.学生—群体的脑间活动同步与学生关注度的关系。H.学生—群体的脑间活动同步与群体亲密度的关系。I.学生—群体的脑活动间连接与共情能力的关系。图片来自于Dikker等，2017。

方法、内容的改革，并提高教学质量和水平。迄今为止，已有多种教学质量评价方法被使用，如基于专家系统的教学质量评价系统、基于多元线性回归以及神经网络等模型的层次分析法和BP（back propagation）神经网络相融合的教学质量评价方法等（冯莹莹等，2013）。这些方法在一定程度上显示了教学质量评价具有较高精确性的特点，其评价结果能反映教师教学水平的真实性。但这些方法：(1)只侧重评价教师的"教"而没有考虑到学生的"学"；(2)所使用的数据来源于一些主观的评价数据，这样势必导致教学质量评价的不完整和较低的生态效度。更为重要的是，以往的教学质量评价结果大多为静态结果，缺乏在教学过程中的动态评价与监测结果。这些研究结果意味着脑间活动同步可作为教学质量动态评估的神经标记物，用以对教学过程中的多种师生互动情形进行衡量。为实现这一目标，研究者需要在今后的研究中整合教育学、心理学与脑科学研究技术，围绕脑间活动同步与教学方式、应试成绩以及各种已有的教育评估措施间的关系建立新的教学评估理论系统；在此基础上，通过考察脑间活动同步在整个教学过程中随着师生互动程度而变化的规律，将能为教育界提供一种动态、客观和全新的教学质量评价方法。相信随着脑科学技术的发展，开发一整套囊括脑信号采集、数据分析与评价结果汇报等的智能系统并应用于学校教育之中也将成为可能，从而为教育界带来兼具科学性与成本优势的高质量评价体系，为新时代教育领域的发展提供有力的支持。

第三节　超扫描与异常人群社会功能缺陷的评估

社会交往功能缺陷是区分异常人群与一般个体的重要特征。美国精神病学会颁布的第五版《精神障碍的诊断与统计手册》中，强调了多种精神疾病的社会功能缺陷，如自闭症障碍表现在社会交流障碍和限制性兴趣与重复行为两大方面。相较之前的诊断标准，新诊断标准中产生了"社会交往障碍"(social communication disorder，SCD)。此外，诸如抑郁症和精神分裂症等(Ray等，2017)也与社会互动能力异常相关。精神分裂症的诊断标准中明确将患者的社交或职业功能不良列于其中，即从起病以后的大部分时间里，患者的多数社会功能(包括工作、人际关系、自我照料等方面)均显著低于病前水平。超扫描研究凭借其在探索社会互动神经机制中的优势，将在异常人群的社会功能诊断与探索方面有着巨大潜能。

边缘型人格障碍(borderline personality disorder，BPD)是精神科常见的一种复杂又严重的精神障碍，主要以不稳定的人际关系、不稳定的情绪、不稳定的自我意象和明显的冲动性这四个方面为典型特征。边缘人格者的人际关系不稳定或缺陷与自身无法承受离别而又害怕亲密等相关。典型患者会出现依赖、黏人、理想化等行为，他们往往会通过诸如抱怨身体不适或表现出虚弱或无助、自虐、自杀等行为引起对方注意，进而获得照顾。同时，一旦伴侣或朋友开始抗拒他们的需求，就会出现贬抑对方、抗拒亲密的关系或一味逃避等行为。另外，很多患者都有童年被虐待的创伤经历。边缘型人格障碍"不稳定"的典型特征，使其在临床上的治疗难度很大，同时也很难进行精确的诊断和干预评估。最新发表的一项研究中，Bilek等人(2017)采用基于功能性磁共振成像的超扫描技术(如图11-

3A),考察了边缘型人格障碍患者与社会互动功能缺陷相关的脑—脑耦合的情况。研究中的健康对照组(healthy controls,HC)被试分别与 BPD 患者(current BPD,cBPD)、缓和 BPD(remitted BPD,rBPD)患者以及健康对照组被试形成配对组合,要求其共同完成联合注意的社会互动任务(如图 11-3B)。通过分析被试间的脑间活动同步(如图 11-3C),研究者发现健康被试配对(HC-HC)在完成联合注意任务时,在右侧颞顶联合区产生了明显的脑间活动同步,但是 BPD 患者与健康被试配对(cBPD-HC)在完成联合注意任务时的脑间活动同步显著降低(如图 11-3D)。有意思的是,缓和 BPD 患者与健康被试配对(rBPD-HC)在完成联合注意任务时,结果与 HC-HC 组被试相似,也产生了较高的脑间活动同步(如图 11-3D)。这些结果表明,脑间活动同步指标可以反映边缘型人格障碍患者的社会功能缺陷以及干预效果。研究者进一步发现,脑间活动同步与儿童早期的创伤经

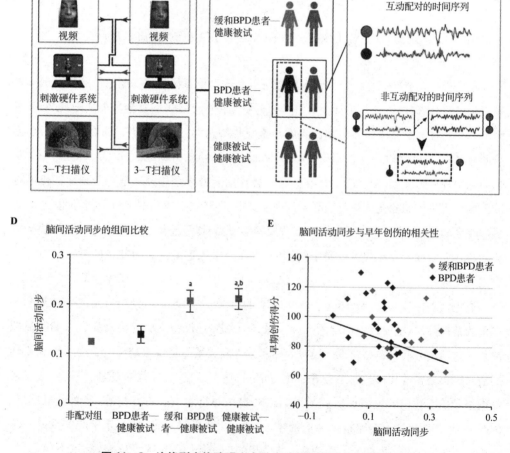

图 11-3 边缘型人格障碍患者社会功能相关的脑间活动同步

注:A.基于功能性磁共振成像的超扫描平台。B.被试配对分组情况。C.脑间活动同步分析示意图。D.联合注意任务期间,不同组的脑间活动同步的比较。E.脑间活动同步指标与童年创伤经历间的关系。图片来自于 Bilek 等,2017。

历呈现显著的相关关系。Bilek 等人的研究结果第一次从脑间活动同步水平上提供了边缘型人格障碍患者社会功能缺陷的证据。因此,记录精神疾病患者与搭档(大多为健康被试)在共同完成社会互动任务时的脑间活动同步,有助于我们从人际互动的角度更好地理解精神疾病的成因,并依据具体的测量指标为患者提供相应的疾病干预、评估等方案,从而对精神疾病进行更有效地治疗。

第四节 超扫描与群体决策行为——以快速约会为例

近年来,择偶作为复杂的社会、文化和心理现象成为了心理学的热门话题之一。从动物的同性别竞争,到人类个体的吸引与择偶偏好,这一特殊的决策行为一直被研究者所关注。研究者基于不同的研究方法,如网上在线约会、择偶问卷、征婚启事内容分析、闪电约会等对择偶的影响因素进行了多角度的研究。其中,快速约会的研究范式能够满足多对异性同时参与择偶的情况,更有利于研究者通过社会关系模型(social relation model,SRM)从个体(知觉者效应、目标效应)以及互动角度(关系效应)对择偶的机制进行深入了解。

一、快速约会及其脑机制研究

快速约会是指多名单身男性女性同时参加约会,并依次轮流与每名异性有短暂的交流(通常 3 到 8 分钟),每次交流之后,每个个体选择出他/她愿意进一步交往的对象。如果双方表现出进一步交流的意愿,便交换联系方式。快速约会很好地展现了一段浪漫关系形成的初始阶段:展现自己优势,相互了解对方,形成对称或不对称的相互吸引(McFarland 等,2013)。因此快速约会已成为一种生态效度较高的实验室范式,用来探讨浪漫关系形成的初始阶段中相互吸引的动态过程。神经影像学的飞速发展极大地促进了快速约会的脑机制研究。Cooper 等人(2012)率先使用 fMRI 研究了快速约会中择偶的脑机制,他们发现在观看即将碰面的快速约会对象的面部照片时,被试的背内侧前额叶皮层、喙内侧前额叶皮层以及旁扣带回的激活存在差异,即在后续的快速约会中有意愿进一步接触(即阳性决定)的被试在此时的激活水平显著高于在快速约会中做出阴性决定的被试在此时的激活水平(如图 11-4A&C)。研究者进一步的分析发现,只有旁扣带回皮层的活动能够预测在快速约会中的选择结果(如图 11-4A)。随着对所观看的约会对象图片的外貌评价程度的升高,被试在腹内侧前额叶皮层和旁扣带回皮层的激活水平还会逐渐增强(如图 11-4B、D、E)。另外,也有研究者发现择偶与社会评估相关的内侧前额叶(Amodio 和 Frith,2006)、动机相关的奖赏系统(Rule 等,2011)有着紧密的联系。这些研

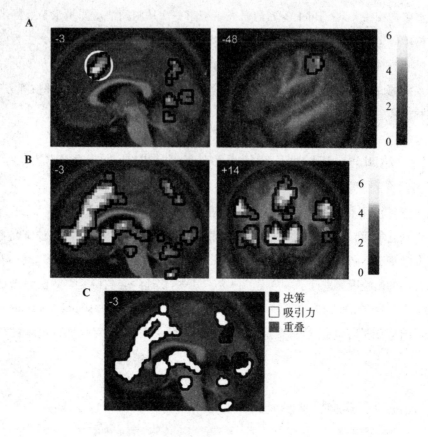

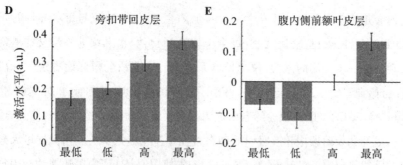

图 11-4 快速约会决定和外貌吸引力相关的脑活动情况

注:A.快速约会中与有意愿进一步接触的决定相关的脑活动。B.与外貌吸引力相关的脑活动。C.快速约会中阳性决定和外貌吸引力共同激活的脑活动。D.旁扣带回皮层的激活水平在不同外貌吸引力评价的组间比较。E.腹内侧前额叶皮层在不同外貌吸引力评价的组间比较。图片来自于 Cooper 等,2012。

究结果表明特定脑区的活动水平能够反映快速约会可能的择偶结果,有助于我们客观地理解快速约会中择偶的内在机制。

然而,已有关于快速约会脑机制的研究存在以下问题:第一,缺乏生态效度。大多数研究都采用"离线"的方式记录被试的脑活动,即在数据收集过程中,被试并没有真正地处于快速约会情景中(例如呈现即将见面对象的图片)。第二,忽略了互动性研究。大部分关于快速约会的脑机制研究只记录了单脑的活动,很难反映快速约会这一"二合一系统"的互动性与动态性特点。因此,我们需要一种能够实时记录互动双方数据的研究技术,另外也需要新型的数据分析方法从双人的视角分析快速约会的互动性特点。超扫描技术作为一种新的影像学技术,能够同时记录两个或多个人的脑活动,通过分析多个被试间的脑间活动同步,可提供群体水平上实时、互动的科学依据,有助于理解社会互动的脑—脑机制。目前,超扫描技术已运用到多种社会互动的研究领域中,如合作与竞争行为、教学互动、社会沟通以及管理等。例如,研究发现面对面的言语交流过程伴随着左侧额下回显著的脑间活动同步(Jiang等,2012),而颞顶联合区的脑间活动同步变化能用于区分交流双方的关系属性,表现在相对于陌生人组合,情侣组合呈现出更为显著的脑间活动同步(Kinreich等,2017)。

目前为止,还未见有从超扫描视角探究快速约会脑—脑机制的研究。我们最近的一项研究采用基于近红外成像的超扫描技术,同步记录了快速约会过程中双方的脑活动,采用WTC方法分析被试的脑间活动同步,试图比较约会成功(即约会双方都有进一步接触的意愿)、约会未成功(即只有一个人有进一步接触的意愿)条件下被试的脑间活动同步的异同点,探讨快速约会中择偶的脑—脑机制,提供高生态效度下动态的择偶内在机制的科学依据,同时寻找对成功快速约会具有特异性的脑间活动同步,进而探讨其作为客观的神经标记用以区分快速约会结果的可能性。结果发现被试在完成快速约会任务的过程中,成功约会组在右侧前额叶部位出现了显著的脑间活动同步(如图11-5A左上),而在未成功约会组的被试则没有发现显著的脑间活动同步(如图11-5A右上)。为了考查脑间活动同步是否由互动双方导致的,我们将成功约会组的被试重新配对(如图11-5A左下)或将其时间序列(如图11-5A右下)随机化处理后,也未曾发现明显的脑间活动同步。进一步的分析发现,成功约会组的脑间活动同步显著高于其他情况下的脑间活动同步(如图11-5B)。为了考察人际吸引力在快速约会中的决定作用,我们发现成功约会组被试的社会吸引力(如图11-5C)和外貌吸引力(如图11-5D)都显著高于未成功约会组,这表明两者在快速约会中都起到一定的决定作用。但是,我们发现社会吸引力与脑间活动同步间存在显著的正相关关系(如图11-5E),而外貌吸引力与脑间活动同步间没有显著的相关关系(如图11-5F)。该结果表明相对于外貌吸引力来说,社会吸引力可能在快速约会中起到更重要的作用。因此,我们的研究首次从群体脑活动水平上提供了快速约会结果可能的神经标记物的科学证据,同时也为快速约会的社会吸引力学说提供了更为重要的客观依据。为进一步阐述脑间活动同步作为快速约会决定结果相关的动态的神经标记物奠定了方法和技术上的基础,这将极大地促进对快速约会内在本质的理解。

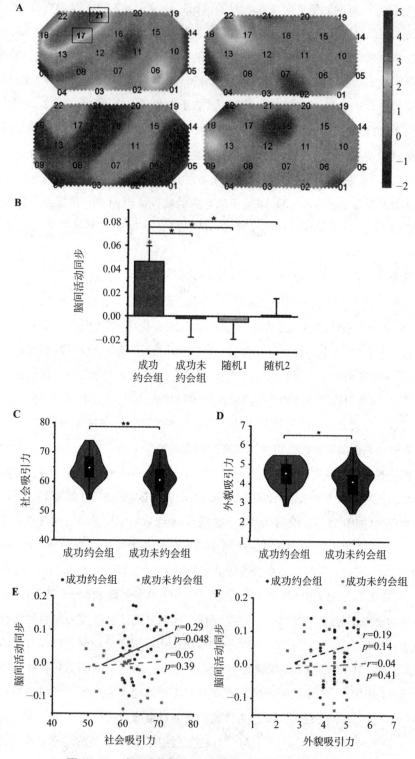

图 11-5 脑间活动同步可以衡量快速约会的决定结果

注：A.不同条件下的脑间活动同步。B.不同条件下脑间活动同步间的比较。C.社会吸引力在快速约会中的作用。D.外貌吸引力在快速约会中的作用。E.脑间活动同步与社会吸引力间的相关关系。F.脑间活动同步与外貌吸引力间的相关关系。

二、择偶偏好机制：外貌吸引学说和社会吸引学说

已有研究显示，人际吸引对于择偶过程的输出起到非常重要的作用。外貌吸引学说是其中一种重要的择偶偏好机制。外貌吸引是影响个体择偶的重要因素之一，它是基于对对方外貌的考量。诸多研究均发现择偶过程受到对方外貌吸引的影响，女性偏好于选择面部宽长比例高的男性，因为这意味着他们具有较高的支配力（Valentine 等，2014）；而男性偏好选择具有较低腰臀比的女性，因为这意味着她们具有健康的身体状态（Singh，1993）。社会吸引学说是另外一种择偶偏好机制。社会吸引也是影响个体择偶的重要因素之一，它是基于对社会信息的考量，例如社会地位、恋爱史、感受到的相似性等等。个体从社会互动中获取对方的信息并作出判断，而积极的判断（社会吸引）则会促使个体主动与对方建立社会联系并进一步发展关系。社会吸引力越强，双方就会发展出更多的人际交流。因此，社会吸引在择偶中也起着重要作用，社会吸引有助于在快速约会中产生积极的择偶偏好。

综上所述，以往研究对社会吸引和外貌吸引在择偶中的决定性作用的研究并不一致，不能很好地解释是外貌吸引还是社会吸引是更为重要的决定因素。如果脑间活动同步的确是鉴别快速约会结果的神经标记，那么通过考察脑间活动同步与社会吸引或外貌吸引指标间的相关性，就能探讨外貌吸引和社会吸引在快速约会过程中的作用，进而能从脑间活动同步这一群体脑水平的角度解决已有研究的争论。

三、女性择偶偏好随生理周期变化

以往的研究发现，女性在排卵期阶段相比于非排卵期自我报告其具有更强的外貌吸引力，并且更愿意参加能够接触异性的社会聚会（Haselton 和 Gangestad，2006）。同时，排卵期的女性相比非排卵期的女性偏好于具有高质量遗传特征（例如身材匀称的男性以及阳刚的男性面孔）（Havlicek 等，2005），或表现出直接同性竞争力（direct intrasexual competitiveness）的男性（Gangestad 等，2004）。另外，元分析显示这样的周期变化主要影响女性对短期关系的评估，而对男性长期吸引力的评估则没有影响（Gildersleeve 等，2014）。另一方面，女性的生理周期也影响着男性对她们的择偶偏好，男性倾向于认为处于排卵期的女性具有更高的外貌吸引力（Puts 等，2013）。这些研究结果为理解择偶过程中生理周期的动态影响提供了很好的进化心理学视角。

而以往的研究大多数只关注到了女性生理周期对女性或男性单方面择偶偏好的影响，而忽略了对交谈双方关系的影响。考察处于不同生理周期阶段的女性与异性在快速

约会中的脑间活动同步差异,理应可以提供以脑间活动同步为视角探讨女性生理周期对快速约会过程中双方动态互动的影响的科学依据。

四、快速约会结果输出的预测模型

为快速约会的结果建立预测模型有助于将影响因素有依据地纳入并整理到模型当中,从而更好地了解快速约会的内在机制。另外,也能够为现实生活中的择偶做出有效的预测以及科学的辅助,从而提高择偶效率。但是目前仍缺乏对快速约会的结果进行预测的相关研究,比如采用逻辑斯蒂回归分类、贝叶斯预测模型、多元线性回归以及逐步回归等方法,建立快速约会的结果预测模型,从而为超扫描技术在择偶领域的实践应用提供更具价值的理论基础。

第五节 人际互动情境下的说谎行为和谎言识别

千百年来,欺骗与说谎一直都是一个道德问题。在西方国家有旧约十诫,禁止人们说谎欺骗;在亚洲有佛教五戒十恶,戒妄语戒虚伪不实。饶是有如此多的有关谎言的"禁令",欺骗与说谎仍是日常生活中再普遍不过的现象,频繁地出现于人们的社会交往之中,一项研究发现大学生平均每天说谎约 2 次,且平均每 3 次社会互动中就有 1 次说谎(DePaulo 等,1996)。无论何种社会情境,均存在着谎言与欺骗,如在教育场景中,师生之间、监护人与被监护人之间存在着较高的说谎频率(Martins 和 Carvalho,2013)。求职场合中,也常有较高的说谎率(Wood 等,2007)。一项研究表明,其研究的 12 个本科生中有 10 个被试报告曾经在求职过程中说过谎(Robinson 等,1998)。约会情景下的被试会在身高、体重、工资、过往感情史上说谎,且在面对自己希望约会的对象时,自我监控能力高的被试会在自我表现过程中有更多的说谎行为(Rowatt 等,1998)。而在网络信息化高度发达的当下,网络环境下的欺骗与说谎行为相当普遍,无论是在社交网站、留言板,还是在网络聊天室,因此大部分网民质疑网络的真实性(Drouin 等,2016)。

一、欺骗与说谎行为的异同

人类的欺骗行为始于童年,并开始呈现出一种发展轨迹,对大多数人而言这是十分"正常的",而缺乏欺骗能力的儿童可能患有某些神经发育障碍(如自闭症)。可以说,欺骗可以作为判断个体心理发育是否正常的标志。不同的研究者对欺骗有不同的理解。有研究者认为欺骗是一种故意的行为,意图让他人相信和理解撒谎者所说的错误信息,且撒谎者在传递错误信息的同时隐瞒真实信息。有研究者认为欺骗是一种心理过程,在该过程中互动一方为了获利或避免损失故意说服对方接受某种错误信念(Abe,2009)。有研究者认为欺骗是一种没有预先警告的故意意图,试图让他人建立一种自己明知是虚假的信念。Vrij(2000)还指出了欺骗的两个重要成分,包括欺骗的故意性(即故意向对方传递误导信息,而传递信息本身的真实性并不是很重要)和欺骗的无预警性(即信息接收者不会收到对方要欺骗的提示,或者说没有一个线索能够精确表明对方要说谎了)。而说谎指故意陈述具有欺骗性的信息,这些陈述可以是口头的、书面的,也可以通过一些诸如烟雾信号、摩斯密码、手语等形式进行传递。总体而言,欺骗是一个比说谎的外延更广的概念,说谎是欺骗的一种形式。

二、说谎的行为学表现和神经机制

只要存在社会互动,必然会存在信息不对称的情况,一方为了保持信息有利的地位或获得信息优势,就会向另一方传递错误信息(Volz等,2015)。说谎具有以下特点:认知负荷增加、情绪唤醒增强,以及刻意的自我控制。在行为学表现上,以上这三点都意味着会泄露言语和非言语的线索,例如,口误增多、语速变得缓慢、停顿增加、言语流畅性下降、手部动作减少;表现出恐惧、内疚或得意的面部表情;主动并长时间注视观察者的眼睛。在脑区激活上,说谎的以上特点也意味着会有更多更活跃的脑区激活,而这也被许多研究所证实。首先,当实施说谎相关的行为时,执行控制系统的激活程度会增强。主要体现在以下几个方面:(1)说谎者需要将心理资源分配给处理任务相关的信息,即需要在说谎的同时记住真实信息,同时也要记住自己所说的谎言,并避免出现自相矛盾的情况(Marchewka等,2012)。(2)说谎者需要抑制控制,即抑制表露真相,控制自己说出实情的冲动(Walczyk等,2005)。(3)需要在有反应冲突的情境中引导行为,即在真实回应与欺骗回应之间进行任务转化(Botvinick等,2001)。(4)需要时刻谨慎观察对方的反应来判断自己的欺骗是否成功。越来越多的研究表明,说谎行为与认知控制有关的前额叶部位等执行功能系统的激活相关,包括背外侧前额叶、腹内侧前额叶,以及前扣带回皮层(Abe等,2007;Ganis等,2003;Nunez等,2005;Sip等,2008;Spence,2004;Spence等,2001;Spence等,2001)。

在人际互动情境下的说谎行为,除了执行功能系统工作之外,还包含了决策和心理理论的社会认知过程(Sip等,2008)。其中,欺骗的决策阶段是以奖赏预期和风险评估为基础的。在该阶段中,内侧前额叶和前扣带回在价值预期和错误估计过程中扮演重要角色。而心理理论过程则是成功欺骗的重要环节,这是一种读取和操纵他人心理状态的能力,尤其是针对他人的意图和信念。这一心理过程激活的脑区包括背内侧和腹内侧前额叶、背侧前扣带回、后颞上沟、颞顶联合区。其中背内侧前额叶的激活与涉及合作和竞争的社会互动中人们的决策有密切的关系。

三、谎言识别的行为学表现和神经机制

从进化论的角度来看,正确识别谎言的能力应当是与说谎能力共同进化的,只有这样我们的祖先才有机会获得生存资源并吸引优质的配偶。说谎者和谎言识别者之间存在着相互作用,说谎者的说谎能力与谎言识别者的测谎能力之间相互拮抗、相互促进(ten Brinke 等,2016)。尽管谎言识别的能力很重要,但人们准确识别的能力却是很弱。Kraut(1980)综合了 10 个类似研究,发现人们区分谎言和实话的平均正确率仅为 57%,Depaulo 等人(2006)则分析了 292 个研究样本,能正确区分谎言与实话的比率仅占 53.98%。ten Brinke 等人(2016)认为这可能与谎言识别者是否受意识控制、谎言识别失败的风险、断言对方说谎的关系成本和声誉成本有关。在谎言识别的脑机制方面,Harada 等人(2009)的一项基于 fMRI 的研究发现,道德判断任务和谎言判断任务都显著激活了颞叶皮层、内侧前额叶皮层、背外侧前额叶皮层、外侧眶额皮层、尾状核、左侧的颞顶联合区以及右侧小脑等脑区。然而,与道德判断情景相比,被试在谎言判断情景下的左侧额中回、双侧颞顶联合区和右侧颞上沟有更大的激活。有意思的是,左侧颞顶联合区在将说谎者的说谎意图判断为反社会行为时的激活水平明显高于判断为亲社会行为时的激活水平。该研究结果表明,说谎行为与谎言识别均涉及心理理论相关的广泛脑区所组成的网络的激活,而左侧颞顶联合区在谎言识别过程中说谎意图的判断中起到重要作用。

四、人际欺骗行为分析

Buller 和 Burgoon 在 1996 年提出了人际欺骗理论(interpersonal deception theory, IDT),该理论认为交流不是静态的,会受到个体目标、互动意义的影响;信息接收者接收的或明显或隐蔽的信息会受到信息传递者的信息流的影响,同样地,信息传递者的信息也受到信息接收者的影响。具体来说,欺骗者会对对方所传递的怀疑信息进行反应,而被欺骗者也会因对方猜测自己的怀疑而做出反应。该理论还认为无论是伪造、隐瞒事实,还是含糊其辞,只要是欺骗他人就会比说实话需要更多认知上的努力;欺骗他人需要精巧地设计言语欺骗的内容,辅之以策略信息,并抑制会令人感到怀疑的行为,与此同时,面对面欺骗的对象也会对令人怀疑的行为信号进行处理(Buller 和 Burgoon,1996;Buller 等,1996;Burgoon 等,1996)。通过整理人际互动时涉及的社会认知过程所激活的脑区及神经网络,Sip 等人(2008)对人际互动情境下的欺骗行为进行了详细的阐述。该理论认为人际欺骗

是由信息管理、印象管理、风险管理和名誉管理这些相互依赖的心理操作构成。信息管理是指追踪对话者产生的错误信念,基于心理理论来预期对话者的言语和非言语反应,不断地监管反馈、调整行为来维持这种值得信任的表象。印象管理是指在欺骗之前通过合作来建立人际信任,控制言语和非言语信号来暗示自己值得信任。风险管理是指对欺骗得失的估计,考虑不被相信的风险以及失败的结果。名誉管理是指说服自己欺骗是为了获得更大的好处,证明欺骗是有理由的。

五、眼神交流与谎言互动

对个体来说,直接的眼神接触可以激活那些用于解读包含社会交流信息的面部线索的相关神经系统(Ethofer 等,2011)。而自然情境下,眼神交流诱发的脑活动可能还包含了更多对实时动态信息的理解。譬如,DePaulo 等人(2006)比较了三类研究:①被试独自说谎或者对着一个假被试说谎;②被试在互动情境中判断说谎者所述的真实性;③被试作为第三方观看录像判断对方是否说谎。结果显示,在互动情境下的说谎者比录像中的说谎者更令人觉得可信,而第三方观察者比参与互动的信息接收者更擅长从信息中区别出谎言,这暗示面对面的实时互动的确会影响一个人能否成功说谎。Zhang 等人(2017)发现女生在完成说谎行为时的眼神交流与欺骗时的互动双方在颞上回皮层的脑间活动同步显著相关。

六、说谎的性别差异

DePaulo 等人(1996)通过日记研究发现,总体上女性每天的说谎频率高于男性,前者更倾向于说他人导向的谎言,后者更倾向于说自我导向的谎言。但是,就个人在每次社会互动过程中的说谎次数而言,不存在性别差异。DePaulo 等人(1993)在另一个研究中要求被试与艺术生聊天,聊天的内容是这位艺术生给被试做的画作。结果发现,在谈论他们不喜欢的画作时,女生倾向于比男生说更多的谎;而当她们谈论那些她们喜欢的画作,或者是由他人创作的画作时,并不比男生表现出更多的说谎行为。这一结果暗示女性说谎有可能是为了避免批评或伤害他人的感情。

相比于女性因促进亲密关系而说谎,男性则更倾向于说一些有关自己能力的谎言来夸大个性和过去经历(Tooke 和 Camire,1991)。Tooke 等人(1991)的研究结果表明,男性在面对异性和同性时所表现出的欺骗行为和欺骗策略有显著的差异。在面对同性时,男性会频繁实施欺骗,并频繁使用欺骗策略,以夸大自己的优势,以及自己的性能力和性吸引力;而在面对异性时,虚假的承诺、做作的真诚、虚高的获取资源的能力都是男人们的谎言,即俘获异性的策略。而女性无论在异性情境还是同性情境,均会在有关外貌修饰上频繁实施欺骗和运用欺骗策略。但总体而言,同性间男性较之女性会更频繁地实施欺骗和欺骗策略。

然而,关于说谎频率和说谎动机的性别差异,却得到了不同的结论。Tyler 等人(2004)给 208 位男女大学生被试随机分配了同性或异性拍档,一类拍档只会见一次,另一类拍档在未来会再见面三次,然后要求被试与自己的拍档进行 10 分钟的对话。结果发现女生被试说谎的频次显著高于男生,且男生和女生会根据未来是否会再见面而有不同频次的欺骗行为。当被试与拍档会再见面时,女生比男生更多采取欺骗行为;而当他们不会再与该拍档见面时,那么男女生的欺骗水平没有差别。Dreber 等人(2008)的研究则发现当互动双方匿名且欺骗能够获得金钱报酬时,男性比女性表现出更频繁的欺骗行为。

除了在行为学水平上说谎会受到性别的影响,在神经活动水平上有关欺骗的性别差异也得到了反复证实。在 Marchewka 等人(2012)的 fMRI 研究中,被试需要按照要求在回答常识问题或有关个人信息问题时说实话或说谎话,并用性别认同量表来测量被试的社会性别角色。研究发现仅在按要求欺骗时,被试的神经反应才呈现出性别差异,表现为男生比女生在额中回有更高的 BOLD 信号(如图 11-6)。为探究被试的心理性别对欺骗的影响,研究者还将额中回的活动水平分别与量表中女性特质的得分、男性特质的得分进行相关分析,结果发现无论是男生组,还是女生组,或是所有被试的额中回的激活与其各自的男性特质、女性特质、男女性特质差异均无显著相关。这意味着被试在说有关个人信息的谎言时,大脑活动的性别差异独立于社会化过程。

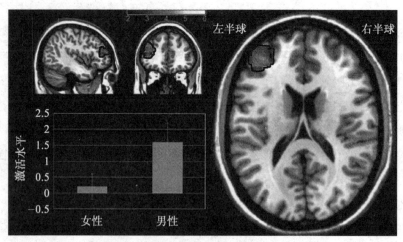

图 11-6 说谎行为相关的脑激活的性别差异

注:图片引自 Marchewka 等,2012。

七、欺骗与说谎行为的超扫描研究

为了探究自发的欺骗行为，Zhang 等人(2017)首次将基于近红外成像的超扫描技术应用到实时互动情景下欺骗行为的脑机制研究领域。该研究选用"stud poker"风格的纸牌游戏作为实验任务。研究中，两个玩家面对面坐着，其中一个为庄家，另一个为跟随者。每轮会给每位被试发 1 张牌，庄家检查自己的牌后开始押注，赌注为 1 元、3 元或 5 元，限时 5 秒。紧接着，跟随者在不看自己牌的情况下决定是否叫牌，限时 5 秒。如果跟随者不叫牌，则庄家自动获胜，赢得赌注。如果跟随者叫牌，则需要下注，赌注必须大于或者等于庄家的赌注。双方都押注后，由发牌员揭开两人的牌，谁的牌面大谁就获胜，胜者赢得所有赌注。随后发牌员重新洗牌开始下一轮。首轮会通过猜拳游戏来决定角色分配，随后每轮交换角色。实验共 30 轮，游戏结束后，被试赢得的钱即为实验的报酬。庄家可以根据自己的赌注和所抽到的纸牌来决定是否使用欺骗手段，而跟随者在叫牌过程中需要去评估他们是否被欺骗。例如，如果庄家手中持有低级牌，赢的机会很小，为了获得最大的利益，他有两种策略可以选择：(1)诚实行为。冒着被叫牌和失败的风险，选用较低的赌注(1 元)来使损失最小化。(2)欺骗行为。通过选用高赌注来说服对方不要叫牌，赢得赌注。如果庄家手中持有高级牌，他们可以通过使用高筹码(3 元)来获得最大的奖金，同时期望其他玩家不要叫牌。或者选用较低的赌注促使对方叫牌，同时加大筹码，这样庄家的奖金就很可能增加一倍。通过分析互动被试的脑间活动同步，女性被试在完成欺骗行为时，在左侧颞上回皮层产生了非常明显的脑间活动同步，而男性被试上没有发现明显的脑间活动同步(如图 11-7A)。进一步的分析发现，女性被试在欺骗行为过程中产生的脑间活动同步与眼神交流次数成显著正相关(如图 11-7B)，而男性被试则不存在该效应(如图 11-7C)。为了考察互动被试的脑间活动同步的信息流方向，对互动被试的时间序列进行了 GCA 分析。结果显示相对于诚实行为，在欺骗行为中女性被试组的信息传递者(即庄家)到信息接收者(即跟随者)有更强的信息流，而在男性被试中没有差异。所有这些结果充分表明自发欺骗行为相关的脑活动展现出明显的性别效应。这可能与女性被试在欺骗时会运用更多的心理理论过程来推论他人的想法和信念有关。该项研究提示我们将超扫描技术用于互动情境中，来探讨欺骗/说谎的脑机制具有高的可行性和生态效度。已有研究显示，言语性线索和非言语性线索在欺骗/说谎行为中起至关重要的作用，其所涉及到的在群体脑水平上的内在本质有待于进一步研究。除此以外，对于谎言识别过程中脑间活动同步变化的特点还未曾见报道，未来若将超扫描技术应用在互动情境下以及自然情境下的谎言识别过程，势必极大地促进我们对谎言识别、欺骗行为内在机制的理解。

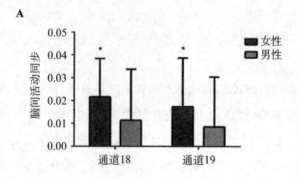
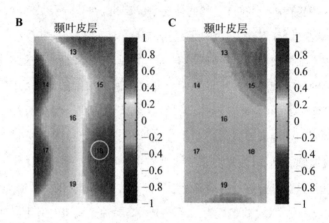
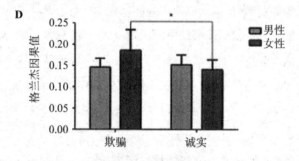

图 11-7 自发欺骗行为相关的脑间活动同步的性别差异

注：A.左侧颞上回皮层（通道 18 和 19）的脑间活动同步。B.欺骗条件下，女性被试的脑间活动同步和眼神交流次数间的皮尔逊相关分析结果。C.欺骗条件下，男性被试的脑间活动同步和眼神交流次数间的皮尔逊相关分析结果。D.欺骗行为与诚实行为条件下，不同性别被试组的格兰杰因果分析结果比较。图片引自 Zhang 等，2017。

第六节 超扫描与其他研究领域

　　心理咨询与治疗过程中包含着咨询师与来访者间的丰富互动，咨询师需要在这一过程中实现对来访者的接纳与共情，与来访者共同制定合理的咨询目标，根据每位来访者的具体情况选取合适的咨询策略或干预手段,并根据对方的反馈对咨询策略进行实时的调整。咨询过程本身的复杂性及其对咨询师主观经验的依赖加大了为其设置合理评价标准的难度,而超扫描则为这一问题的解决提供了可能。首先,通过超扫描同时测量咨询过程中双方的脑活动,我们可以利用脑同步指标展现心理咨询与日常对话间的实质差异,为心理咨询的科学性提供脑科学层面的依据,以排除"心理咨询即陪聊"等对该领域的误解。其次,心理咨询效果的现有评价指标多依赖于咨询师的主观诊断与相关量表制定者的判断,同时大多集中于对心理咨询师或来访者状况的单方面描述,而缺乏从双方关系的视角衡量咨询效果的客观评价指标。此外,缺乏对治疗过程的动态评价依据是现有评价指标的另一问题,如缺乏对咨询师与来访者间关系的建立、共同目标的制定等不同咨询阶段中的双方关系进行描述与评价的有效指标。而超扫描所提供的脑间活动同步指标则可以客观地反映咨询师与来访者间的沟通质量,并结合不同阶段下脑间同步性的变化为整个咨询过程提供实时动态的评价指标。通过为心理咨询与治疗技术及其过程评价提供脑间活动同步这一科学的动态指标,超扫描技术的应用将使得心理咨询技术得到更好地完善、优化,同时结合常规的评价体系,共同提高心理咨询与治疗的有效性。

由于超扫描技术能通过脑同步指标描述多个被试间的互动情形,在诸多涉及社会与人际互动的高级认知活动中均具备可观的应用前景,其领域包括:(1)运动竞技领域,队友间的团队合作以及对手间的竞争均为具备高度社会互动性质的情境,通过结合眼动分析技术和超扫描技术,将能为运动竞技中的技术与策略提供快速、动态的科学评判标准与依据;(2)管理科学领域,超扫描技术可为团队合作能力的评判与建设提供有力可靠的科学依据,并为其建立更为科学的员工招聘、考核与管理方法(Jiang 等,2015);(3)专业人才培训领域,可为飞行员、医护人员等涉及高强度合作任务的人才筛选与培训提供可量化的动态评估标准,进而为其定制科学合理的人才培训方案与筛选机制。

第七节 高生态效度的双脑神经反馈

神经反馈技术是通过将大脑活动实时反馈给个体,以实现个体对大脑功能的自我管理。目前来讲,功能性磁共振成像技术、脑电记录技术以及近红外成像技术都已被用于神经反馈技术的脑活动测量。实时功能性磁共振成像(real-time functional MRI,rt-fMRI)的神经反馈技术是基于脑血液动力学水平,并在实验过程中实时地反馈给被试,构成一个闭合的神经反馈回路(如图 11-8)。近年来,随着数据采集技术与图像重建算法的改进以及计算机运算能力的提高,实时功能性磁共振成像技术日趋成熟,并在诸多方面得到应用。凭借实时功能性磁共振成像提供的神经反馈,被试能够自主调节相关脑区的激活水平,与被调节脑区相关的认知过程或行为也会随之变化,这为阐述社会认知活动的内在本质提供了一种新的研究范式与考察视角。实时功能性磁共振成像还可以用作具备优良空间分辨率和全脑覆盖性的脑机接口,通过对大脑皮层激活模式的分析来对大脑状态进行判断和分类,从而实现仅依赖于大脑活动的交互方式。另外,实时功能性磁共振成像在临床上的潜在应用也得到了广泛关注,它为神经系统或精神类疾病的治疗与康复提供了新的途径,患者有望通过神经反馈调控异常的大脑激活状况从而缓解相应的症状(吕柄江等,2014)。随着对大脑高级神经机制研究的深入,基于实时功能磁共振成像的神经反馈技术也面临着较大的变化趋势,从早期单一脑区的调节逐渐向更符合脑功能活动相关的脑网络以及脑网络间的功能连接的调节变化,并有望成为实时功能磁共振成像神经反馈的发展趋势(贺文颉等,2017)。

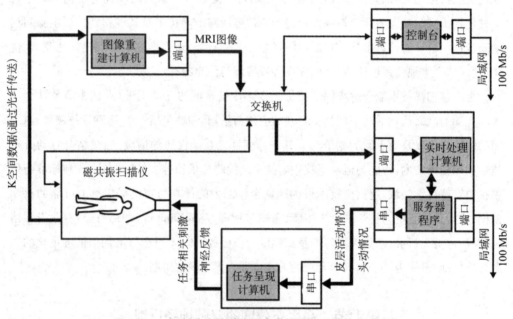

图 11-8　实时功能性磁共振成像的神经反馈技术示意图

注：图片引自田炳江等,2014。

另外,基于脑电信号的神经反馈技术是将脑电信号实时反馈给被试(通常情况下是以被试容易理解的声音、动画等为反馈信息),通过训练被试选择性地增强或抑制某一频段的脑电信号,进而达到调节脑功能的目的。神经增强是指运用脑科学的技术和原理,通过直接干预大脑来提高人类的行为表现和大脑功能,当前的神经增强技术主要包括神经药物、跨颅刺激、神经反馈等,虽原理不太一样,但均可达到神经增强的效果,改善人类的学习、记忆、注意能力、执行控制功能等,并最终优化人类的行为表现和大脑功能(Hsueh 等,2016;Wang 和 Hsieh,2013;王亚鹏,2016)。Megumi 等人(2015)以来自运动/视空神经网络(motor/visuospatial network,MVN)的左侧初级运动皮层和来自默认网络(default mode network,DMN)的左侧顶叶皮层为感兴趣区,将这两个感兴趣区时间序列的相关系数作为反馈信号。经过四天的训练后,被试的默认网络与运动/视空神经网络之间的连接增强。更为有趣的是,两个月后这两个网络之间的连接依然显著增强。这些结果表明对脑功能连接的直接调节效果具有持久性。目前,神经反馈技术已被用于提高注意力(Wang和Hsieh,2013;蒲贤洁等,2014;张晓妍和宋涛,2014)。神经反馈技术也在临床上起到非常重要的作用,并呈现出巨大的应用潜力。比如,将基于脑电的神经反馈疗法用于治疗儿童注意缺陷多动障碍(ADHD)(Alegria等,2017;Marx等,2014;Rief,2017;Van Doren等,2018)。另外,耳鸣是由不同程度持续存在的有害声音或噪音形成,它与听觉的过度活动有关。实时功能磁共振成像的反馈训练可以改善慢性耳鸣(Haller等,2010)。

超扫描技术的发展促进了我们对社会互动内在机制的了解,同时也将神经反馈的研究扩展到双脑或多脑维度上。基于超扫描的神经反馈技术是通过同时记录两个甚至多个被试的大脑活动,实时计算他们的脑间活动同步,并以直观的形式将该信号反馈给被试。受试者在共同反馈信号的指引下寻求合适的策略以实现调控脑间活动同步的程度。借助该技术可以考察脑间活动同步的变化对两个被试或多个被试共同参与的社会互动任务的影响,从全新的视角探究社会互动的实质。2014年,朱朝喆教授的研究团队率先搭建了具有高生态效度的基于近红外成像技术的双脑神经反馈平台(the cross-brain neurofeedback platform)(如图11-9),包括基于单台近红外成像技术的本地双脑神经反馈和基于互联

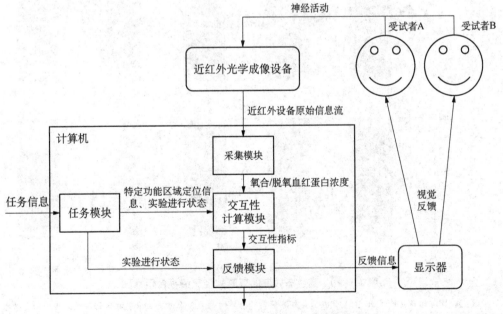

图 11-9 高生态效度的双脑神经反馈平台示意图

注:图片引自刘伟杰等,2014。

网的异地远程双脑神经反馈两个平台。双脑神经反馈平台通过同时观测两位被试的神经信号,实时计算其脑间活动同步指标,并将该指标直接地、外显地反馈给两位受试者。两位受试者在反馈信号的指引下,尝试运用各种调节策略,选择性地调节神经活动的交互性。他们还将技术运用到合作与竞争行为的研究中。比如,竞争实验采用模拟拔河比赛情景(如图11-10A),显示器中绳子的位置是根据两名被试在左侧额顶叶的氧合血红蛋白浓度水平的活动差值所决定的,被试可以通过反馈画面调节他们的大脑活动反应来控制绳子的位置。每对被试需要完成两个阶段的任务。结果发现每对被试在任务阶段的氧合血红蛋白浓度均大于休息阶段的神经活动强度,说明在该训练过程中,两个受试者的目

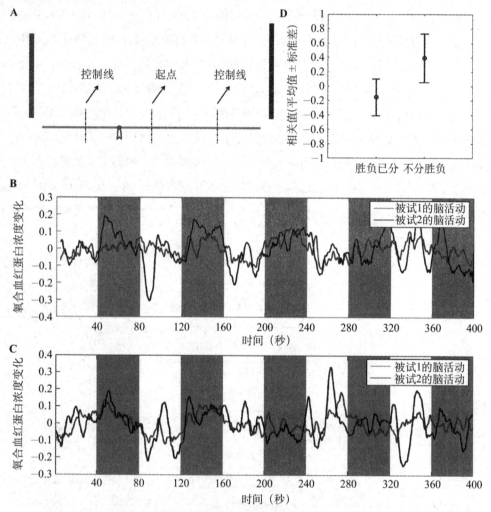

图11-10 高生态效度的双脑神经反馈平台示意图

注:A.拔河比赛反馈界面;B.被试在完成任务的第一阶段时的氧合血红蛋白浓度的变化曲线。其中白色背景代表休息阶段,而灰色背景代表任务执行阶段,曲线代表被试1和被试2氧合血红蛋白浓度的变化曲线;C.被试在完成任务的第二阶段时的氧合血红蛋白浓度变化曲线;D.实力差异显著和势均力敌情况下,两个被试的脑间活动同步的比较。图片引自Duan等,2013。

标功能区域均得到了有效的控制和锻炼。此外,我们可以发现在两个子图中,两条曲线形状都比较一致(如图11-10B&C),表明两者在训练过程中有着较强的神经交互性。在势均力敌的情况下,两名被试的脑间活动同步显著增强;而在胜负已分的情况下,两名被试的脑间活动同步显著减弱(如图11-10D)。合作实验则采用双人合作推球任务,在任务阶段被试要利用调节策略调控各自的脑活动,使得他们的脑间活动同步增强。同步程度由一个小球的运动轨迹表示,小球的轨迹越靠近中间,表明同步越高,越偏离中间,表明同步越低。结果发现通过该反馈平台,两名被试在多数时间都能使小球保持在屏幕的中间(刘伟杰等,2014)。因此,该研究开辟了探究社会互动脑机制方面新的研究手段,与此同时,也为探索改善精神疾病人群的社会互动功能缺陷提供了新方法。

第八节 脑—脑接口技术的结合

本章的最后部分我们还想结合目前被认为是最具有前景的脑—脑接口技术来谈谈超扫描在未来现实生活当中的进一步应用。脑—脑接口的应用常常出现在科幻作品中,以虚构的异体生物控制为表现形式,譬如著名的科幻影片《阿凡达》。而随着我们对人类大脑认识的不断深入,这些科幻作品中的设想开始逐渐走向现实。脑—脑接口技术作为由多个大脑构成的网络,能让个体之间在真实的自然情境中实时交换感觉和运动信息。

美国杜克大学的米格尔·尼可列利斯所在的研究组构建了被称为"脑网"的脑—脑接口,它由四只大鼠构成。他们在大鼠的初级体感皮层植入了多电极阵列用于记录神经电活动,并给其他动物的大脑传输虚拟战术信息。研究人员给大鼠布置了一系列的任务,包括对两种不同的刺激进行分类,以及通过接收温度和气压信息来预测下雨的概率是增加还是减少,以此来观察"脑网"解决一组计算问题的能力。在这些不同的任务中,"脑网"的表现优秀。特别是当任务要求多次计算时,譬如说记忆存储或者并行计算,"脑网"的表现和单一大鼠相比都有显著的提高。美国杜克大学研究团队的一项研究中,记录了4只恒河猴位于运动和感觉脑区的上百个神经元的活动。然后,他们将猴子分成两只或三只一组坐在分开的房间里,房间里的计算机屏幕上显示着虚拟的手臂。这些猴子的任务是将手臂移动到目标上,它们可以通过操纵杆进行手动控制,或者通过观察手臂的运动进行大脑控制。运动由每只猴子的大脑活动记录生成。经过训练,使用大脑控制的猴子会逐渐协调它们的行为。它们的大脑活动变得更加密切相关,这提高了它们在任务中的表现。Halasa等人(2015)报道了首例人类的脑—脑接口研究。实验中,一名被试(即信息发送者)盯着一个电脑屏幕,通过思想控制来玩一个简单的视频游戏。当想发射大炮轰击一个目标时,他就想象自己移动右手,同时又不去移动右手。而在另一个实验室,另外一个处于"脑网"中的被试(即信息接收者)在不知不觉中几乎同时移动右手食指,按下面前键盘上的空格键(如图 11-11)。因此,随着科学技术以及人工智能的不断发展,脑—脑接口将会在未来的基础研究、实践应用等方面发挥着更大的作用。

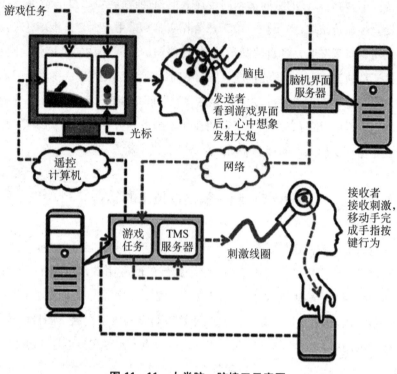

图 11-11　人类脑—脑接口示意图

注：图片引自 Halasa 等,2015。

小　结

目前的超扫描技术在设备的便携性以及数据分析的多样性等多个方面急需改善。但随着它的不断发展,必将在教学质量的动态评估、精神疾病患者社会功能缺陷的检测与干预效果评价、群体决策、欺骗行为与谎言识别以及心理咨询等研究领域中发挥重要的作用,极大地促进人们对这些富含社会互动性质的高级认知活动的理解,也将为实现高效的心理/精神疾病的动态监测与干预效果评价提供重要的科学依据。

参考文献

Abe, N. (2009). The neurobiology of deception: evidence from neuroimaging and loss-of-function studies. *Current Opinion in Neurology*, *22*(6), 594–600.

Abe, N., Suzuki, M., Mori, E., Itoh, M., & Fujii, T. (2007). Deceiving others: Distinct neural responses of the prefrontal cortex and amygdala in simple fabrication and deception with social interactions. *Journal of Cognitive Neuroscience*, *19*(2), 287–295.

Alegria, A. A., Wulff, M., Brinson, H., Barker, G. J., Norman, L. J., Brandeis, D.,... Rubia, K. (2017). Real-time fMRI neurofeedback in adolescents with attention deficit hyperactivity disorder. *Hum Brain Mapp*, *38*(6), 3190–3209.

Amodio, D. M., & Frith, C. D. (2006). Meeting of minds: the medial frontal cortex and social cognition. *Nat Rev Neurosci*, *7*(4), 268–277.

Astolfi, L., Toppi, J., De Vico Fallani, F., Vecchiato, G., Salinari, S., Mattia, D.,... Babiloni, F. (2010). Neuroelectrical hyperscanning measures simultaneous brain activity in humans. *Brain Topogr*, *23*(3), 243–256.

Babiloni, C., Vecchio, F., Infarinato, F., Buffo, P., Marzano, N., Spada, D.,... Perani, D. (2011). Simultaneous recording of electroencephalographic data in musicians playing in ensemble. *Cortex*, *47*(9), 1082–1090.

Babiloni, F., Cincotti, F., Mattia, D., De Vico Fallani, F., Tocci, A., Bianchi, L.,... Astolfi, L. (2007). High resolution EEG hyperscanning during a card game. *Conf Proc IEEE Eng Med Biol Soc*, *2007*, 4957–4960.

Baker, J. M., Liu, N., Cui, X., Vrticka, P., Saggar, M., Hosseini, S. M., & Reiss, A. L. (2016). Sex differences in neural and behavioral signatures of cooperation revealed by fNIRS hyperscanning. *Sci Rep*, *6*, 26492.

Balconi, M., & Vanutelli, M. E. (2017). Cooperation and Competition with Hyperscanning Methods: Review and Future Application to Emotion Domain. *Front Comput Neurosci*, *11*, 86.

Battro, A. M., Calero, C. I., Goldin, A. P., Holper, L., Pezzatti, L., Shalom, D. E., & Sigman, M. (2013). The Cognitive Neuroscience of the Teacher-Student Interaction. *Mind Brain and Education*, *7*(3), 177–181.

Bilek, E., Stossel, G., Schafer, A., Clement, L., Ruf, M., Robnik, L.,... Meyer-Lindenberg, A. (2017). State-Dependent Cross-Brain Information Flow in Borderline Personality Disorder. *JAMA Psychiatry*, *74*(9), 949–957.

Botvinick, M. M., Braver, T. S., Barch, D. M., Carter, C. S., & Cohen, J. D. (2001). Conflict monitoring and cognitive control. *Psychological Review*, *108*(3), 624–652.

Buller, D. B., & Burgoon, J. K. (1996). Interpersonal deception theory. *Communication Theory*, *6*(3), 203–242.

Buller, D. B., Burgoon, J. K., Buslig, A., & Roiger, J. (1996). Testing interpersonal deception theory: The language of interpersonal deception. *Communication Theory*, *6*(3), 268–288.

Burgoon, J. K., Buller, D. B., Ebesu, A. S., White, C. H., & Rockwell, P. A. (1996). Testing interpersonal deception theory: Effects of suspicion on communication behaviors and perceptions. *Communication Theory*, *6*(3), 243–267.

Cheng, X., Li, X., & Hu, Y. (2015). Synchronous brain activity during cooperative exchange depends on gender of partner: A fNIRS-based hyperscanning study. *Hum Brain Mapp*, *36*(6), 2039–2048.

Chiu, P. H., Kayali, M. A., Kishida, K. T., Tomlin, D., Klinger, L. G., Klinger, M. R., & Montague, P. R. (2008). Self responses along cingulate cortex reveal quantitative neural phenotype for high-functioning autism. *Neuron*, *57*(3), 463–473.

Cooper, J. C., Dunne, S., Furey, T., & O'Doherty, J. P. (2012). Dorsomedial prefrontal cortex mediates rapid evaluations predicting the outcome of romantic interactions. *J Neurosci*, *32*(45), 15647–15656.

Cui, X., Bryant, D. M., & Reiss, A. L. (2012). NIRS-based hyperscanning reveals increased interpersonal coherence in superior frontal cortex during cooperation. *Neuroimage*, *59*(3), 2430–2437.

DePaulo, B. M., & Bell, K. L. (1993). Lying kindly. *Unpublished manuscript*.

DePaulo, B. M., Kashy, D. A., Kirkendol, S. E., Wyer, M. M., & Epstein, J. A. (1996). Lying in everyday life. *J Pers Soc Psychol*, *70*(5), 979–995.

Dikker, S., Wan, L., Davidesco, I., Kaggen, L., Oostrik, M., McClintock, J., ... Poeppel, D. (2017). Brain-to-Brain Synchrony Tracks Real-World Dynamic Group Interactions in the Classroom. *Curr Biol*, *27*(9), 1375–1380.

Dreber, A., & Johannesson, M. (2008). Gender differences in deception. *Economics Letters*, *99*(1), 197–199.

Drouin, M., Miller, D., Wehle, S. M. J., & Hernandez, E. (2016). Why do people lie online? "Because everyone lies on the internet". *Computers in Human Behavior*, *64*, 134–142.

Ethofer, T., Gschwind, M., & Vuilleumier, P. (2011). Processing social aspects of human gaze: A combined fMRI-DTI study. *Neuroimage*, *55*(1), 411–419.

Funane, T., Kiguchi, M., Atsumori, H., Sato, H., Kubota, K., & Koizumi, H. (2011). Synchronous activity of two people's prefrontal cortices during a cooperative task measured by simultaneous near-infrared spectroscopy. *J Biomed Opt*, *16*(7), 077011.

Gangestad, S. W., Simpson, J. A., Cousins, A. J., Garver-Apgar, C. E., & Christensen, P. N. (2004). Women's preferences for male behavioral displays change across the menstrual cycle. *Psychological Science*, *15*(3), 203–207.

Ganis, G., Kosslyn, S. M., Stose, S., Thompson, W. L., & Yurgelun-Todd, D. A. (2003). Neural correlates of different types of deception: An fMRI investigation. *Cerebral Cortex*, *13*(8), 830–836.

Gildersleeve, K., Haselton, M. G., & Fales, M. R. (2014). Do Women's Mate Preferences Change Across the Ovulatory Cycle? A Meta-Analytic Review. *Psychological Bulletin*, *140*(5), 1205–1259.

Goswami, U. (2006). Neuroscience and education: from research to practice? *Nat Rev Neurosci*, *7*(5), 406–411.

Hafen, C. A., Ruzek, E. A., Gregory, A., Allen, J. P., & Mikami, A. Y. (2015). Focusing on teacher-student interactions eliminates the negative impact of students' disruptive behavior on teacher perceptions. *International Journal of Behavioral Development*, *39*(5), 426–431.

Halasa, T. K., Surapaneni, L., Sattur, M. G., Pines, A. R., Aoun, R. J., & Bendok, B. R. (2015). Human Brain-to-Brain Interface: Prelude to Telepathy. *World Neurosurg*, *84*(6), 1507–1508.

Haller, S., Birbaumer, N., & Veit, R. (2010). Real-time fMRI feedback training may improve chronic tinnitus. *Eur Radiol*, *20*(3), 696–703.

Harada, T., Itakura, S., Xu, F., Lee, K., Nakashita, S., Saito, D. N., & Sadato, N. (2009). Neural correlates of the judgment of lying: A functional magnetic resonance imaging study. *Neuroscience Research*, *63*(1), 24–34.

Haselton, M. G., & Gangestad, S. W. (2006). Conditional expression of women's desires and men's mate guarding across the ovulatory cycle. *Hormones and Behavior*, *49*(4), 509–518.

Hasson, U., Furman, O., Clark, D., Dudai, Y., & Davachi, L. (2008). Enhanced intersubject correlations during movie viewing correlate with successful episodic encoding. *Neuron*, *57*(3), 452–462.

Hasson, U., Nir, Y., Levy, I., Fuhrmann, G., & Malach, R. (2004). Intersubject synchronization of cortical activity during natural vision. *Science*, *303*(5664), 1634–1640.

Havlicek, J., Roberts, S. C., & Flegr, J. (2005). Women's preference for dominant male odour: effects of menstrual cycle and relationship status. *Biology Letters*, *1*(3), 256–259.

Holper, L., Goldin, A. P., Shalóm, D. E., Battro, A. M., Wolf, M., & Sigman, M. (2013). The teaching and the learning brain: A cortical hemodynamic marker of teacher-student interactions in the Socratic dialog. *International Journal of Educational Research*, *59*, 1–10.

Hsueh, J. J., Chen, T. S., Chen, J. J., & Shaw, F. Z. (2016). Neurofeedback training of EEG alpha rhythm enhances episodic and working memory. *Hum Brain Mapp*, *37*(7), 2662–2675.

Hu, Y., Hu, Y., Li, X., Pan, Y., & Cheng, X. (2017). Brain-to-brain synchronization across two persons predicts mutual prosociality. *Soc Cogn Affect Neurosci*, *12*(12), 1835–1844.

Hu, Y., Pan, Y., Shi, X., Cai, Q., Li, X., & Cheng, X. (2018). Inter-brain synchrony and cooperation context in interactive decision making. *Biol Psychol*. *133*: 54–62.

Jiang, J., Chen, C., Dai, B., Shi, G., Ding, G., Liu, L., & Lu, C. (2015). Leader emergence through interpersonal neural synchronization. *Proc Natl Acad Sci U S A*, *112*(14), 4274–4279.

Jiang, J., Dai, B., Peng, D., Zhu, C., Liu, L., & Lu, C. (2012). Neural synchronization during face-to-face communication. *J Neurosci*, *32*(45), 16064–16069.

Kinreich, S., Djalovski, A., Kraus, L., Louzoun, Y., & Feldman, R. (2017). Brain-to-Brain Synchrony during Naturalistic Social Interactions. *Sci Rep*, *7*(1), 17060.

Liu, N., Mok, C., Witt, E. E., Pradhan, A. H., Chen, J. E., & Reiss, A. L. (2016). NIRS-Based Hyperscanning Reveals Inter-brain Neural Synchronization during Cooperative Jenga Game with Face-to-Face Communication. *Front Hum Neurosci*, *10*, 82.

Liu, T., Saito, G., Lin, C., & Saito, H. (2017). Inter-brain network underlying turn-based cooperation and competition: A hyperscanning study using near-infrared spectroscopy. *Sci Rep*, *7*(1), 8684.

Liu, T., Saito, H., & Oi, M. (2015). Role of the right inferior frontal gyrus in turn-based cooperation and competition: A near-infrared spectroscopy study. *Brain Cogn*, *99*, 17–23.

Marchewka, A., Jednorog, K., Falkiewicz, M., Szeszkowski, W., Grabowska, A., & Szatkowska, I. (2012). Sex, lies and fMRI-gender differences in neural basis of deception. *Plos One*, *7*(8), e43076.

Martins, M., & Carvalho, C. (2013). Lie and Deception in Adolescence: A Study with Portuguese Students. *Procedia-Social and Behavioral Sciences*, *82*, 649–656.

Marx, A. M., Ehlis, A. C., Furdea, A., Holtmann, M., Banaschewski, T., Brandeis, D., ... Strehl, U. (2014). Near-infrared spectroscopy (NIRS) neurofeedback as a treatment for children with attention deficit hyperactivity disorder (ADHD)-a pilot study. *Front Hum Neurosci*, *8*, 1038.

McFarland, D. A., Jurafsky, D., & Rawlings, C. (2013). Making the Connection: Social Bonding in Courtship Situations. *American Journal of Sociology*, *118*(6), 1596–1649.

Megumi, F., Yamashita, A., Kawato, M., & Imamizu, H. (2015). Functional MRI neurofeedback training on connectivity between two regions induces long-lasting changes in intrinsic functional network. *Front Hum Neurosci*, *9*, 160.

Mu, Y., Guo, C., & Han, S. (2016). Oxytocin enhances inter-brain synchrony during social coordination in male adults. *Soc Cogn Affect Neurosci*, *11*(12), 1882–1893.

Mu, Y., Han, S., & Gelfand, M. J. (2017). The role of gamma interbrain synchrony in social coordination when humans face territorial threats. *Soc Cogn Affect Neurosci*. *12*(10), 1614–1623.

Muller, V., Sanger, J., & Lindenberger, U. (2013). Intra- and inter-brain synchronization during musical improvisation on the guitar. *Plos One*, *8*(9), e73852.

Nunez, J. M., Casey, B. J., Egner, T., Hare, T., & Hirsch, J. (2005). Intentional false responding shares neural substrates with response conflict and cognitive control. *Neuroimage*, *25*(1), 267–277.

Osaka, N., Minamoto, T., Yaoi, K., Azuma, M., Shimada, Y. M., & Osaka, M. (2015). How Two Brains Make One Synchronized Mind in the Inferior Frontal Cortex: fNIRS-Based Hyperscanning During Cooperative Singing. *Front Psychol*, *6*, 1811.

Pan, Y., Cheng, X., Zhang, Z., Li, X., & Hu, Y. (2017). Cooperation in lovers: An fNIRS-based hyperscanning study. *Hum Brain Mapp*, *38*(2), 831–841.

Pennings, H. J. M., van Tartwijk, J., Wubbels, T., Claessens, L. C. A., van der Want, A. C., & Brekelmans, M. (2014). Real-time teacher-student interactions: A Dynamic Systems approach. *Teaching and Teacher Education*, *37*, 183–193.

Pilcher, J. (2014). Education and learning: what's on the horizon? *Neonatal Netw*, *33*(1), 24–28.

Puts, D. A., Bailey, D. H., Cardenas, R. A., Burriss, R. P., Welling, L. L. M., Wheatley, J. R., & Dawood, K. (2013). Women's attractiveness changes with estradiol and progesterone across the ovulatory cycle. *Hormones and Behavior*, *63*(1), 13–19.

Ray, D., Roy, D., Sindhu, B., Sharan, P., & Banerjee, A. (2017). Neural Substrate of Group Mental Health: Insights from Multi-Brain Reference Frame in Functional Neuroimaging. *Front Psychol*, *8*, 1627.

Rief, W. (2017). Neurofeedback in adults with attention-deficit hyperactivity disorder. *Lancet Psychiatry*, *4*(9), 650–651.

Robinson, W. P., Shepherd, A., & Heywood, J. (1998). Truth, equivocation/concealment and lies in job applications and doctor-patient communication. *Journal of Language and Social Psychology*, *17*(2), 149–164.

Rodriguez, V., & Solis, S. L. (2013). Teachers' Awareness of the Learner-Teacher Interaction: Preliminary Communication of a Study Investigating the Teaching Brain. *Mind Brain and Education*, *7*(3), 161–169.

Rowatt, W. C., Cunningham, M. R., & Druen, P. B. (1998). Deception to get a date. *Personality and Social Psychology Bulletin*, *24*(11), 1228–1242.

Rule, N. O., Moran, J. M., Freeman, J. B., Whitfield-Gabrieli, S., Gabrieli, J. D., & Ambady, N. (2011). Face value: amygdala response reflects the validity of first impressions. *Neuroimage*, *54*(1), 734–741.

Sanger, J., Muller, V., & Lindenberger, U. (2012). Intra- and interbrain synchronization and network properties when playing guitar in duets. *Front Hum Neurosci*, *6*, 312.

Singh, D. (1993). Adaptive Significance of Female Physical Attractiveness-Role of Waist-to-Hip Ratio. *Journal of Personality and Social Psychology*, *65*(2), 293–307.

Sip, K. E., Roepstorff, A., McGregor, W., & Frith, C. D. (2008). Detecting deception: the scope and limits. *Trends in Cognitive Sciences*, *12*(2), 48–53.

Spence, S. A. (2004). The deceptive brain. *Journal of the Royal Society of Medicine*, *97*(1), 6–9.

Spence, S. A., Farrow, T., Herford, A., Zheng, Y., Wilkinson, I. D., Brook, M. L., &

Woodruff, P. W. R. (2001). A preliminary description of the behavioural and functional anatomical correlates of lying. *Neuroimage*, *13*(6), S477.

Spence, S. A., Farrow, T. F. D., Herford, A. E., Wilkinson, I. D., Zheng, Y., & Woodruff, P. W. R. (2001). Behavioural and functional anatomical correlates of deception in humans. *Neuroreport*, *12*(13), 2849–2853.

Tang, H., Mai, X., Wang, S., Zhu, C., Krueger, F., & Liu, C. (2016). Interpersonal brain synchronization in the right temporo-parietal junction during face-to-face economic exchange. *Soc Cogn Affect Neurosci*, *11*(1), 23–32.

ten Brinke, L., Vohs, K. D., & Carney, D. R. (2016). Can Ordinary People Detect Deception After All? *Trends in Cognitive Sciences*, *20*(8), 579–588.

Thijs, J., Koomen, H., Roorda, D., & ten Hagen, J. (2011). Explaining teacher-student interactions in early childhood: An interpersonal theoretical approach. *Journal of Applied Developmental Psychology*, *32*(1), 34–43.

Tomlin, D., Kayali, M. A., King-Casas, B., Anen, C., Camerer, C. F., Quartz, S. R., & Montague, P. R. (2006). Agent-specific responses in the cingulate cortex during economic exchanges. *Science*, *312*(5776), 1047–1050.

Tooke, W., & Camire, L. (1991). Patterns of Deception in Intersexual and Intrasexual Mating Strategies. *Ethology and Sociobiology*, *12*(5), 345–364.

Tyler, J. M., & Feldman, R. S. (2004). Truth, lies, and self-presentation: How gender and anticipated future interaction relate to deceptive behavior. *Journal of Applied Social Psychology*, *34*(12), 2602–2615.

Valentine, K. A., Li, N. P., Penke, L., & Perrett, D. I. (2014). Judging a Man by the Width of His Face The Role of Facial Ratios and Dominance in Mate Choice at Speed-Dating Events. *Psychological Science*, *25*(3), 806–811.

Van Doren, J., Arns, M., Heinrich, H., Vollebregt, M. A., Strehl, U., & S, K. L. (2018). Sustained effects of neurofeedback in ADHD: a systematic review and meta-analysis. *Eur Child Adolesc Psychiatry*, (1), 1–13.

Volz, K. G., Vogeley, K., Tittgemeyer, M., von Cramon, D. Y., & Sutter, M. (2015). The neural basis of deception in strategic interactions. *Front Behav Neurosci*, *9*, 27.

Vrij, A. (2000). Detecting lies and deceit: *the psychology of lying and the implications for professional practice*. Wiley.

Walczyk, J. J., Schwartz, J. P., Clifton, R., Adams, B., Wei, M., & Zha, P. (2005). Lying person-to-person about life events: A cognitive framework for lie detection. *Personnel Psychology*, *58*(1), 141–170.

Wang, J. R., & Hsieh, S. (2013). Neurofeedback training improves attention and working memory performance. *Clin Neurophysiol*, *124*(12), 2406–2420.

Watanabe, K. (2013). Teaching as a Dynamic Phenomenon with Interpersonal Interactions. *Mind Brain and Education*, *7*(2), 91–100.

Wood, J. L., Schmidtke, J. M., & Decker, D. L. (2007). Lying on job applications: The effects of job relevance, commission, and human resource management experience. *Journal of Business and Psychology*, *22*(1), 1–9.

Zhang, M., Liu, T., Pelowski, M., & Yu, D. (2017). Gender difference in spontaneous deception: A hyperscanning study using functional near-infrared spectroscopy. *Sci Rep*, *7*(1), 7508.

王亚鹏. (2016). 神经增强研究及其在教育中的应用. 教育研究, (05), 99—104.

党建强.(2005).师生互动理论的多学科视野.当代教育科学,(11),14—17.

蒲贤洁,刘铁军,吴强,张锐,徐鹏,李科,&尧德中.(2014).基于脑电信号的神经反馈系统研究.生物医学工程学杂志,(04),894—898.

冯莹莹,于干,&周红志.(2013).层次分析法和神经网络相融合的教学质量评价.计算机工程与应用,49(17),235—238.

刘伟杰,段炼,戴瑞娜,肖翔,李征,黄宇霞,&朱朝喆.(2014).高生态效度的双脑神经反馈平台.中国生物医学工程学报,(06),652—658.

吕柄江,赵小杰,姚力,&高家红.(2014).实时功能磁共振成像及其应用.科学通报,(02),195—209.

张晓妍,&宋涛.(2014).注意力神经反馈训练系统设计.软件导刊,(11),75—76.

贺文颉,卜海兵,童莉,刘福权,曾颖,王林元,&闫镔.(2017).基于脑网络连接的实时功能磁共振成像神经反馈技术研究进展.生物医学工程学杂志,(03),456—460.